Excel

数据处理与分析

会计实操辅导教材研究院 编著

SPM
南方传媒 | 广东人民出版社

·广州·

图书在版编目（CIP）数据

Excel数据处理与分析 / 会计实操辅导教材研究院编著. —广州：广东人民出版社，2019.3
（2025.3重印）
ISBN 978-7-218-13249-5

Ⅰ．①E… Ⅱ.①会… Ⅲ．①表处理软件 Ⅳ．①TP391.13

中国版本图书馆CIP数据核字（2018）第252371号

EXCEL SHUJU CHULI YU FENXI
Excel数 据 处 理 与 分 析
会计实操辅导教材研究院 编著

出 版 人：肖风华

责任编辑：冯光艳
责任技编：吴彦斌
封面设计：李明君
内文设计：奔流文化

出版发行 广东人民出版社
网　　址：http://www.gdpph.com
地　　址：广州市越秀区大沙头四马路10号（邮政编码：510199）
电　　话：（020）85716809（总编室）
传　　真：（020）83289585
天猫网店：广东人民出版社旗舰店
网　　址：https://gdrmcbs.tmall.com
印　　刷：广东鹏腾宇文化创新有限公司
开　　本：787毫米×1092毫米　1/16
印　　张：19.5　字　　数：350千
版　　次：2019年3月第1版
印　　次：2025年3月第14次印刷
定　　价：59.80元

如发现印装质量问题，影响阅读，请与出版社（020-87712513）联系调换。
售书热线：020-87717307

会计实操辅导教材研究院

主　　编：刘瑾悦

编委会成员：柳　齐　樊安连　陈素玲　黄金凤

前　言

　　Microsoft Office是一套由微软公司开发的办公软件，也是与我们每一个人的工作和生活都紧密相关的软件，在当今的电子信息时代，一切的办公事务都离不开它，例如编辑文档、计算收支、发送邮件等。至今Microsoft Office已经推出过多个版本，而每个版本都根据使用者的实际需要，选择了不同的组件，如Word、Excel、PowerPoint、Outlook等。

　　Excel作为Microsoft Office旗下用户数量最多、最受欢迎的组件，也被称为表格软件，可帮助用户进行数据的存储、计算、处理和分析等操作，例如使用函数公式可以对数据进行各种复杂的运算，使用图表可以表示各种类型的数据关系，使用邮件合并可以批量输出询证函、工资条等，使用超链接可以快速打开局域网或Internet上的文件，等等，适合与数据打交道的任何工作，是财务、统计、仓储、人力资源等部门人员的必备工具。

　　本书由会计实操辅导教材研究院编著，一共10章，内容涉及面广泛、系统翔实，从数据的录入、设置单元格数字格式，到百余个常用函数、函数嵌套使用的思路，再到条件格式、数据工具、数据透视表、数据透视图和图表等方面，都做了详细介绍。前面6章，是对Excel的系统化讲解，依次精细介绍每一个功能、每一个函数的方法和用途；后面4章通过结合真实工作案例的方式，对前6章的知识做了一个归纳和总结，属于综合性讲解。除本书内容之外，还随书附赠近300套在线视频课程，名师指导学习，内容详细丰富、循序渐进、深入浅出，将各个步骤的难点、要点一一指出和强调，让有基础的读者可以迅速提升操作水平，同时让零基础的读者也能轻松掌握。

　　本套课程使用Microsoft Office 2016版本进行讲解，但同样适用于Office 2007、Office 2010、Office 2013等版本，对于还在使用Office 2003的读者朋友，请先升级Office版本，因为Office 2003的瀑布式菜单与本书所用版本的界面差距太大，不利于有效地学习。

　　本书编委会成员在编写本书时力求做到精益求精，但由于书籍篇幅有限以及Microsoft Office版本的不断更新，本书难免存在不足之处，恳请读者们在使用过程中给予谅解和支持，并将建议及时反馈给我们，以便我们不断完善。联系邮箱为：kefu@acc5.com。

会计实操辅导教材研究院编委会

2019年1月27日

目　录

第 1 章　数据输入和数字格式　　　　　/ 1

1.1　数据输入的方式　　　　　　　　　/ 2

1.2　数值型数据　　　　　　　　　　　/ 3

1.3　日期和时间型数据　　　　　　　　/ 6

1.4　文本型数据　　　　　　　　　　　/ 10

1.5　特殊符号的录入　　　　　　　　　/ 15

1.6　自定义数字格式　　　　　　　　　/ 16

1.7　快速录入的秘诀　　　　　　　　　/ 21

1.8　自动填充数据　　　　　　　　　　/ 25

第 2 章　函数与公式　　　　　　　　　/ 31

2.1　函数与公式基础　　　　　　　　　/ 32

2.2　统计函数　　　　　　　　　　　　/ 55

2.3　逻辑函数　　　　　　　　　　　　/ 69

2.4　信息函数　　　　　　　　　　　　/ 75

2.5　日期和时间函数　　　　　　　　　/ 81

2.6　数学函数　　　　　　　　　　　　/ 102

2.7　文本函数　　　　　　　　　　　　/ 121

2.8　查找与引用函数　　　　　　　　　/ 133

第 3 章	数据汇总、处理与分析	/ 149
3.1	排序	/ 150
3.2	筛选	/ 153
3.3	数据验证	/ 159
3.4	合并计算	/ 164

第 4 章	条件格式	/ 171
4.1	创建条件格式	/ 172
4.2	管理条件格式	/ 182
4.3	清除条件格式	/ 184
4.4	条件格式的优先级	/ 186

第 5 章	数据透视表	/ 187
5.1	创建数据透视表	/ 188
5.2	编辑数据透视表	/ 191
5.3	设置数据透视表的布局	/ 193
5.4	设置数据透视表的字段	/ 197
5.5	数据透视表选项	/ 201
5.6	数据筛选器	/ 202

第 6 章	图表	/ 207
6.1	图表类型	/ 208
6.2	创建图表	/ 211
6.3	编辑图表	/ 212
6.4	迷你图	/ 219

第 7 章	Excel 在人事工作中的应用	/ 223
7.1	统计各部门的员工人数	/ 224
7.2	验证身份证号码输入是否正确	/ 225
7.3	计算员工年龄	/ 228
7.4	根据年龄段统计员工人数	/ 228
7.5	计算员工的生肖	/ 230
7.6	判断员工的性别	/ 231
7.7	设置员工生日提醒	/ 232
7.8	计算员工工龄	/ 233
7.9	计算退休日期	/ 233
7.10	分析员工测评成绩	/ 234
7.11	计算出勤工时和迟到 / 早退	/ 236
7.12	制作工资条	/ 237

第 8 章	Excel 在销售工作中的应用	/ 241
8.1	制作销售台账	/ 242
8.2	制作销售清单	/ 245
8.3	销售提成计算	/ 249
8.4	销售数据分析	/ 252

第 9 章	Excel 在仓库工作中的应用	/ 271
9.1	制作入库统计表	/ 272
9.2	制作入库清单	/ 273
9.3	制作出库统计表	/ 276
9.4	制作出库清单	/ 277
9.5	制作库存统计表	/ 278

第 10 章	Excel 在财务工作中的应用	/ 281
10.1	制作记账凭证	/ 282
10.2	制作电子版账页	/ 288
10.3	制作对账函	/ 292
10.4	制作应收账款账龄分析表	/ 295
10.5	制作费用报销单	/ 297
附　录	Excel 常用快捷键列表	/ 301

第1章

微信扫一扫
免费看课程

数据输入和数字格式

　　用户使用Excel对数据进行处理和分析，首先要做的事情就是在单元格中输入数据。输入数据可不是单纯的打字，如果想要更准确高效地输入，就应该根据不同的情况来选择合适的输入方式。

　　而在Excel中，有时候输入的内容会与显示的内容不相同，这可不是因为我们用了假的Excel，而是单元格的数字格式导致的"障眼法"，也就是说我们使用了错误的数字格式。因此，准确高效的输入离不开对数字格式的正确认识和设置。

　　本章我们先来学习一下如何录入数据和怎样设置单元格的数字格式，本章的要点是认识数据类型以及它们的输入方式和有关的数字格式。

1.1 数据输入的方式

用户向单元格中输入数据，常用的方式主要有两种：一是在单元格中直接输入，二是在编辑栏内进行输入。

在单元格中直接输入：鼠标单击选中要输入数据的单元格，在键盘上按下相应的数据按键，输入结束后按Enter键（回车键）或用鼠标单击其他任意单元格确认输入。

在编辑栏内输入：选择要输入内容的单元格，用鼠标单击编辑栏进入编辑状态后输入数据，输入结束后，点击编辑栏上的确认输入按钮"√"或按下Enter键确认当前输入。

两种输入方式和三种确认输入的方式之间都是相互通用的。

在默认情况下，用户在单元格中输入完毕并按下回车键后，活动单元格会自动向下移动一个单元格，用户也可以根据自己的实际需要，设置活动单元格移动的方向。具体的设置方法如下：

第一步： 依次单击"文件""选项"命令，操作如图1.1-1所示。

第二步： 接着如图1.1-2所示，在打开的"Excel选项"对话框中，切换至"高级"选项卡，在"编辑选项"组中，单击"方向"右侧的下拉按钮，在打开的下拉列表中选择光标的移动方向，如"向右"，操作完成后单击"确定"按钮关闭对话框完成设置。

图1.1-1　单击打开"Excel选项"对话框　　　图1.1-2　设置光标跳转方向

上述介绍的是输入数据的方式，接下来说一下如何更改数据。当单元格内已经有内容，而我们只需要对部分字符进行更改的时候，切记不可直接输入，否则输入的内容将会替换掉单元格内已有的内容。

用户可以通过三种方式对已有内容进行更改：双击要更改内容的单元格，单元格进入编辑状态后进行更改；选择要更改内容的单元格，单击编辑栏进入编辑状态后进行更改；选择要更改内容的单元格，按下F2功能键进入编辑状态后进行更改。

以上三种方式均可以对已经输入的数据内容进行部分更改，具体采用哪一种方式，可以根据表格的具体情况和用户使用习惯进行相应的操作。

1.2　数值型数据

在Excel中，任何由数字组成的数据都被当作数值，数值是使用最多、操作最复杂、表现形式最多的数据类型，有正数、负数、小数、分数、百分比和货币金额等多种形式。

Excel默认情况下，单元格的数字格式为"常规"，即"G/通用格式"，如果用户有不同的需求，也可以根据实际需要对数字格式做出更改设置。

1.2.1　负数的输入

用户在单元格中直接输入数值，Excel将识别为正数且不显示正号（+）。如果在输入数值前加一个负号（−），Excel将识别此数值为负数且显示负号（−）。

1.2.2　小数的输入

（1）小数的输入

对于带有小数位数的数值，直接在单元格中输入即可。

（2）增加小数位数

当工作表同一区域中的数值，特别是表示货币金额的数值具有不同的小数位数时，会给人凌乱、不整齐、不规范的感觉，这时候用户可以通过使用"增加小数位数"命令为数据增加小数位数，使数据内容显得更加美观和专业：

如图1.2.2-1所示，在打开的工作表中，选择B1:B8单元格区域，切换至"开始"选项卡，单击"数字"组中的"增加小数位数"命令（可单击多次，直至所有数值的小数点均已对齐）。

设置完成后的效果，如图1.2.2-2所示。

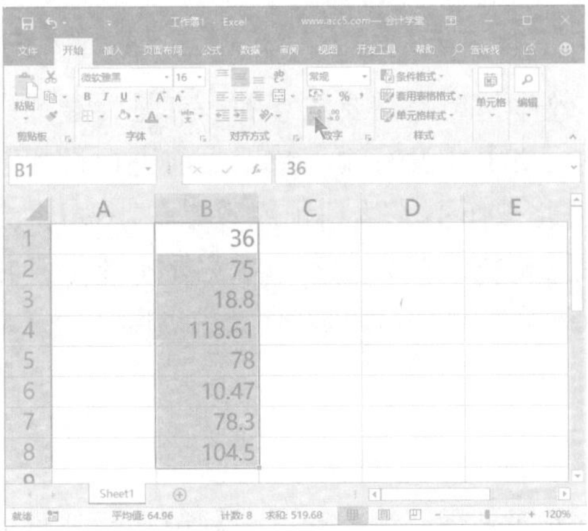

图1.2.2-1　选中数据后点击"增加小数位数"命令按钮 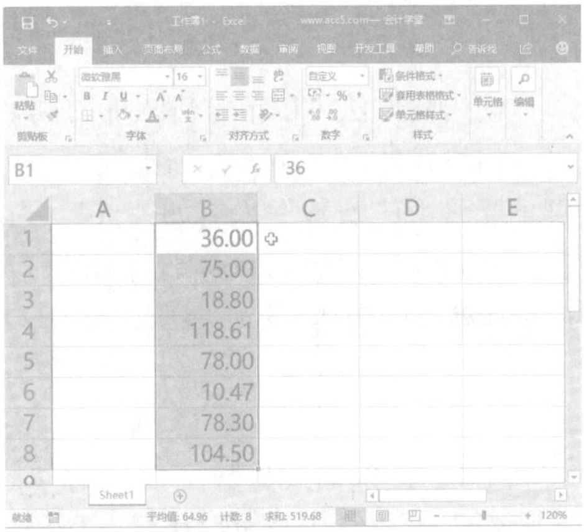　　　图1.2.2-2　设置小数位数为2位的效果图

1.2.3　百分比的输入

（1）直接输入

在输入的数值后面加一个百分比符号（%），Excel将识别为百分数且自动应用百分比

格式。

（2）设置百分比格式

除了直接输入的方法，用户还可以通过设置单元格数字格式为"百分比"的方法进行输入：

选中要输入百分比数据的单元格区域，按下Ctrl+1组合键，打开"设置单元格格式"对话框，切换至"数字"选项卡，选择"分类"列表中的"百分比"选项，操作完成后单击"确定"按钮关闭对话框完成设置，操作如图1.2.3-1所示。

之后用户直接在该单元格区域输入百分比数值即可，而不必再输入百分比符号，Excel将会自动为我们输入的数字补全百分比符号。例如，10%直接输入"10"即可，输入过程如图1.2.3-2所示。

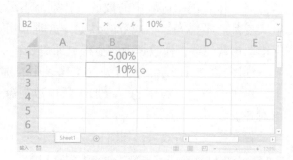

图1.2.3-1　设置单元格数字格式为"百分比"格式　　　图1.2.3-2　在"百分比"数字格式下直接输入数值

使用此方法可以节省输入的时间，提高工作效率，但是需要注意的一点是，通过设置单元格格式的方法输入百分比数据，只能够在单元格中还没有输入数据之前进行设置，如果单元格中已有数据内容如"50""60"等，则此操作不能达到预想效果，Excel将会以"5000.00%""6000.00%"的结果显示。因为单元格格式，只是一个视觉显示效果，并不会更改数据的原值。

1.2.4　分数的输入

（1）正确输入分数

在Excel中，小数可以代替分数进行运算，但有些类型的数据还是需要用分数来表示，因为分数显示会更直观，比如完成了几分之几的工作量，0.3333就没有1/3看起来那么直观。但由于日期也通过分隔符"/"来识别，如果直接在单元格中输入分数1/3，Excel会自动将其识别为日期，以"1月3日"的形式显示。那么到底应该如何在Excel中输入正确的分数呢？方法其实很简单，只要在分数的前面加上整数部分即可，没有整数部分的，则整数部分输入0。

　　如图1.2.4-1所示，选择B1单元格，先输入2，然后输入一个空格，再输入1/3，按Enter键结束输入后，Excel将以"2 1/3"显示。选择B2单元格，先输入0，然后输入一个空格，再输入1/3，按Enter结束后，Excel将以"1/3"显示，而0则不会显示出来。

图1.2.4-1　输入分数

（2）设置分数的数字格式

　　选择要设置数字格式的单元格区域，按下Ctrl+1组合键，打开"设置单元格格式"对话框，切换至"数字"选项卡，单击"分类"列表中的"自定义"选项，在右侧的"类型"文本框中输入"#"又"?/?"（英文半角的符号），输入完成后，单击"确定"按钮关闭对话框完成设置，操作如图1.2.4-2所示。

　　设置后的效果，如图1.2.4-3所示，有整数部分的"2 1/3"显示为"2又1/3"，会使阅读更加方便和直观；没有整数部分的"1/3"则仍然显示为"1/3"。

图1.2.4-2　设置自定义分数类型

图1.2.4-3　自定义分数类型的显示结果

1.2.5　货币金额的输入

（1）直接输入

　　在输入数字前加一个货币符号（如￥、＄），Excel会自动识别为货币金额并自动应用相应的货币格式，且该货币符号不会在编辑栏内显示，不影响数据的数学运算。

需要注意的是，输入货币符号的时候，一定要输入标准的、正确的、系统能够识别的符号，如果输入了系统识别不了的符号，在编辑栏内可以看到该符号，Excel则无法将其识别为数值型数据，而是会识别为文本型数据——文本型数据无法进行数学运算。

（2）设置会计专用格式

除了上面说的直接输入，用户还可以设置"会计专用"数字格式后再进行输入：

打开工作表选择要设置数字格式的单元格区域，按下Ctrl+1组合键，打开"设置单元格格式"对话框，切换至"数字"选项卡，选择"分类"列表中的"会计专用"选项，单击"货币符号（国家/地区）（S）:"组合框的下拉按钮，在打开的下拉列表中选择相应的货币符号（如"￥"），操作如图1.2.5-1所示。

设置完成后，直接在该区域中输入数值即可，系统将会自动为我们添加货币符号，输入效果如图1.2.5-2所示。

图1.2.5-1 设置"会计专用"数字格式

图1.2.5-2 "会计专用"数字格式的输入效果

1.3 日期和时间型数据

在Excel中，日期和时间是以一种特殊的数值形式存储的，介于0到2958465.9999（包含）之间，被称为"序列值"，即1900-1-0 0:00到9999-12-31 23:59之间的数值，整数部分代表日期，小数部分代表时间，这两个数值分别是Excel可以识别的最小和最大的日期时间值。如果数值为负数或大于2958465.9999，且将其设为日期格式，该值将会显示为错误值"###################"。

1.3.1 日期型数据的输入和数字格式

（1）日期的输入和显示

在"常规"单元格格式下，用户可使用短横线（-）、斜线（/）和中文"年、月、日"

作为分隔符，用来分隔日期中的年、月、日。例如："2018-1-8""2018/1/8""2018年1月8日"。如果输入时省略年份，比如直接输入"1-8""1/8"或"1月8日"，系统会自动添加Windows系统当前日期的年份以补全日期，不过单元格里仍然以"1月8日"的形式显示，而在编辑栏中可以看到完整的日期显示，如图1.3.1-1所示。

图1.3.1-1　日期的输入及显示结果

从图1.3.1-1可以看出，输入的斜线"/"分隔符在确认输入后也以短横线"-"显示。在日常工作中，经常会有用户发现自己输入短横线"-"作为日期的分隔符，但在确认输入后却以斜线"/"显示，或输入斜线"/"，在确认输入后却以短横线"-"显示，这是因为Excel显示的日期格式跟随Windows系统的日期格式，当Windows系统的日期格式为"2018-1-8"时，那么在Excel中输入"2018/1/8"也会以"2018-1-8"的格式显示，反之亦然，但是会在更改Windows日期格式后，自动更新转换。

（2）设置数字格式

用户还可以通过更改单元格的数字格式，来完成更多样化的需求。

选择要设置数字格式的单元格区域，按下Ctrl+1组合键，打开"设置单元格格式"对话框，切换至"数字"选项卡，选择"分类"列表中的"日期"选项，在右侧的"类型"组合框中选择需要的格式，如"2012年3月14日"，操作如图1.3.1-2所示，操作完成后单击"确定"按钮关闭对话框完成设置，这时之前以"2018-8-1"格式显示的日期均以"2018年8月1日"的格式显示了，结果如图1.3.1-3所示。

图1.3.1-2　设置日期的数字格式类型

图1.3.1-3　设置日期的数字格式类型的效果

（3）设置自定义数字格式

如果用户有以"2018-08-01"形式显示日期的需求，即在月和日前加前导0，应该怎么做呢？首先应该在内置的日期数字格式分类下选取，如果里面没有或一时间找寻不到，那么可以由用户自己来定义：

如图1.3.1-4所示，选择A2:A8单元格区域，按下Ctrl+1组合键，打开"设置单元格格式"对话框，切换至"数字"选项卡，选择"分类"列表中的"自定义"，在右侧的"类型"文本框中输入"e-mm-dd"或者"yyyy-mm-dd"，设置后的效果如图1.3.1-5所示。

图1.3.1-4　自定义日期的数字格式类型①　　　　　图1.3.1-5　自定义日期的数字格式类型的效果①

日期的输入需要注意的一点是，很多用户在输入日期的时候习惯用点号"."作为日期分隔符，然而此输入方法是不正确的，因为点号"."并不是日期的分隔符，如果以点号"."作为分隔符，那么Excel会自动将其识别为文本或数值而无法识别为日期，如"2018.8.1"将被识别为文本，"8.1"将被识别为数值。

如果用户有需求，希望以点号"."作为日期的分隔符，同样也可以通过自定义数字格式来完成。如图1.3.1-6所示，选择A2:A8单元格区域，按下Ctrl+1组合键，打开"设置单元格格式"对话框，切换至"数字"选项卡，选择"分类"列表中的"自定义"选项，在右侧的"类型"文本框中输入"e.mm.dd"或者"yyyy.mm.dd"。设置后的效果，如图1.3.1-7所示。

图1.3.1-6　自定义日期的数字格式类型②　　　　　图1.3.1-7　自定义日期的数字格式类型的效果②

经此设置后，对于已有的日期数据，Excel将直接以"2018.01.01"的格式显示；但对于之后再输入的日期数据，用户仍然必须按照标准的输入方法进行输入，必须使用正确的日期分隔符，例如输入的时候仍然输入"2018-8-1"，在按下Enter键确认输入后Excel会自动转换为"2018.08.01"格式显示。不能在输入的时候直接以点号输入。

1.3.2 时间型数据的输入和数字格式

（1）时间的输入

用户输入时间数据时，以冒号":"作为"时、分、秒"的分隔符。比如要输入12点30分58秒，选择要输入的单元格，直接输入"12:30:58"即可，如图1.3.2-1所示。

（2）日期+时间的输入

要输入一个结合日期的时间，只需选择要输入的单元格，先输入日期，然后输入一个空格，再输入时间，如图1.3.2-2所示。

图1.3.2-1 输入时间

图1.3.2-2 输入日期+时间

（3）设置时间的数字格式

同样地，时间数据的数字格式也有很多种类型，可供用户选择。如图1.3.2-3所示，选择A2:A8单元格区域，按下Ctrl+1组合键，打开"设置单元格格式"对话框，切换至"数字"选项卡，选择"分类"列表中的"时间"选项，在"类型"组合框中，选择需要的格式如"1:30:55 PM"；设置后的效果，如图1.3.2-4所示。

图1.3.2-3 设置时间的数字格式类型

图1.3.2-4 设置时间的数字格式类型的效果

1.3.3 输入当前的日期和时间

用户可以通过使用组合键Ctrl+;（分号）快速输入Windows系统的当前日期；使用组合键Ctrl+Shift+;可以快速输入Windows系统的当前时间。如果要快速输入系统的当前日期和时间，先按组合键Ctrl+；，然后输入一个空格，再按Ctrl+Shift+；即可。

1.4 文本型数据

Excel自动将不能识别为数值和公式的数据识别为文本，如非数值型的文字、符号等。

1.4.1 录入以0开头的数字

当用户需要输入如001、002这类以0开头的数字编码时，如果直接在单元格中输入"001"，在默认情况下，Excel会自动将其识别为数值，因此在按 Enter 键结束输入后，系统将自动更正为数字1，前面的0是不显示的。这种情况下，通常可以通过以下两种方法进行设置。

（1）前置单引号法

如图1.4.1-1所示，在输入数字编码前，先使用英文半角输入法输入一个单引号"'"，然后再输入数据，如"'001"，结束输入后便可完整显示。其中单引号只是一个标识符，可以在编辑栏中看到，但它并不是单元格内容的一部分，不代表一个字符，所以在单元格中并不会显示。

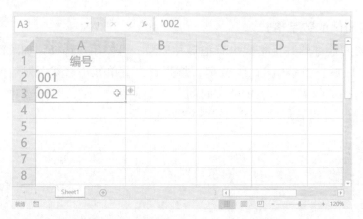

图1.4.1-1 前置单引号输入以0开头的数字

（2）设置文本数字格式法

除了前置单引号输入的方法，用户还可以通过设置单元格的数字格式为"文本"的方法进行输入。选择需要设置文本格式的单元格区域，按下Ctrl+1组合键，打开"设置单元格格式"对话框，切换至"数字"选项卡，选择"分类"列表中的"文本"选项，操作完成后单击"确定"按钮关闭对话框完成设置，操作如图1.4.1-2所示。

之后用户直接在单元格中输入数字，如"001"即可，无须再前置单引号，在编辑栏中也不会出现单引号，如图1.4.1-3所示。

　　图1.4.1-2　设置数字格式为"文本"

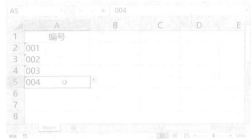
图1.4.1-3　在"文本"数字格式下输入

　　结合以上的两种方法，如果用户有"批量去除在编辑栏中可见的单引号并仍然保留文本格式"的需求，可以使用"格式刷"功能：设置任意一个空单元格的数字格式为"文本"，然后选择"格式刷"命令，去刷取存在单引号的单元格区域即可。

1.4.2　身份证号码的录入

　　有的用户在单元格中输入身份证号码会变成一个奇怪的数字（如3.71321E+17），并且从编辑栏可以看到后面的3位数字变成了0。这是因为在默认格式下，Excel对大于11位的数字，会自动以科学计数法来表示；并且Excel能够处理的数字精度最大为15位，因此所有超过15位的整数数字，15位以后的数字都将变成0。

　　正确输入身份证号码的方法，同样为"前置单引号法"和"设置文本数字格式法"，与1.4.1所述内容一致。如果用户需要删除以"前置单引号法"所输入的号码中的单引号，可以使用"格式刷"命令为身份证号码刷取文本数字格式，方法与1.4.1第（2）点中所述的内容相同。

1.4.3　长文本的全部显示

　　当用户在单元格中输入的内容超过了单元格的宽度，右侧又为非空单元格时，则不能显示全部内容。那么如何才能让内容全部显示呢？下面我们介绍四种不同的方法。

　　（1）调整单元格的宽度

　　如图1.4.3-1所示，选择A1:C1单元格区域，切换至"开始"选项卡，单击"单元格"组中"格式"命令右侧的下拉按钮，在打开的下拉列表中单击"自动调整列宽"命令。

　　设置完成后，即可以看到所设置区域的每一列都以最合适的列宽显示，效果如图1.4.3-2所示。

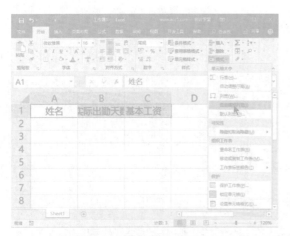

图1.4.3-1 设置为"自动调整列宽"　　　　图1.4.3-2 设置"自动调整列宽"的效果

（2）自动换行

若要在不改变列宽的情况下显示单元格的全部内容，用户可以通过设置单元格自动换行来实现。选择B1单元格，切换至"开始"选项卡，在"对齐方式"组中，单击"自动换行"命令，Excel即对超过其列宽的内容自动调换至同一单元格内的下一行显示，如图1.4.3-3所示。（在自动换行模式下，再次单击此命令，为取消"自动换行"操作。）

图1.4.3-3 设置"自动换行"的效果

（3）手动换行

使用上文所说的"自动换行"，文本会根据单元格的列宽自动调整每行的字符数。而如果使用手动换行，用户可以自由选择换行位置，使换行后的数据更加符合要求。

如图1.4.3-4所示，选择B1单元格，鼠标双击单元格中要换行的位置进入编辑状态，然后按下Alt+Enter组合键换行。完成换行后，按Enter键结束输入，即可看到换行效果，如图1.4.3-5所示。

图1.4.3-4　使用Alt+Enter组合键在单元格内换行

图1.4.3-5　手动换行的效果

用户还可以利用手动换行制作常见的斜线表头：

第一步：打开工作表，选择要制作斜线表头的单元格（如A1单元格），输入内容，如"日期姓名"。

第二步：鼠标定位到"日期"和"姓名"中间，按Alt+Enter组合键在单元格内换行，效果如图1.4.3-6所示。

第三步：鼠标定位在日期的前面，不断地添加空格，直到添加至合适的位置，如图1.4.3-7所示。

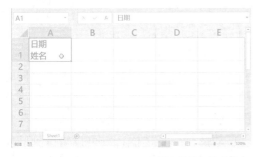

图1.4.3-6　使用Alt+Enter组合键在单元格内换行

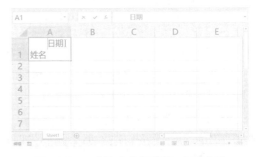

图1.4.3-7　添加空格调整第一行的位置

第四步：选中A1单元格，按下Ctrl+1组合键，打开"设置单元格格式"对话框，切换至"边框"选项卡，选择"\"斜线，操作如图1.4.3-8所示。设置完成后的效果，如图1.4.3-9所示。

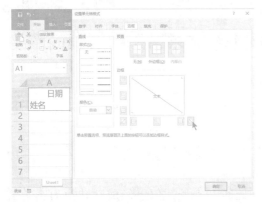

图1.4.3-8　添加斜线边框

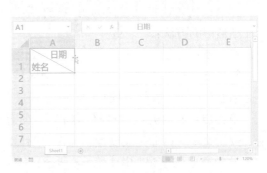

图1.4.3-9　"斜线表头"制作完成的效果

（4）缩小字体填充

如果用户要在既不改变单元格列宽，又不改变单元格行高的情况下使单元格内的所有字符完整显示，就不能使用上述几种功能。只能使用"缩小字体填充"功能，让内容适应单元格的大小。

如图1.4.3–10所示，选择B1单元格，按下Ctrl+1组合键，打开"设置单元格格式"对话框，切换至"对齐"选项卡，在"文本控制"选项区域中勾选"缩小字体填充"复选框，设置后的效果，如图1.4.3–11所示。

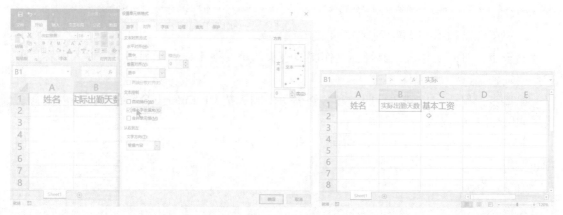

图1.4.3–10 勾选"缩小字体填充"复选框   图1.4.3–11   "缩小字体填充"的效果

需要注意的是，"自动换行"功能和"缩小字体填充"功能相互冲突，二者不可同时设置，只能取其一进行设置。如果发现"自动换行"复选框是灰色的，无法勾选，那么就要先取消勾选"缩小字体填充"复选框，方可设置。反之，如果发现"缩小字体填充"复选框是灰色的，无法勾选，那么就要先取消勾选"自动换行"复选框，方可设置。到底使用哪一种方法来使长文本全部显示，主要取决于具体情形和个人需要。

1.4.4 文本型数值的格式转换

通常情况下，从各种设备或者软件中导出的Excel文件，单元格数字格式会默认为文本，此时的数值为文本型数值，在状态栏只显示"计数"项，而无"求和""平均值"项，这是因为文本型数值无法进行数学运算。

那么如何才能将其转换为可以进行数学运算的正常数值呢？在这里我们介绍使用"选择性粘贴"的方法：

第一步：先复制一个任意的空白单元格。

第二步：选择要转换的文本型数值区域，单击鼠标右键，在打开的快捷菜单中选择"选择性粘贴"命令，操作如图1.4.4–1所示。

第三步：在打开的"选择性粘贴"对话框中，选择运算方式为"加"，然后单击"确定"按钮关闭对话框完成设置，操作如图1.4.4–2所示。

设置完成的结果如图1.4.4–3所示，可以看到此时文本型数值已经成功转换为正常数值，状态栏已显示"求和"和"平均值"项。

图1.4.4-1　选择"选择性粘贴"命令

图1.4.4-2　选择"选择性粘贴"的运算选项"加"

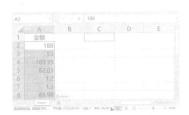

图1.4.4-3　转换完成的结果

需要注意的是，对于已经存在的文本型数据，转换为可以正常求和的数值的方法有多种，除了上述介绍的利用"选择性粘贴"的方法，还可通过多选后单击左上角的黄色圆形感叹号，选择里面的"转为数值"，以及使用"数据"选项卡下面的"分列"功能。但是，通过直接更改单元格格式为"数值"或者"常规"的方法却是行不通的。

1.5　特殊符号的录入

在日常工作中，用户时常需要在Excel中输入一些特殊的字符，所以掌握它们的输入方法是至关重要的：

切换至"插入"选项卡，单击"符号"组中的"符号"命令，操作如图1.5-1所示。

在打开的"符号"对话框中，直接双击需要插入的符号或选中需要插入的符号后单击"插入"按钮，都可以输入，如图1.5-2所示。

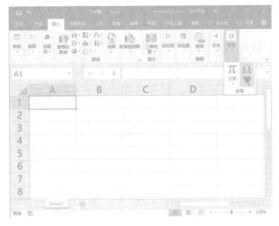

图1.5-1　打开"符号"对话框

图1.5-2　双击符号或单击符号后点击"插入"按钮即可输入

在打开的"符号"对话框中，单击"字体"组合框右侧的下拉按钮，可以切换不同系列的字体用以获得不同类型的符号，如图1.5-3所示。

例如当选择Wingdings系列的字体时，就会出现许多有趣的图形字符，如图1.5-4所示。

图1.5-3　切换字体可以获得不同的符号　　　　图1.5-4　Wingdings字体下的图形字符

如果用户有一天发现自己输入的内容变成了奇奇怪怪的图形，但编辑栏中所显示的却仍然是正常的，如图1.5-5中所示，不必惊慌失措，这只是因为所使用的字体导致了奇怪的显示效果，通过更改字体很容易还原：切换至"开始"选项卡，单击"字体"组中的"字体"命令，从中选择一种常规字体，如"宋体"，便可以恢复如初，结果如图1.5-6所示。

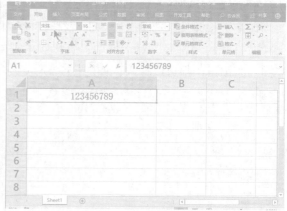

图1.5-5　"变异"的数字　　　　　　　图1.5-6　"变异"的数字已经恢复如初

1.6　自定义数字格式

前文已经初步提及，Excel提供了很多内置的数字格式，但有时还是不能满足所有用户的需求，这时候"自定义"选项便为用户提供了帮助，极大限度地弥补了这个缺陷。

"自定义数字格式"是指自定义数字的格式，也就是说它改变的是数字所显示的格式，而并不会改变数据的原值。因为它可以提供非常多样化的表现形式，使数据的显示更加直观和美观，同时也不影响数据的原值，所以在日常工作中，自定义数字格式很受用户欢迎。

1.6.1　自定义数字格式之结构

要掌握自定义数字格式，首先要了解自定义数字格式的结构和组成规则，下面以示例的方式进行更直观的说明。

（1）自定义数字格式做判断——使用区段规则作为判断依据

代码结构分为四个区段，中间用英文半角的分号";"分隔，每个区段代码对不同类型的数据内容产生作用，其结构顺序为：正数;负数;零值;文本。用户可以将此区段规则作为依据设置条件做出判断。

如图1.6.1-1所示，可以看到A1:A7单元格区域中有正数、负数、零值和文本，现在要求分别对正数、负数、零值和文本做出不同的判断，将正数定义为"盈利"，将负数定义为"亏损"，将零值定义为"持平"，将文本定义为"筹建"。

选择A1:A7单元格区域，按下Ctrl+1组合键，打开"设置单元格格式"对话框，切换至"数字"选项卡，单击"分类"列表中的"自定义"选项，在右侧的"类型"文本输入框中输入""盈利";"亏损";"持平";"筹建""（注意使用英文半角的双引号和分号，最外面的一对中文双引号不要输入），操作完成后单击"确定"按钮关闭对话框完成设置，操作如图1.6.1-1所示。

设置后的效果，如图1.6.1-2所示。

图1.6.1-1　设置自定义的数字格式①

图1.6.1-2　设置自定义数字格式的效果①

对比图1.6.1-1，可以发现原来的正数现在以文字"盈利"显示，原来的负数现在以文字"亏损"显示，原来的零值现在以文字"持平"显示，原来的文本"无"现在以文本"筹建"显示，如图1.6.1-2所示。由此可见，通过自定义数字格式，可以对正数、负数、零值和文本做出判断。

（2）自定义数字格式做判断——对区段进行条件设置

除了使用区段规则直接作为分隔依据外，也可以对区段设置所需要的条件，其结构顺序为：条件值1;条件值2;不满足条件值;文本。

如图1.6.1–3所示，A、B、C列分别为数学成绩、语文成绩和英语成绩，要求对各个成绩做出判断，判断的条件为：大于等于80分的成绩显示为"优"，小于80分但大于等于60分的成绩显示为"中"，小于60分的成绩显示为"差"，文本显示为"缺考"。

选择A2:C8单元格区域，按下Ctrl+1组合键，在打开的"设置单元格格式"对话框中，切换至"数字"选项卡，单击"分类"列表中的"自定义"选项，在右侧的"类型"文本输入框中输入"[>=80]"优";[>=60]"中";"差";"缺考""（注意使用英文半角的双引号和分号，最外面的一对中文双引号不要输入），操作如图1.6.1–3所示。

设置完成的效果，如图1.6.1–4所示。

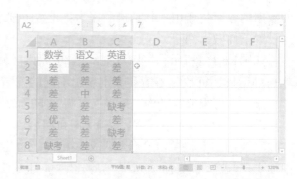

图1.6.1–3　设置自定义的数字格式②　　　　图1.6.1–4　设置自定义数字格式的效果②

结合图1.6.1–3和图1.6.1–4，能够发现满足条件">=80"的数字被显示为"优"，不满足条件">=80"但满足条件">=60"的数字被显示为"中"，既不满足条件">=80"又不满足条件">=60"的数字被显示为"差"，文本"无"被显示为"缺考"。由此可见，通过设置数字格式，可以做简单的条件判断。虽然通过自定义数字格式可以对数据区间做出简单的判断，但是设置条件最多只能存在四个，如果条件多于四个，则无法通过自定义数字格式进行设置。

（3）区段结构的简写规则

在实际应用中，也可以不必都按照四个区段结构来编写格式代码，少于四个区段也是被允许的，简写区段代码遵循的规律如下：

当自定义数字格式的代码只有一个时，格式代码作用于所有类型；当自定义数字格式的代码只有两个区段时，第一区段作用于正数和零值，第二区段作用于负数；当自定义数字格式的代码只有三个区段时，第一区段作用于正数，第二区段作用于负数，第三区段作用于零值。

但当自定义数字格式中有包含条件时，代码区段不能少于两个：当代码区段有两个时，第一区段作用于满足条件值1，第二区段作用于其他；当代码区段有三个时，第一区段作用于条件值1，第二区段作用于条件值2，第三区段作用于其他。

1.6.2　自定义数字格式之占位符

在"设置单元格格式"对话框中"数字"选项卡下的"分类"列表中可以看到"常

规""数值""货币""会计专用"等十一种预定义数字格式，选择任意一种，然后再单击"自定义"选项，就可以看到其对应的预定义格式代码，只要能看懂这些代码，稍做修改就能使之为我们所用，定义出更符合需求的格式。

各代码的含义和示例如下：

（1）"G/通用格式"：未设置任何格式，相当于"常规"格式。

例：代码"G/通用格式"，在单元格中输入"10"显示为"10"；输入"10.1"显示为"10.1"。

（2）"0"：数字占位符，如果数字位数大于占位符的数量，则显示实际数字；如果小于占位符的数量，则用0占位。

例：代码"00000"，在单元格中输入"1234567"显示为"1234567"；输入"123"显示为"00123"。

代码"00.000"，在单元格中输入"100.15"显示为"100.150"；输入"1.1"显示为"01.100"。

（3）"#"：数字占位符，只显示有效数字而不显示无意义的零值。小数点后的数字如果大于占位符"#"的数量，则按"#"的位数四舍五入显示。

例：代码"###.##"，在单元格中输入"12.1"显示为"12.1"；输入"12.1263"显示为"12.13"。

（4）"?"：数字占位符，在小数点两边为无意义的零添加空格，以便当按固定宽度时，小数点可对齐；也可用于数字比代码符少的情况，用空格占位，用于分数的显示。

例：代码"??.??"或"???.???"，工作表中数字的对齐结果为"以小数点对齐"。

代码"# ??/???"，输入"1.25"显示为"1 1/4"。

（5）"@"：文本占位符，如果只使用单个"@"，作用是引用原始文本。"@"符号的位置决定了Excel输入的数据内容相对于添加文本的位置。

如果要在输入数据内容之前自动添加文本，使用自定义格式为""文本内容"@"。

例：代码""2018年"@"，在单元格中输入"1月份"，显示为"2018年1月份"。

如果要在输入数据内容之后自动添加文本，使用自定义格式为"@"文本内容""。

例：代码"@"财务报表""，在单元格中输入"第一季度"，显示为"第一季度财务报表"。

如果要在输入数据内容之前和之后都自动添加文本，则使用自定义格式为""文本内容"@"文本内容""。

例：代码""2018年"@"部""，在单元格中输入"人事"，显示为"2018年人事部"。

如果使用多个@，则可以重复文本。

例：代码"@@@"，在单元格中输入"财务"，显示为"财务财务财务"。

1.6.3　自定义数字格式之日期代码

（1）代码"aaa"，表示星期几的简写，如：一、二……日。

（2）代码"aaaa"，表示星期几的全称，如：星期一、星期二……星期日。

（3）代码"d"，表示无前导0的日期值，如：1、2、3、4、5……31。

（4）代码"dd"，表示有前导0的日期值，如：01、02、03、04、05……31。

（5）代码"m"，表示无前导0的月份值，如：1、2、3……12，或表示无前导0的分钟值，如1、2、3……59。

（6）代码"mm"，表示有前导0的月份值，如01、02、03……12，或表示有前导0的分钟值，如01、02、03……59。

（7）代码"y"或"yy"，表示两位年份，00—99。（Excel中，系统将0～29之间的数字默认为2000年—2029年，将30～99之间的数字默认为1930年—1999年。）

（8）代码"yyyy"或"e"，表示四位年份，1900—9999。

1.6.4　自定义数字格式之时间代码

（1）代码"h"，表示没有前导0的小时数，如0、1、2、3……23。

（2）代码"hh"，表示有前导0的小时数，如00、01、02、03……23。

（3）代码"s"，表示没有前导0的秒数，如0、1、2、3……59。

（4）代码"ss"，表示有前导0的秒数，如00、01、02、03……59。

（5）代码"[h]"，用于显示大于59分钟的小时数，在单元格中输入"18:57:59"，显示为"18"。

（6）代码"[m]"，用于显示大于59秒的分钟数，在单元格中输入"18:57:59"，显示为"1137"（=18×60+57）。

（7）代码"[s]"，用于显示大于59毫秒的秒数，在单元格中输入"18:57:59"，显示为"68279"（=1137×60+59）。

（8）代码"AM/PM"，用英文"AM"表示上午，英文"PM"表示下午，在单元格中输入"8:30"，显示为"AM 8:30"；输入"14:50"，显示为"PM 2:50"。

（9）代码"上午/下午"，用中文"上午"表示上午，中文"下午"表示下午，在单元格中输入"8:30"，显示为"上午8:30"，输入"14:50"，显示为"下午2:50"。

1.6.5　自定义数字格式之特殊代码

（1）代码"."，表示小数点，如果外加双引号则为字符。

例：代码"0.#"，在单元格中输入"11.23"，显示为"11.2"。

（2）代码"%"，表示百分比。

例：代码"#%"，在单元格中输入"0.1"，显示为"10%"。

（3）代码","，表示千位分隔符，如果代码中","后为空，则把原来的数字缩小1000倍。

例：代码"#,###"，在单元格中输入"10000"，显示为"10,000"。

代码"#,"，在单元格中输入"10000"，显示为"10"。

代码"#,,"，在单元格中输入"1000000"，显示为"1"。

（4）代码"\"，用于强制显示下一个字符，和双引号"""""用途相同，都是显示输入的文本，不同的是"\"显示后面的文本，双引号显示双引号中间的文本。

例：代码""人民币"#,##0,,"百万""与"\人民币#,##0,,\百万"，在单元格中输入"1234567890"，均显示为"人民币1,235百万"。

（5）代码"*"，表示重复下一次字符，直到充满列宽为止。

例：代码"@*–"，在单元格中输入"ABC"，显示为"ABC——————————————"。

代码"**;**;**;**"，在单元格中输入任何值都显示为"*************"。

（6）代码"_"（下划线），用于留下一个和下一个字符同等宽度的空格文本。

例：代码"@_A"，在单元格中输入"中国"，会在"中国"后显示有个"A"字符宽的空格文本。

（7）代码"!"，用于显示引号""""，由于引号是代码常用的符号，因此无法直接用""""来显示引号，要想显示出引号，须在前加入代码"!"。

例：代码"#!""，在单元格中输入"10"显示为"10""。

代码"#!""!""，在单元格中输入"10"显示为"10"""。

（8）代码[颜色]，指用指定的颜色显示字符，有红色、黑色、黄色、绿色、白色、蓝色、青色和洋红八种颜色可选。

例：代码"[绿色];[蓝色];[黄色];[红色]"，在工作表中数据的显示结果为：正数显示为绿色，负数显示为蓝色，零值显示为黄色，文本显示为红色。

（9）代码[颜色N]表示调色板中的颜色，N是0～56之间的整数。

例：代码"[颜色3]"，表示工作表数据显示的颜色为调色板上的第三种颜色。

1.7　快速录入的秘诀

很多时候，数据录入都是有技巧可言的。在不同的情况下，用户可以根据数据间遵循的规律，使用不同的输入技巧来提高数据录入的效率。

1.7.1　在固定区域内按指定顺序录入

用户可以在指定的单元格区域中快速使用Enter键和Tab键逐个定位单元格来输入数据。在输入数据前，先选择一个单元格区域，在该区域中按Enter键，活动单元格会向下移动，移至最下的边缘时会自动向选中区域内的右侧一列跳转；如果要反方向移动，可按Shift+Enter组合键；在该区域中按Tab键，活动单元格会向右移动，移至最右的边缘时会自动向选中区域内的下面一行跳转，反方向移动可按Shift+Tab组合键。

1.7.2　重复数据的快速录入

重复数据的快速录入，可以通过"记忆式键入"和"从下拉列表中选择输入"两种方法进行操作。

（1）记忆式键入

记忆式键入功能对于要在同一列中输入与前面重复的文本内容而言非常方便。用户在输入的过程当中，Excel会智能地记忆之前输入过的文本内容（只能记忆文本内容，数值内容和公式不会被记忆），当用户输入的起始字符与该列中某一已有内容一致时，Excel会自动填写余下的字符，并呈黑色选中状态，用户只需按下Enter键即可完成输入。如果输入的起始字符在该列已有内容中存在多条对应记录，则用户必须继续增加字符内容，直到能够仅与一条内容单独匹配为止。如果用户不想采用记忆式键入功能输入的字符，则可以继续输入其他字符，也可以按Delete键或者Backspace键删除记忆式键入的字符后再继续输入新字符。

如图1.7.2-1所示，在A3单元格中输入姓名，因为此时在A2单元格中已经存在"张娜娜"，所以在A3单元格中再次输入一个"张"字后，Excel就会自动在单元格中填写余下的"娜娜"二字，并呈黑色选中状态。如果要确认输入，按Enter键即可；如果要输入的并不是"张娜娜"，则不用理会自动键入的字符，继续输入即可，也可以按Delete键或者Backspace键删除自动键入的字符后再输入新字符。

需要注意的是，记忆式键入功能只能在同列中使用，而且如果数据中间出现了空白行，则记忆式键入功能无法记忆空白行以上的内容，只能在空白行以下的区域内查找记忆项。

记忆式键入功能在Excel 2013及以后的版本中是默认开启的，如果用户发现无法使用，可以手动启用：

依次单击"文件""选项"命令，在打开的"Excel选项"对话框中，切换至"高级"选项卡，在右侧窗口中的"编辑选项"组中找到"为单元格值启用记忆式键入"并勾选复选框，操作完毕后单击"确定"按钮关闭对话框完成设置，操作如图1.7.2-2所示。

图1.7.2-1 "记忆式键入"输入的字符　　　　图1.7.2-2 开启"记忆式键入"功能

（2）从下拉列表中选择输入

记忆式键入功能虽然好用，但是如果出现多个起始字符相同的内容时，就有点麻烦了，这个时候可以使用从下拉列表中选择输入。选择要进行输入的单元格，单击鼠标右键，从打开的快捷菜单中选择"从下拉列表中选择"命令，或直接按下Alt+↓组合键，就可以在单元格下方显示一个包含该列已有内容的下拉列表，如图1.7.2-3所示，此时可以按上、下方向键进行选择，选中后按Enter键即可完成输入，也可以使用鼠标直接点选。

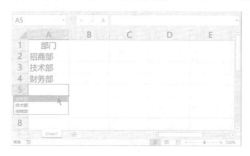

图1.7.2-3 从下拉列表中选择输入

此方法与"记忆式键入"一样，同样只对同一列中的文本内容起作用，并且数据的中间也不能有空白行，有空白行会阻断Excel对数据的"记忆"。

1.7.3 相同数据的快速输入

要快速地输入多个相同数据，根据不同的情况，用户可以通过使用组合键输入和使用成组工作表填充两种方法进行操作。

（1）使用组合键输入

如果要在同一工作表的多个不连续单元格区域中输入相同的内容，用户可以按住Ctrl键，依次单击选择要输入内容的单元格，如图1.7.3-1所示，选择完毕后，在键盘上输入相应的内容（如"Excel"），输入完成后，不要按Enter键，而是按下Ctrl+Enter组合键结束输入。完成输入的效果，如图1.7.3-2所示。

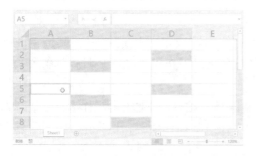

图1.7.3-1 按Ctrl键对不连续的单元格进行多选

图1.7.3-2 按Ctrl+Enter组合键结束输入

如果要在同一工作簿不同工作表中的同一单元格位置输入相同的内容，可以在选择多个工作表后执行"工作组"操作。选择多个工作表的方法与我们在文件夹中多选文件的方法相同，配合使用Ctrl键和Shift键：按住Ctrl键点击不同的工作表标签，可以选择不连续的多个工作表；点击第一个工作表标签后，按住Shift键点击最后一个工作表标签，可以选择连续的多个工作表。

在图1.7.3-3的工作簿中存在六个工作表，要求在"Sheet1""Sheet2""Sheet3"和"Sheet5"这四个工作表的A1单元格中输入文本内容"日期"。

单击"Sheet1"工作表标签，按Shift键单击"Sheet3"工作表标签，松开Shift键，再按住Ctrl键单击"Sheet5"工作表标签，此时这四个工作表均处于选中状态，可以看到标题栏出现"组"字样，说明此时已经进入"工作组"操作模式。

在A1单元格输入文本"日期"，并按Enter键结束输入，该操作在"工作组"中的所有工作表中执行，其他三个工作表的A1单元格中也同时出现了文本"日期"，如图1.7.3-4所示。

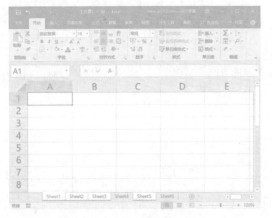 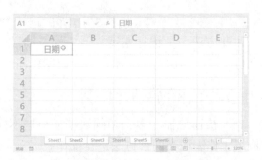

图1.7.3-3　同时选择多个工作表　　　　图1.7.3-4　在"工作组"中的A1单元格中输入文本

设置完毕后，需要取消"工作组"才能在单个表中执行下一步操作，否则再次进行的操作还将会同时作用于被选中的所有工作表。取消"工作组"常用的方法有两种：一是单击任意一个没被选中的工作表标签，二是使用鼠标右键单击工作表标签，在打开的快捷菜单中，单击"取消组合工作表"命令。

（2）使用成组工作表填充

如果用户需要将同一工作簿内某个工作表中的内容或格式快速填写至其他的工作表，可以使用复制粘贴的方法，也可以使用"填充至成组工作表"功能。具体的操作方法如下：

如图1.7.3-5所示，选中要复制的A1:C8单元格区域，按住Ctrl键单击工作表标签，选择"Sheet1"和"Sheet2"两个工作表，使其进入"工作组"操作模式，切换至"开始"选项卡，单击"编辑"组中"填充"命令的下拉按钮，在打开的下拉列表中选择"至成组工作表"命令。

接着如图1.7.3-6所示，在打开的"填充成组工作表"对话框中，选择"全部"单选框，并单击"确定"按钮关闭对话框完成操作（也可以根据实际需要，只选择"内容"或只选择"格式"，这里要求的是内容和格式，也就是全部）。

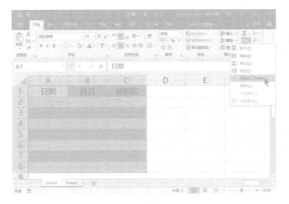
图1.7.3-5　选择"至成组工作表"命令

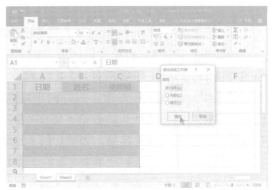
图1.7.3-6　选择"填充成组工作表"对话框中的选项

设置完成的效果，如图1.7.3-7所示，在图中可以看到一模一样的内容和格式已经被填充进了工作表"Sheet2"中。

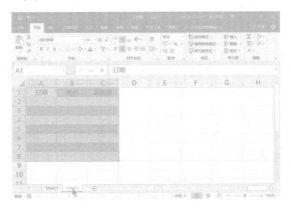
图1.7.3-7　"填充至成组工作表"的效果

1.8　自动填充数据

Excel中的自动填充功能非常强大，当输入的数据遵循着某种规律时，用户便可以使用Excel自动填充功能进行快速准确的录入，有效节省时间，提高工作效率。

1.8.1　数值的自动填充

数值的自动填充有"拖拽填充柄填充"和"对话框填充"两种方式。

（1）拖拽填充柄填充

如果用户要在工作表中输入一行或者一列数字，比如在A1:A10单元格区域中输入数字1到10，便可以使用拖拽填充柄的方式进行填充。

拖拽填充柄填充又分为使用鼠标左键直接拖拽、按住Ctrl键使用鼠标左键拖拽以及使用鼠标右键拖拽三种不同的方式，下面将分步骤做出详细说明。

方式1：使用鼠标左键直接拖拽。

第一步： 在A1单元格和A2单元格中分别输入数字"1"和数字"2"。

第二步： 选中A1:A2单元格区域，把光标移至A2单元格的右下角，鼠标指针会变成一个小的黑色十字形状（即填充柄）。

第三步： 按住鼠标左键不放并向下拖拽，拖拽的过程中，会在右下方显示一个数字，代表着鼠标当前位置产生的数值，如图1.8.1－1所示，当看到显示为"10"的时候松开鼠标左键即可。填充完成的结果，如图1.8.1－2所示。

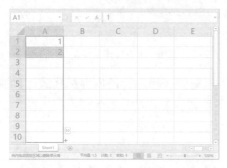

图1.8.1－1　使用鼠标左键直接拖拽填充柄　　　　图1.8.1－2　填充完成的结果

方式2：按住Ctrl键使用鼠标左键拖拽。

第一步： 在A1单元格中输入数字"1"。

第二步： 选择A1单元格，把光标移至A1单元格的右下角，待鼠标指针变成填充柄后，按住Ctrl键不放并向下拖拽填充柄，在拖拽过程中看到右下方的数字显示为"10"时，先松开鼠标左键，再松开Ctrl键，即可完成本次填充，操作结果与使用鼠标左键直接拖拽进行填充的结果完全一致。

方式3：使用鼠标右键拖拽。

第一步： 在A1单元格中输入数字"1"。

第二步： 选择A1单元格，使用鼠标右键拖拽填充柄至A10单元格，松开鼠标右键，在弹出的快捷菜单中，选择"填充序列"命令，如图1.8.1－3所示。

填充完成的结果，如图1.8.1－4所示，可以看到操作结果与使用鼠标左键进行填充的结果完全一致。

图1.8.1－3　使用鼠标右键拖拽填充柄后选择"填充序列"命令　　　图1.8.1－4　填充完成的结果

每次拖拽填充后，区域右下角都会出现的  标记为"填充选项"按钮，单击可进行更多填充模式的选择，如图1.8.1-5所示。

除此之外，用户还可以自由设置填充的步长值，例如在A1单元格中输入"1"，在A2单元格中输入"3"，同时选中A1:A2单元格区域，拖拽填充柄至A10单元格，即按步长值为2（3-1=2）的等差填充，填充结果如图1.8.1-6所示。

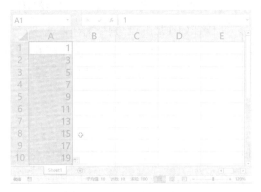

图1.8.1-5　填充选项

图1.8.1-6　步长值为2的等差填充

（2）对话框填充

在用户要填充的序列值比较多的情况下，如1到1000，拖拽填充就显得差强人意、不够智能，此时可以通过使用"序列"对话框进行填充，下面分步骤做出详细说明。

第一步：打开工作表，在A1单元格输入数字"1"。

第二步：如图1.8.1-7所示，切换至"开始"选项卡，单击"编辑"组中"填充"命令的下拉按钮，在打开的下拉列表中选择"序列"命令。

第三步：接着如图1.8.1-8所示，在打开的"序列"对话框中，点击"序列产生在"列表中的"列"单选框，将终止值设置为1000，设置完毕后单击"确定"按钮关闭对话框完成操作，即可以看到从1到1000的填充结果。（该对话框中的任意一个选项，都可以根据实际工作中的需要进行设置，非常灵活多变。）

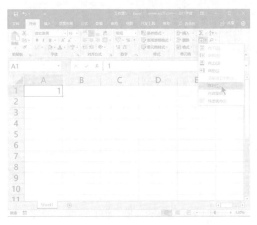

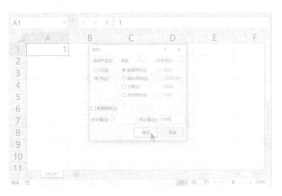

图1.8.1-7　选择"填充序列"命令

图1.8.1-8　设置"序列"对话框的选项

27

1.8.2　文本的自动填充

对普通文本的自动填充，只要选中相应的单元格区域，使用鼠标左键拖拽填充柄向下或向右填充即可。除复制单元格内容之外，用户还可以在填充选项里面选择是否带格式填充，如上述图1.8.1-5中所示。

关于填充柄：用户在使用填充柄对数据进行填充的过程中，按下Ctrl键可以改变默认的填充方式。例如，在默认情况下，直接用鼠标左键拖拽填充柄，对数值型数据是复制填充模式，而按住Ctrl键再进行拖拽就更改为序列填充模式，且步长值为1。如果是文本加数字如"第1季度"，默认情况下直接用鼠标左键拖拽填充柄是序列填充模式，且步长为1，而按住Ctrl键再进行拖拽则为复制填充模式。

1.8.3　日期的自动填充

Excel的自动填充功能非常智能，它会随着单元格内数据类型的不同而自动调整，当起始的单元格内容为日期时，填充选项会变得更加丰富。

打开工作表，选择A1单元格，输入"2018-1-1"，向下拖拽填充柄填充至A9单元格，单击"填充选项"按钮，不仅有常规的复制单元格和填充序列，还可以根据用户自己的需要，选择是按天数填充，还是按月填充、按年填充或者按工作日填充，如图1.8.3所示。

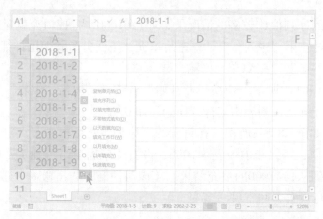

图1.8.3　日期型数据的"填充选项"

1.8.4　快速填充

快速填充是2013版Excel的新增功能，在更早的版本中无法使用。它可以按照给出的起始数据，在填充过程中快速提取具有相同规律的内容，方便又高效。其非常经典的一个用法就是提取身份证号码里面的出生日期。

如图1.8.4-1所示，在B2单元格中输入A2单元格中身份证号码的出生日期"19940406"，选择B2单元格，按住鼠标左键拖拽填充柄向下填充至B8单元格（或者双击填充柄），释放鼠标后，单击"填充选项"按钮，选择"快速填充"命令。

填充完成的结果，如图1.8.4-2所示，可以看到A2到A8单元格区域内身份证号码的出

生日期已经全部被提取出来了，非常方便快捷。（快速填充的组合键为Ctrl+E，可以选择
B2:B8单元格区域后按下Ctrl+E组合键，同样可以完成快速填充的操作。）

图1.8.4-1　选择"快速填充"命令

图1.8.4-2　快速填充完成后的结果

1.8.5　自定义填充

Excel的填充功能不仅可以进行自动填充，还可以进行自定义填充。当用户经常会使用
到一些自定义的序列，比如"管理部、招商部、销售部、技术部、财务部、后勤部"时，
可以将其添加至自定义列表，以后便可以在输入起始内容后通过拖拽填充柄按顺序填充。
下面对添加自定义列表的方法分步骤做出详细说明。

第一步： 在工作表中分别输入"管理部""招商部""销售部""技术部""财务
部""后勤部"，并选中输入的单元格区域，如图1.8.5-1所示。

图1.8.5-1　输入要自定义的序列值并选中

第二步： 依次单击"文件""选项"命令，打开"Excel选项"对话框，切换至"高
级"选项卡，单击"常规"组中的"编辑自定义列表"命令，如图1.8.5-2所示。

图1.8.5-2 单击"编辑自定义列表"按钮

第三步：在打开的"自定义序列"对话框中，如图1.8.5-3所示，单击"导入"按钮，将所选序列导入到"输入序列"组合框后，单击"确定"按钮关闭对话框完成操作。

第四步：如图1.8.5-4所示，在返回的"Excel选项"对话框界面，单击"确定"按钮。

图1.8.5-3 导入自定义序列

图1.8.5-4 单击"确定"按钮

添加自定义列表完成后，用户就可以使用该序列进行填充了。如图1.8.5-5所示，先在B1单元格输入"管理部"并选择该单元格，然后向下拖拽填充柄填充至B8单元格，此时Excel自动根据起始内容将该自定义序列按顺序、循环地填入到单元格中，如图1.8.5-6所示。

图1.8.5-5 输入自定义序列的起始值并拖拽填充柄

图1.8.5-6 循环填充的自定义序列

第2章

微信扫一扫
免费看课程

函数与公式

　　函数与公式是Excel最重要、最常用的功能，强大而快捷，是用户进行数据计算、分析的不二之选，也是Excel的灵魂功能。玩转Excel，学好函数势在必行。本章会先介绍函数公式的基础知识，再介绍七种不同类型的函数：统计函数、逻辑函数、信息函数、日期和时间函数、数学函数、文本函数、查找与引用函数。

2.1 函数与公式基础

相当一部分人开始学Excel，是被函数公式吸引过来的，但如果在没有掌握基础知识的情况下就开始着手学习函数公式，往往事倍功半。所以在学习使用函数公式计算数据前，要先了解函数公式的基础知识，如函数和公式的基本组成、运算符以及参数的引用类型等。

2.1.1 函数公式的组成

函数和公式既彼此相关又完全不同，既有联系又有区别。公式是以等号"="开头，对数据进行数学计算并返回计算结果的等式。函数是Excel预置的公式，按照特定的算法执行运算。函数可以是公式的一部分，但公式里不一定非得有函数。

公式参数的各组成要素、介绍和示例以及相关说明，如表2.1.1所示。

表2.1.1 公式的组成

组成要素	介绍	示例	说明
函数	Excel预置好的公式，包括了十多种类型的函数	=SUM(A2:A10)	使用SUM函数对A2:A10单元格区域内的数据进行求和
常量	直接输入在公式中的数字、文本、日期等	=(A2+100)*20%	公式中的"100"和"20%"表示常量
单元格引用	表示在工作表中的坐标，可以是单个单元格，也可以是单元格区域	=(A2+100)*20%	公式中的"A2"表示单元格的引用
运算符	表示表达式内执行的运算类型，包括四种运算符（算术运算符、比较运算符、文本运算符、引用运算符）	=(A2+B2)>=100	公式中包含了算术运算符+（加号）和比较运算符>=（大于等于号）

Excel公式必须用英文半角输入法进行输入，函数名称和单元格引用不区分大小写，确认输入后系统会自动将小写更正为大写。

公式可以用在单元格中，通过运算直接返回结果为单元格赋值，也可以在条件格式、高级筛选、数据验证等功能中使用。但公式不能实现单元格的删减等功能，也不能对其自身以外的其他单元格进行赋值。

2.1.2 运算符

运算符是公式中的各个参数对象之间的纽带，它决定了公式中各数据之间的运算类型。Excel包含四种运算符，分别是算术运算符、比较运算符、文本运算符和引用运算符，下面对这四种运算符的含义和应用分别进行详细介绍。

（1）算术运算符

算术运算符是最常用的运算符之一，有加号、减号、星号、正斜线、百分号和脱字符，它们可以进行基本的数学运算，各种符号的含义和示例如表2.1.2–1所示。

表2.1.2–1　算术运算符

算术运算符	名称	含义	示例	返回结果
+	加号	加法	=10+5	15
–	减号	减法	=10–5	5
		负数	=–10	–10
*	星号	乘法	=10*5	50
/	正斜线	除法	=10/5	2
%	百分号	百分比	=10%	0.1
^	脱字符	乘方	=10^5	100000

用户如果要进行基本的数学运算，请使用算术运算符，下面以实例——员工工资表介绍具体的使用方法。

如图2.1.2–1所示，A列为员工编号，B列为员工姓名，C列为员工所属部门，D列为基本工资，E列为加班费，F列为扣保险的金额，G列为扣税的金额，要求在H列内计算出实发工资的金额，计算条件为：实发工资=基本工资+加班费–扣保险–扣税。

选择H2单元格，输入公式“=D2+E2–F2–G2”，按Enter键结束并向下填充公式，即可计算出所有员工的实发工资。此公式中包含了“+”（加号）和“–”（减号）两种算术运算符。

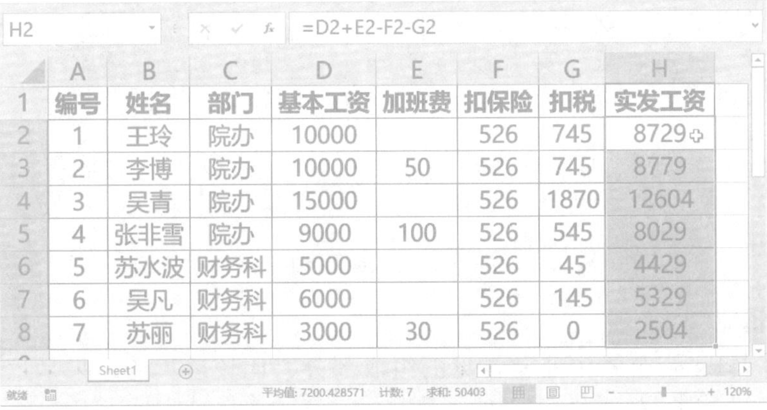
H2　=D2+E2-F2-G2

	A	B	C	D	E	F	G	H
1	编号	姓名	部门	基本工资	加班费	扣保险	扣税	实发工资
2	1	王玲	院办	10000		526	745	8729
3	2	李博	院办	10000	50	526	745	8779
4	3	吴青	院办	15000		526	1870	12604
5	4	张非雪	院办	9000	100	526	545	8029
6	5	苏水波	财务科	5000		526	45	4429
7	6	吴凡	财务科	6000		526	145	5329
8	7	苏丽	财务科	3000	30	526	0	2504

Sheet1

就绪　平均值: 7200.428571　计数: 7　求和: 50403　120%

图2.1.2–1　算术运算符的应用

（2）比较运算符

比较运算符用于对两个值之间的比较，有等于号、大于号、小于号、大于等于号、小于等于号和不等于号，比较运算的结果为逻辑值TRUE或者FALSE。如果比较运算的逻辑正确，则为条件成立，会返回逻辑值TRUE；如果比较运算的逻辑错误，则为条件不成立，会返回逻辑值FALSE，各种比较运算符号的含义和示例如表2.1.2–2所示。

表2.1.2-2　比较运算符

比较运算符	名称	含义	示例	返回结果
=	等于号	等于	=10=5	FALSE
>	大于号	大于	=10>5	TRUE
<	小于号	小于	=10<5	FALSE
>=	大于等于号	大于或等于	=10>=5	TRUE
<=	小于等于号	小于或等于	=10<=5	FALSE
<>	不等于号	不等于	=10<>5	TRUE

如果用户要对两个值进行比较，即可使用比较运算符，下面以实例——学生成绩表介绍具体的使用方法。

如图2.1.2-2所示，A列为学生姓名，B列到G列依次为各科目分数，H列为总分，I列为平均分，要求在J列判断出哪些学生的成绩不合格。判断条件以平均分为基准，如果平均分大于等于60分，则为考试合格；如果平均分小于60分则为不合格。

选择J2单元格，输入公式“=I2>=60”，按Enter键并向下填充公式，即可完成判断。其中返回结果为TRUE表示比较运算的表达式成立，即考试合格；结果为FALSE则表示比较运算的表达式不成立，即考试不合格。此公式使用了比较运算符“>=”（大于等于号）。

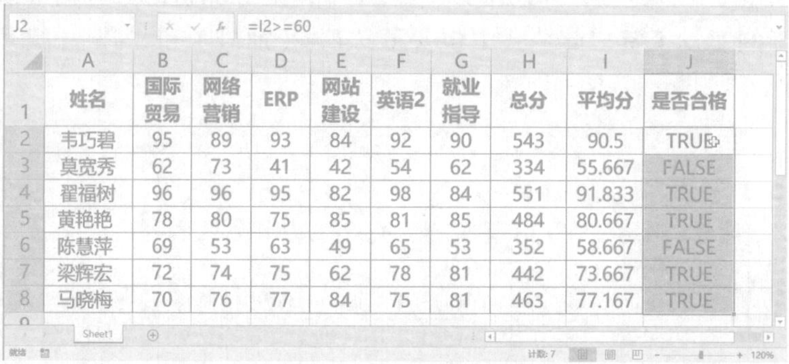
J2
=I2>=60

	A	B	C	D	E	F	G	H	I	J
1	姓名	国际贸易	网络营销	ERP	网站建设	英语2	就业指导	总分	平均分	是否合格
2	韦巧碧	95	89	93	84	92	90	543	90.5	TRUE
3	莫宽秀	62	73	41	42	54	62	334	55.667	FALSE
4	翟福树	96	96	95	82	98	84	551	91.833	TRUE
5	黄艳艳	78	80	75	85	81	85	484	80.667	TRUE
6	陈慧萍	69	53	63	49	65	53	352	58.667	FALSE
7	梁辉宏	72	74	75	62	78	81	442	73.667	TRUE
8	马晓梅	70	76	77	84	75	81	463	77.167	TRUE

Sheet1

图2.1.2-2　比较运算符的应用

（3）逻辑值

比较运算是Excel公式中非常常见的组成部分，比较运算的结果是逻辑值TRUE和FALSE。

逻辑值可以参与数学运算，在参与运算时会自动转换成数值1和0，TRUE转换为1，FALSE转换为0。其示例和含义如表2.1.2-3所示。

表2.1.2-3　逻辑值

示例	返回结果	含义	解释	转换为数值
=10>5	TRUE	是（非零）	成立	1
=10<5	FALSE	否（零）	不成立	0

逻辑值转换成1和0的方法：让逻辑值参加数学运算（必须是原值保持不变的数学运算），如表2.1.2-4所示。

表2.1.2-4　逻辑值的转换

	逻辑值	数学运算	转换结果
方法1	TRUE	=TRUE+0	1
	FALSE	=FALSE+0	0
方法2	TRUE	=TRUE-0	1
	FALSE	=FALSE-0	0
方法3	TRUE	=TRUE*1	1
	FALSE	=FALSE*1	0
方法4	TRUE	=TRUE/1	1
	FALSE	=FALSE/1	0
方法5	TRUE	=--TRUE	1
	FALSE	=--FALSE	0

为加深印象，便于理解记忆，下面来看一个应用实例。

如图2.1.2-3所示，A列为员工编号，B列为员工姓名，C列为学历，要求在E列计算员工的奖金，计算条件为：学历是本科的员工奖励300元，学历是高中的员工不奖励。

选择E2单元格，输入公式“=(C2="本科")*300”，按Enter键结束并向下填充公式，即可完成计算。本例中，由于C列与文本“本科”进行比较运算的结果会返回逻辑值TRUE和FALSE，而当逻辑值进行数学运算的时候会转换为1和0，所以1*300=300，0*300=0。

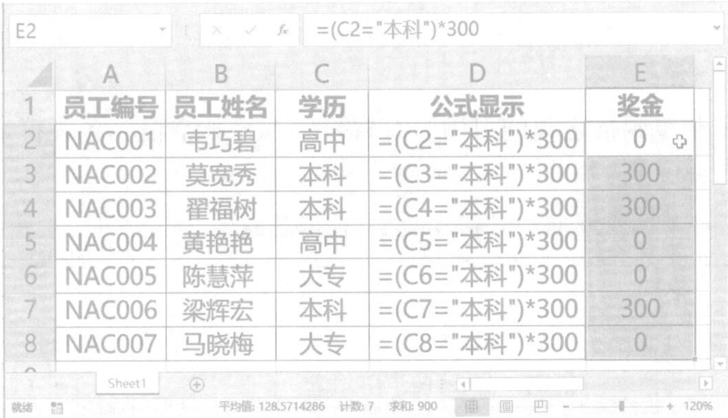
E2　=(C2="本科")*300

	A	B	C	D	E
1	员工编号	员工姓名	学历	公式显示	奖金
2	NAC001	韦巧碧	高中	=(C2="本科")*300	0
3	NAC002	莫宽秀	本科	=(C3="本科")*300	300
4	NAC003	翟福树	本科	=(C4="本科")*300	300
5	NAC004	黄艳艳	高中	=(C5="本科")*300	0
6	NAC005	陈慧萍	大专	=(C6="本科")*300	0
7	NAC006	梁辉宏	本科	=(C7="本科")*300	300
8	NAC007	马晓梅	大专	=(C8="本科")*300	0

Sheet1

就绪　平均值: 128.5714286　计数: 7　求和: 900　120%

图2.1.2-3　通过转换逻辑值进行计算

（4）文本运算符

文本运算符主要用于将一个或多个字符进行联合，产生一个大的文本。文本运算符只有一个，即“&”，其含义和示例如表2.1.2-5所示。

表2.1.2-5　文本运算符

文本运算符	名称	含义	示例	返回结果
&	连接符	将多个值连接在一起，产生一个连续的文本	=100&"分"	100分

下面来看一个文本运算符的应用实例——某公司的产品销量表。

如图2.1.2-4所示，A列为销售日期，B列为产品代码，C列为产品名称，D列为销售时的折扣，E列为销售数量，要求计算出产品名称为"舒缓放松套"，折扣为"3.5折"的产品的总销售数量。

选择F2单元格，输入公式"=(C2&D2="舒缓放松套3.5折")*E2"，按Enter键结束并向下填充公式，即可完成各单项产品的计算。在使用文本运算符将C列的产品名称与D列的销售折扣相连接后，与条件值"舒缓放松套3.5折"进行比较运算，其中比较运算成立的返回逻辑值TRUE，不成立的则返回FALSE，然后逻辑值与E列的数量进行乘法运算，1*数量=数量，0*数量=0。最后，选择F2:F8单元格区域，即可在任务栏看到合计数量为"4"，即产品名称为"舒缓放松套"，折扣为"3.5折"的产品总销售数量是4套。

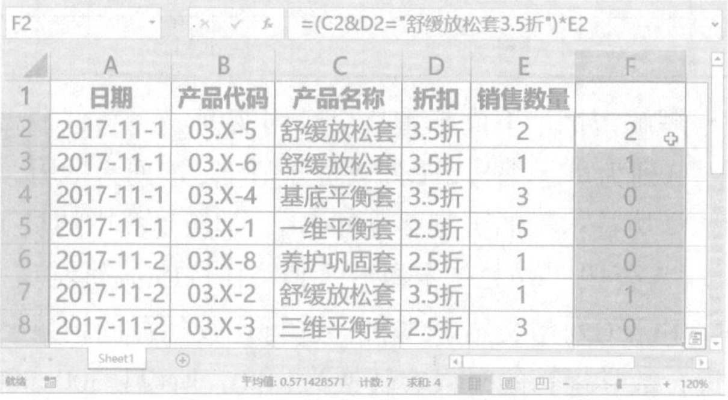

图2.1.2-4　文本运算符的应用

（5）引用运算符

引用运算符用于单元格之间的引用，有冒号、逗号和空格，各种符号的含义和示例如表2.1.2-6所示。

表2.1.2-6　引用运算符

引用运算符	名称	含义	示例
:	冒号	区域运算符，生成对两个区域之间的单元格的引用，包括这两个单元格	A1:D10
,	逗号	联合运算符，将多个引用合成一个引用	A1,B2,D2,E5
空格	空格	交叉运算符，生成对两个引用共同区域的引用	A1:D10 C5:F18

下面以实例——某公司各员工多个年度的销售业绩表对各种引用运算符的应用分别做出说明。

① 区域运算符

如图2.1.2–5所示，A列为员工姓名，B列到H列依次为2011年到2017年的销售业绩，要求在I列对每位员工全部年度的销售业绩进行求和。

选择I2单元格，输入公式“=SUM(B2:H2)”，按Enter键结束并向下填充公式，即完成全部计算。此公式使用了“:”（冒号）区域运算符，表示对B2到H2的单元格引用区域中的数据使用SUM函数进行求和。

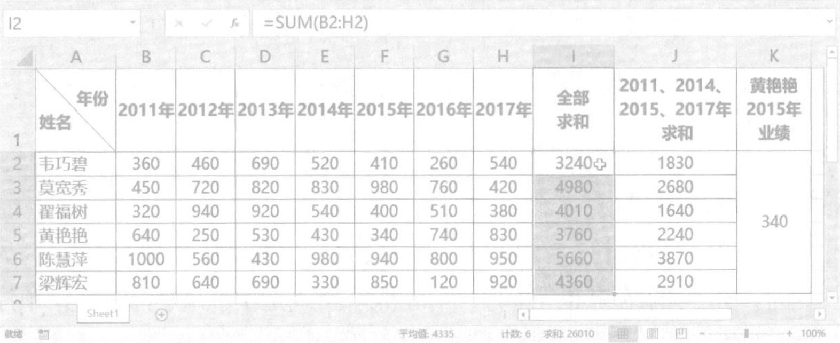

I2 =SUM(B2:H2)

	A	B	C	D	E	F	G	H	I	J	K
1	年份 姓名	2011年	2012年	2013年	2014年	2015年	2016年	2017年	全部求和	2011、2014、2015、2017年求和	黄艳艳2015年业绩
2	韦巧碧	360	460	690	520	410	260	540	3240	1830	340
3	莫宽秀	450	720	820	830	980	760	420	4980	2680	
4	翟福树	320	940	920	540	400	510	380	4010	1640	
5	黄艳艳	640	250	530	430	340	740	830	3760	2240	
6	陈慧萍	1000	560	430	980	940	800	950	5660	3870	
7	梁辉宏	810	640	690	330	850	120	920	4360	2910	

图2.1.2–5　区域运算符的应用

②联合运算符

继续使用上面的实例，要求在J列计算部分年度的业绩总和，例如年度为2011年、2014年、2015年和2017年这四年。

如图2.1.2–6所示，选择J2单元格，输入公式“=SUM(B2,E2,F2,H2)”，按Enter键结束并向下填充公式，即可完成计算。此公式使用了“,”（逗号）联合运算符，表示对B2、E2、F2和H2的单元格内的数据使用SUM函数进行求和。此公式还可以与区域运算符共同使用，公式可以写为“=SUM(B2,E2:F2,H2)”，计算的结果不变。

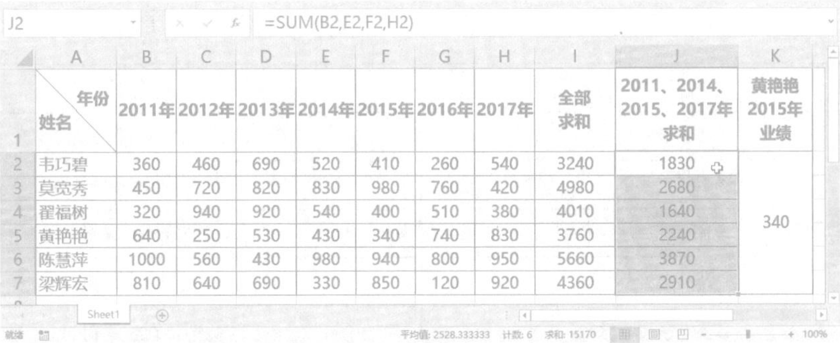

J2 =SUM(B2,E2,F2,H2)

	A	B	C	D	E	F	G	H	I	J	K
1	年份 姓名	2011年	2012年	2013年	2014年	2015年	2016年	2017年	全部求和	2011、2014、2015、2017年求和	黄艳艳2015年业绩
2	韦巧碧	360	460	690	520	410	260	540	3240	1830	340
3	莫宽秀	450	720	820	830	980	760	420	4980	2680	
4	翟福树	320	940	920	540	400	510	380	4010	1640	
5	黄艳艳	640	250	530	430	340	740	830	3760	2240	
6	陈慧萍	1000	560	430	980	940	800	950	5660	3870	
7	梁辉宏	810	640	690	330	850	120	920	4360	2910	

图2.1.2–6　联合运算符的应用

③交叉运算符

继续使用上面的实例，要求在K2单元格计算某员工某年度业绩，例如黄艳艳2015年的业绩额。

如图2.1.2–7所示，选择K2单元格，输入公式“=SUM(F2:F7 B5:I5)”，按Enter键结束即可完成计算。此公式使用了“ ”（空格）交叉运算符，表示用SUM函数对F2:F7区域和B5:I5

区域的共同区域F5单元格进行求和。

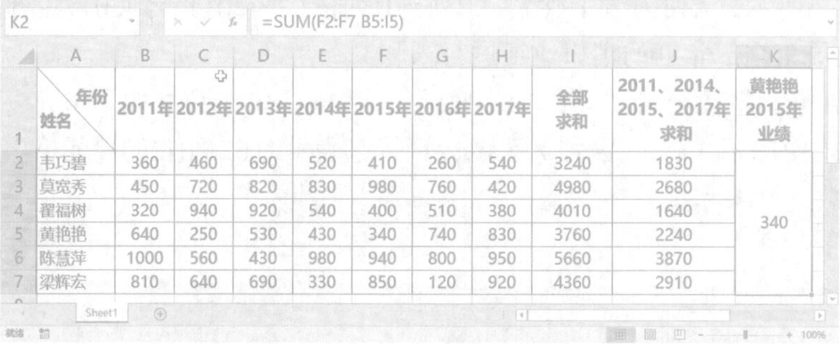

图2.1.2-7　交叉运算符的应用

（6）运算符的运算顺序

如果公式中包含多种运算符，在执行运算时，公式的运算会遵循特定的先后顺序。公式的运算顺序不同，得到的结果也不同，因此熟悉公式运算的顺序及运算顺序的更改方法至关重要。

通常情况下，公式的运算是按从左到右的顺序进行的，如果公式中包含多种运算符，则会按照一定的规则进行计算。在表2.1.2-7中，运算符按从上到下的优先次序进行排列，表示各种运算符的运算优先级别。

表2.1.2-7　运算符的运算顺序

运算符	说明
:（冒号）	引用运算符
（单个空格）	
,（逗号）	
−	负号
%	百分比
^	乘幂
*和/	乘号和除号
+和−	加号和减号
&	文本运算符
=、>、<、>=、<=、<>	比较运算符

如果公式中包含相同优先级的运算符，例如包含乘和除、加和减等，则从左到右依次进行计算，如=10-5+2，=10/5*2，都是从左到右依次计算，这两条公式的结果分别为7和4。

如果公式中包含不同优先级的运算符，如=10-5*2，=10+10/5，则先计算级别高的乘法和除法，再计算级别低的加法和减法，这两条公式的结果分别为0和12。

如果需要更改运算的顺序，可以使用添加括号的方法。例如：将公式=10+10/5修改为=(10+10)/5，则计算的结果为4，其运算的顺序为先计算括号里的加法，然后再执行右边的除法，先计算10+10=20，再计算20/5=4。可见通过括号可以让级别低的运算符优先计算。

如果公式内有多组括号进行嵌套使用，其运算的顺序为从最内层的括号逐级向外。例如=(10+(10-4/2))*5，其计算结果为90，该公式先计算最内层的10-4/2=8，再计算外层的(10+8)*5=90。

在公式中使用括号时，必须要成对出现，即有左括号就必须有右括号。数学算式里的中括号和大括号也一律使用小括号表示。

2.1.3 单元格引用

要在公式中取用某个单元格或单元格区域中的数据，就要使用单元格引用，单元格引用在公式中起到非常重要的作用。单元格引用分为三种形式，分别是相对引用、绝对引用和混合引用，只有正确掌握单元格的引用形式，才能计算出正确的结果。

在学习单元格引用形式之前，先认识一下单元格的引用样式。Excel单元格引用样式分为A1引用样式和R1C1引用样式两种：

A1引用样式

如图2.1.3-1所示，A1引用样式指的是用英文字母代表列标，用数字代表行号，由列标和行号坐标构成单元格的地址。例如"B4"，就是指B列第4行的单元格，而"D5"则指D列第5行的单元格。

R1C1引用样式

如图2.1.3-2所示，R1C1引用样式是另外一种单元格地址的表达方式，它的行号和列标都是以数字显示，在引用过程中，它通过行号和列号以及行列标识"R"和"C"一起组成单元格的地址，"R"表示行标识，"C"表示列标识，例如要表示第3行第2列的单元格，R1C1引用样式的表达方式就是"R3C2"。"R2C5"表示第2行第5列。

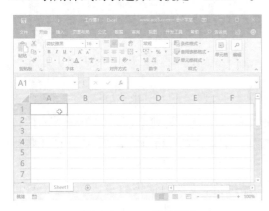
图2.1.3-1 A1引用样式

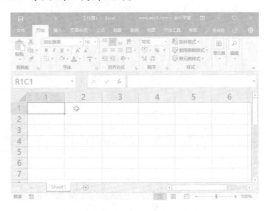
图2.1.3-2 R1C1引用样式

通常情况下，Excel默认的引用样式是A1引用样式，如果要更改为R1C1引用样式，操作如下：依次单击"文件""选项"命令，如图2.1.3-3所示，在打开的"Excel选项"对话框中，切换至"公式"选项卡，勾选"使用公式"组中的"R1C1引用样式"复选框，操作完成后，单击"确定"按钮关闭对话框完成设置。

如果要由R1C1引用样式更改为A1引用样式，只需再在此处取消勾选"R1C1引用样式"复选框即可。

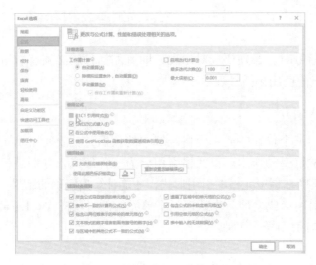

图2.1.3-3　设置R1C1引用样式

（1）相对引用

相对引用是指公式所在的单元格与公式中所引用的单元格之间建立了相对关系，如果公式所在的单元格的位置发生了改变，那么公式中引用的单元格位置也会随之发生变化。如图2.1.3-4和图2.1.3-5所示，在B1单元格中输入公式=A1，将公式复制到B2单元格中或使用填充柄向下填充至B2单元格，B2单元格中的公式就会自动由"=A1"变成"=A2"。

图2.1.3-4　相对引用①

图2.1.3-5　相对引用②

使用相对引用的公式既可以向下填充，也可以向右填充，公式中所引用单元格的位置都会随之相对变化。关于相对引用的具体使用情况，下面来看一个实例——某公司的数量销售表。

如图2.1.3-6所示，A列为商品编码，B列为商品进价，C列为销售数量，D列为销售单价，要求在E列和F列分别计算出销售成本和销售金额，计算规则为：销售成本=进价*销售数量；销售金额=销售单价*销售数量。

选择E2单元格，输入公式"=B2*C2"，按Enter键结束并将公式向下、向右填充，即可完成计算。当"=B2*C2"公式向下填充时，单元格引用会向下发生相对变化，变为"=B3*C3""=B4*C4"，以此类推。当"=B2*C2"公式向右填充时，单元格引用会向右发生相对变化，变为"=C2*D2"。这就是利用了单元格的相对引用。

E2			f_x	=B2*C2		
	A	B	C	D	E	F
1	商品编码	进价	销售数量	销售单价	销售成本	销售金额
2	9588857080839	10	140	13.5	1400	1890
3	9588857020057	9.2	2060	12.42	18952	25585.2
4	9556439881556	7	5630	9.45	39410	53203.5
5	9556439881549	7	640	9.45	4480	6048
6	9556439881532	7	7590	9.45	53130	71725.5
7	9556398700035	7	5960	9.45	41720	56322
8	9556291800726	7	8750	9.45	61250	82687.5

图2.1.3-6　相对引用的应用

（2）绝对引用

绝对引用是指引用特定位置处的单元格，表示方法是在单元格行号和列标的前面添加绝对引用符号"$"（美元符号），使用绝对引用后，当公式所在的单元格的位置发生变化时，公式内所引用的单元格位置保持不变，引用的内容不变。如果在填充公式时不希望公式中的单元格引用发生相对变化，就可以使用绝对引用。

如图2.1.3-7和图2.1.3-8所示，在B1单元格中输入公式"=$A$1"，然后复制公式或使用填充柄将公式填充至B2单元格，此时会发现B2单元格中的公式仍然是"=$A$1"，并未因为公式所在的单元格位置变化而相对变化。

图2.1.3-7　绝对引用①

图2.1.3-8　绝对引用②

（3）混合引用

混合引用是指既包含相对引用又包含绝对引用的混合形式，分为绝对列相对行和绝对行相对列。绝对列相对行是指只在列标前添加"$"，如$A1；绝对行相对列是指只在行号前添加"$"，如A$1。

在输入绝对引用或混合引用时，用户可以直接在引用的单元格行号或者列标前输入绝对引用符号"$"，也可以在公式中选择引用的单元格，按F4功能键进行切换，按一次为绝对引用，按两次为相对列绝对行，按三次为绝对列相对行，按四次恢复为相对引用。

关于混合引用的具体使用情况，下面来看一个实例——某公司的物料价格表。

如图2.1.3-9所示，A列为物料编码，B列为单价，C2:E2单元格区域为单价的折扣，分别为90%、80%和70%。要求在C列、D列和E列计算出在不同折扣情况下的单价，计算规则为：折扣单价=单价*折扣。

选择C3单元格，输入公式"=$B3*C$2"，按Enter键结束并将公式向下、向右填充，即可完成计算。

因为在填充公式的时候，B3单元格不能向右发生相对变化，但需要向下发生相对变化；C2单元格不能向下发生相对变化，但需要向右发生相对变化。因此，对B3单元格进行绝对列相对行的混合引用，对C2单元格进行相对列绝对行的混合引用。

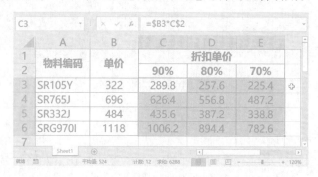

图2.1.3-9　混合引用的应用

2.1.4　公式的输入

普通公式的输入分为不包含函数的公式和包含函数的公式两种，它们的输入方法既有共同点，也有不同点，下面分别介绍。

（1）输入不包含函数的公式

对于不包含函数的公式来说，可以直接在单元格中输入。如图2.1.4-1所示，要求在C1单元格中计算A1和B1单元格之和的30%。

选择C1单元格，输入"=(A1+B1)*30%"，按Enter键结束输入，即可完成计算并返回计算的结果129。

图2.1.4-1　输入不包含函数的公式

（2）输入包含函数的公式

在Excel中输入函数的常用方法有两种，分别是手动输入和通过"插入函数"对话框输入。手动输入函数时，用户必须对函数很了解，包括函数名称和各参数类型。手动输入函数的方法和输入公式相似，首先输入等号"="，然后输入函数名称如"SUM"，在输入函数名称时，Excel会根据不断输入的字符在下拉列表中显示包含该字符串的全部函数，如2.1.4-2所示。

用户只需在列表中使用鼠标单击，或按方向键选择需要的函数后，再按下Tab键，Excel

会自动补全该函数的名称和左边括号，接着输入函数的各个参数，输入参数的时候下方会出现参数列表，参数列表中会显示与该函数相关的参数提示，当前要输入的参数会加粗显示，各参数之间用英文半角的逗号隔开，如图2.1.4-3所示。参数输入完毕后补全右括号，按Enter键确认输入。

图2.1.4-2　函数列表

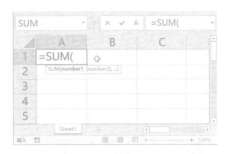

图2.1.4-3　参数列表

　　除了直接输入的方法，用户还可以通过"插入函数"对话框输入函数。对于比较复杂的函数或参数比较多的函数，使用此方法可以提高用户操作的正确率。"插入函数"对话框常用的打开方式有三种：

　　方法1：如图2.1.4-4所示，单击"公式"选项卡下"函数库"组中的"插入函数"命令。

　　如图2.1.4-5所示，在打开的"插入函数"对话框中，选择需要的函数，点击"确定"按钮即可。

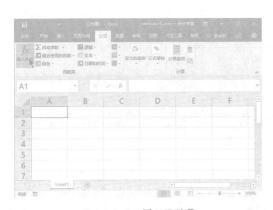

图2.1.4-4　插入函数①

图2.1.4-5　"插入函数"对话框

　　方法2：如图2.1.4-6所示，单击编辑栏内的"fx"按钮，同样可以打开"插入函数"对话框。

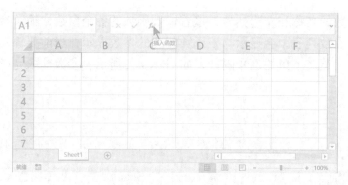

图2.1.4-6　插入函数②

方法3：按下Shift+F3组合键，也可以打开"插入函数"对话框。

2.1.5　公式中的常见错误

用户在使用公式进行计算的过程中，可能会因为某种原因无法得到正确的结果，而返回一个错误值，常见的错误值有八种："##########""#VALUE!""#DIV/0!""#NAME?""#N/A""#REF!""#NUM!"和"#NULL!"，各种错误值的含义如表2.1.5所示。本节先介绍错误值的含义，关于错误值的处理方法，将在后面的函数章节中讲述。

表2.1.5　Excel中的错误值及含义

错误值	含义
##########	列宽太窄或者负数被设置为日期格式
#VALUE!	使用错误的参数或运算对象类型
#DIV/0!	公式被零除时（除数是0或者空）
#NAME?	不能识别的名称
#N/A	当在函数或公式中没有可用数值时
#REF!	删除了引用的单元格或单元格引用无效时
#NUM!	公式或函数中某个数字有问题时
#NULL!	当试图为两个并不相交的区域指定交叉点时

2.1.6　公式的锁定和隐藏

使用公式计算数据时，在单元格中会显示计算的结果，在编辑栏显示编写的公式，如果用户不希望文件的其他使用者改动或者误删自己的公式，可以对公式进行"锁定"设置；如果用户也不希望文件的其他使用者看到自己编写的公式，还可以对公式进行"隐藏"设置。具体的设置方法如下。

第一步：点击工作表列标与行号左上角的交叉小方格或直接按下Ctrl+A组合键，对工作表进行全选。

第二步：按下Ctrl+1组合键，在打开的"设置单元格格式"对话框中，切换至"保护"选项卡，取消"锁定"复选项，操作完毕后单击"确定"按钮关闭对话框完成设置，操作如图2.1.6-1所示。

图2.1.6-1　取消保护锁定

第三步：选择包含公式的单元格区域，或者按下F5功能键（或Ctrl+G组合键），弹出"定位条件"对话框，勾选"公式"单选框，如图2.1.6-2所示，选择完成后单击"确定"按钮关闭对话框即可选中工作表中所有含有公式的单元格。

第四步：再次按下Ctrl+1组合键，打开"设置单元格格式"对话框，切换至"保护"选项卡，如图2.1.6-3所示，勾选"锁定"和"隐藏"复选框（如果不需要隐藏公式，则可不勾选"隐藏"复选框），操作完成后单击"确定"按钮关闭对话框完成设置。

图2.1.6-2　定位公式

图2.1.6-3　设置锁定和隐藏

第五步：切换至"审阅"选项卡，单击"保护"组中的"保护工作表"命令，如图2.1.6-4所示。接着如图2.1.6-5所示，在打开的"保护工作表"对话框中，输入密码（最少可以输入1位数的密码，也可以不输入任何密码），勾选"保护工作表及锁定的单元格内容"复选框，在"允许此工作表的所有用户进行"组合框中，根据实际需要，进行勾选或取消勾选，操作完毕后单击"确定"按钮关闭对话框完成设置。

图2.1.6-4　选择"保护工作表"命令　　　　图2.1.6-5　设置保护工作表密码

在未被锁定的单元格区域，用户仍然可以进行编辑，但对于处于锁定状态的单元格区域，则无法编辑。如图2.1.6-6所示，在锁定的单元格区域按下任意按键，Excel都会弹出提示框"您试图更改的单元格或图表位于受保护的工作表中。若要进行更改，请取消工作表保护。您可能需要输入密码。"，若要关闭该提示框，单击"确定"按钮即可。

图2.1.6-6　当试图更改被锁定的单元格时

若要取消公式的锁定和隐藏，切换至"审阅"选项卡，单击"保护"组中的"撤销工作表保护"命令，在弹出的"撤销工作表保护"对话框中，输入之前所设置的密码，单击"确定"按钮即可。

2.1.7　名称的使用

名称的使用分为"定义名称"和"管理名称"两个部分。

用户在使用公式计算数据时，除引用单元格之外，还可以使用名称参与计算。用户可以为单元格、单元格区域、公式或常量等元素自定义一个名称，所定义的名称可以在公式中执行计算。

（1）定义名称

用户可以为单元格、单元格区域、公式或常量等定义名称，名称定义后即可在公式中直接使用。定义名称可以在"新建名称"对话框中创建，也可以在名称框中直接定义，下面分别进行介绍。

在"新建名称"对话框中创建

在"新建名称"对话框中创建名称，可以选择名称的范围和备注，如图2.1.7-1所示，A列为姓名，B列到D列分别为各科成绩，要求将"语文"科目的成绩B2:B8单元格区域定义名称为"语文"。

第一步： 切换至"公式"选项卡，单击"定义的名称"组中的"定义名称"命令，如图2.1.7-1所示。

第二步： 接着如图2.1.7-2所示，在打开的"新建名称"对话框中，在"名称"文本框中输入"语文"，然后单击"引用位置"右侧的折叠按钮。

图2.1.7-1　单击"定义名称"命令　　　　图2.1.7-2　输入名称

第三步： 返回工作表后，选择B2:B8单元格区域，然后点击"新建名称–引用位置"右侧的折叠按钮，如图2.1.7-3所示。

第四步： 再次回到"新建名称"对话框，单击"确定"按钮关闭对话框完成操作，如图2.1.7-4所示。

图2.1.7-3　选择区域　　　　图2.1.7-4　设置完成点击"确定"按钮

设置完成返回工作表后，选择工作表中的B2:B8单元格区域，可以看到在名称框中显示刚才定义的名称"语文"，如图2.1.7-5所示。

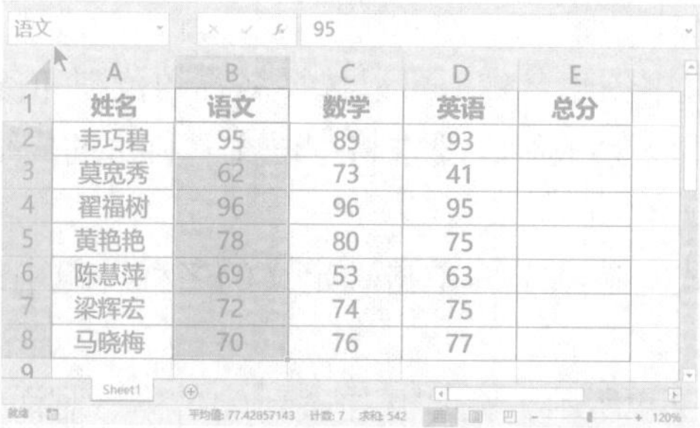

图2.1.7-5　定义名称完成

在名称框中直接定义

在名称框中直接定义的方法比较简单：先选中需要定义名称的单元格区域，然后直接在名称框中输入名称，输入完成后按Enter键确认输入即可。继续上面的实例，要求将C2:C8单元格区域的名称定义为"数学"。

选择C2:C8单元格区域，然后在名称框中输入"数学"，如图2.1.7-6所示，输入完成后按Enter键结束即可完成设置。

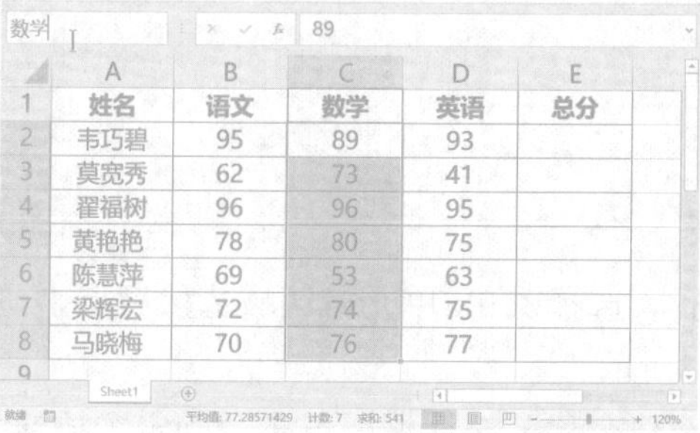

图2.1.7-6　在名称框中定义

除了上述两种方法外，用户还可以根据所选的内容进行创建，此方法可以同时创建多个名称，具体的操作方法如下。

第一步：选择A1:D8单元格区域，切换至"公式"选项卡，单击"定义的名称"组中的"根据所选内容创建"命令，如图2.1.7-7所示。

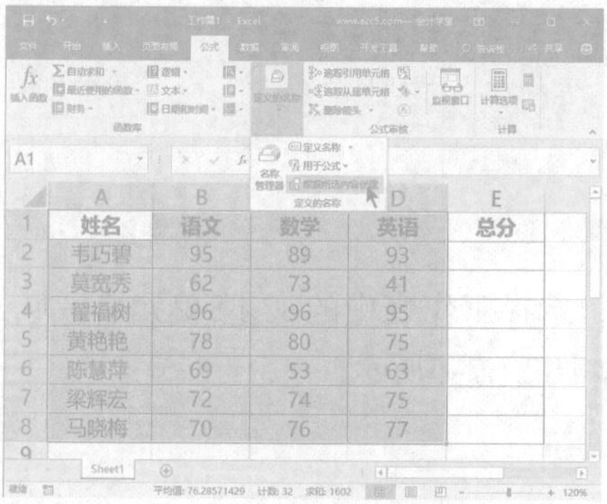

图2.1.7-7　选择"根据所选内容创建"命令

第二步： 在打开的"根据所选内容创建名称"对话框中，勾选"首行"和"最左列"复选框，如图2.1.7-8所示，操作完成后单击"确定"按钮关闭对话框完成设置。

图2.1.7-8　勾选"首行""最左列"

返回工作表后，在名称框中输入"黄艳艳"，则Excel自动选中B5:D5单元格区域，如图2.1.7-9所示。在名称框中输入"梁辉宏 数学"（两个名称之间需要输入一个空格），则会自动选中C7单元格，如图2.1.7-10所示。

姓名	语文	数学	英语	总分
韦巧碧	95	89	93	
莫宽秀	62	73	41	
翟福树	96	96	95	
黄艳艳	78	80	75	
陈慧萍	69	53	63	
梁辉宏	72	74	75	
马晓梅	70	76	77	

图2.1.7-9　自动选中B5:D5单元格区域　　　　图2.1.7-10　自动选中C7单元格

定义名称完成后，接下来再看一下怎么使用名称参与计算。使用名称进行数据计算，既不需要考虑单元格的引用，也不需要担心输入参数出现错误，所以在实际操作中颇受用户欢迎。继续使用上面的实例，要求使用定义的名称在E列中计算出每位学生的总分成绩。

选择E2单元格，输入公式"=语文+数学+英语"，然后按下Enter键结束并向下填充公式，即可完成计算，计算结果如图2.1.7-11所示。

姓名	语文	数学	英语	总分
韦巧碧	95	89	93	277
莫宽秀	62	73	41	176
翟福树	96	96	95	287
黄艳艳	78	80	75	233
陈慧萍	69	53	63	185
梁辉宏	72	74	75	221
马晓梅	70	76	77	223

图2.1.7-11　使用定义名称进行计算

（2）管理名称

用户管理定义的名称主要通过"名称管理器"对话框进行，通过"名称管理器"对话框可以查看所有的名称，并且可以对名称进行编辑或删除等操作。

切换至"公式"选项卡，单击"定义的名称"组中的"名称管理器"命令，如图2.1.7-12所示，也可以直接按下Ctrl+F3组合键。

接着如图2.1.7-13所示，在打开的"名称管理器"对话框中，可以查看定义过的所有名称。

图2.1.7-12　选择"名称管理器"命令　　　　图2.1.7-13　"名称管理器"对话框

若要编辑名称，选择需要编辑的名称，单击"编辑"按钮，或者直接双击该名称，都可以打开"编辑名称"对话框。

若要删除名称，选择需要删除的名称，单击"删除"按钮即可。

2.1.8　数组公式

数组公式是非常强大的公式，它可以代替公式中的辅助列直接在一个公式中执行多步计算，一次性处理多个操作。

（1）数组公式的形式

数组公式可以存在于一个单元格区域中，每个单元格中具有相同的数组公式，也可以像普通公式那样只存在于一个单元格中。

如图2.1.8-1所示，在D列中，D2到D5单元格中分别包含以下公式：

D2=B2*C2

D3=B3*C3

D4=B4*C4

D5=B5*C5

通过计算，D6单元格最后得出的合计金额为4505元。

除了上述方法，也可以同时在要计算金额的单元格区域中使用一个数组公式来代替这四个公式，选择F2:F5单元格区域，输入数组公式"=B2:B5*C2:C5"，按Ctrl+Shift+Enter组合键结束，Excel会自动为数组公式的最外侧添加一对大括号，通过计算，F6单元格最后得出的合计金额同样也是4505元，如图2.1.8–2所示。

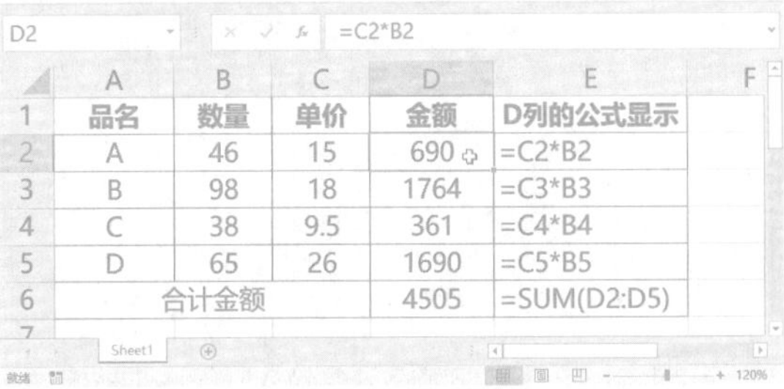

D2 =C2*B2

	A	B	C	D	E
1	品名	数量	单价	金额	D列的公式显示
2	A	46	15	690	=C2*B2
3	B	98	18	1764	=C3*B3
4	C	38	9.5	361	=C4*B4
5	D	65	26	1690	=C5*B5
6	合计金额			4505	=SUM(D2:D5)

图2.1.8–1　使用普通公式计算金额

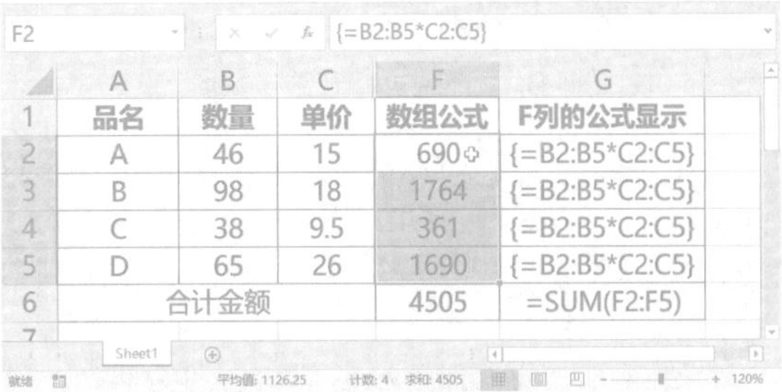

F2 {=B2:B5*C2:C5}

	A	B	C	F	G
1	品名	数量	单价	数组公式	F列的公式显示
2	A	46	15	690	{=B2:B5*C2:C5}
3	B	98	18	1764	{=B2:B5*C2:C5}
4	C	38	9.5	361	{=B2:B5*C2:C5}
5	D	65	26	1690	{=B2:B5*C2:C5}
6	合计金额			4505	=SUM(F2:F5)

图2.1.8–2　使用数组公式代替多个普通公式

在本例中，除了可以在多个单元格使用数组公式外，还可以在一个单元格中使用数组公式。例如，如果需要计算上图中所有产品的合计金额，在不使用数组公式的情况下，需要先分别计算出每件产品的金额，再对所有金额求和，分两步来计算；但如果使用数组公式，这两步操作就可以合并为一步进行，而且无须占用多个单元格，只在一个单元格中即可完成：

选择要输入数组公式的单元格如F7单元格，输入数组公式“=SUM(B2:B5*C2:C5)”，按Ctrl+Shift+Enter键结束，使Excel执行数组运算，即可一步得出计算结果为4505元，如图2.1.8–3所示。

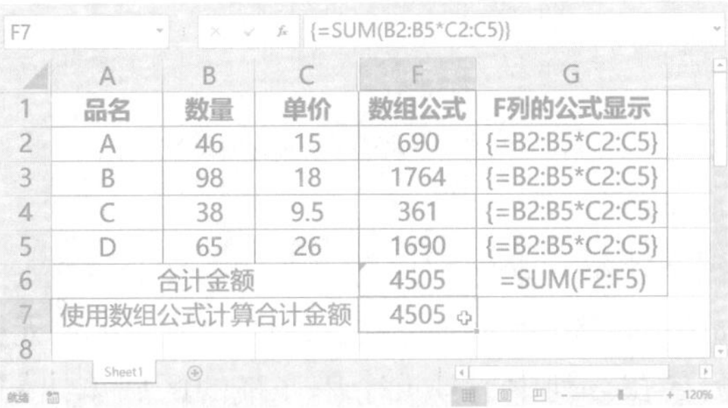

F7 {=SUM(B2:B5*C2:C5)}

	A	B	C	F	G
1	品名	数量	单价	数组公式	F列的公式显示
2	A	46	15	690	{=B2:B5*C2:C5}
3	B	98	18	1764	{=B2:B5*C2:C5}
4	C	38	9.5	361	{=B2:B5*C2:C5}
5	D	65	26	1690	{=B2:B5*C2:C5}
6	合计金额			4505	=SUM(F2:F5)
7	使用数组公式计算合计金额			4505	

图2.1.8–3　在一个单元格中输入数组公式

（2）数组的维数

数组的维数是指其在工作表的行和列中的分布。一维数组分为一维水平数组和一维垂直数组，位于一行或一列中。

一维水平数组

一维水平数组中的每个数组元素之间以逗号分隔，如{1,2,3,4,5}。要在工作表中输入一维水平数组，需要预先根据数组元素的个数，横向选择一个单元格区域，例如上面的数组包含五个元素，所以需要在一行中选择五个单元格的区域（如A1:E1），然后输入公式“={1,2,3,4,5}”，输入完成后按Ctrl+Shift+Enter组合键结束，即可将该数组输入到选中的单元格区域中，如图2.1.8–4所示。

如果要输入自动填充序列的水平数组，可以借用COLUMN函数，选择A2到E2单元格区域，输入公式“=COLUMN(A:E)”，输入完毕后按Ctrl+Enter组合键结束，同样可以得到该数组，如图2.1.8-5所示。其中，COLUMN函数用于返回单元格或单元格区域首列的列号，返回值为一个或一组数字。

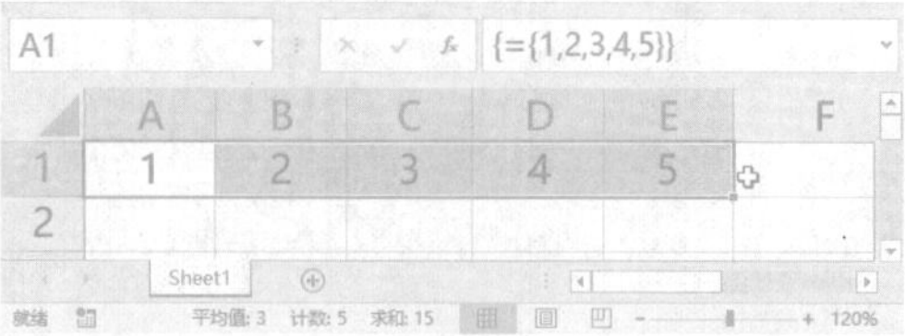

图2.1.8-4　使用组合键输入一维水平数组 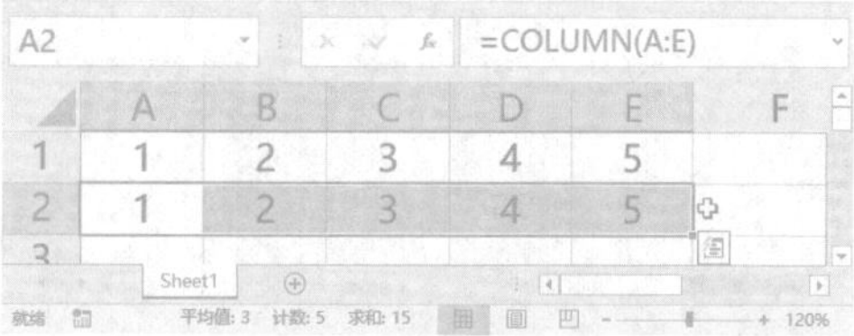　　　图2.1.8-5　使用COLUMN函数输入一维水平数组

如果数组元素是文本类型，那么必须在每个数组元素的两端添加英文半角的双引号。例如，要求在A3:E3单元格分别输入"生产部""质检部""销售部""技术部"和"管理部"。

选择A3:E3单元格区域，输入数组公式"={"生产部","质检部","销售部","技术部","管理部"}"，输入完毕后，按Ctrl+Shift+Enter组合键结束，即可将该数组输入到单元格中，如图2.1.8-6所示。

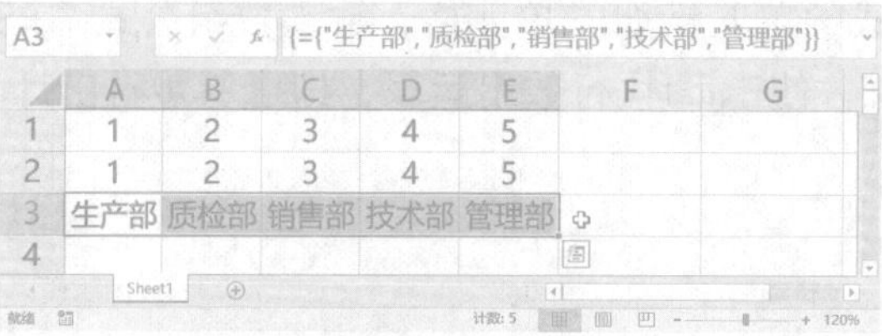

图2.1.8-6　输入文本类型的数组

一维垂直数组

一维垂直数组中的每个数组元素之间以分号分隔，如{1;2;3;4;5}。要在工作表中输入一维垂直数组，需要预先根据数组元素的个数，纵向选择一个单元格区域，例如上面的数组包含五个元素，所以需要在一列中选择五个单元格的区域（如A1:A5），然后输入公式"={1;2;3;4;5}"，输入完毕后按Ctrl+Shift+Enter组合键结束，即可将该数组输入到选中的单元格区域中，如图2.1.8-7所示。

如果要输入自动填充序列的垂直数组，可以借用ROW函数，选择B1到B5单元格区域，输入公式"=ROW(1:5)"，按Ctrl+Enter组合键结束，同样可以将该数组输入到选中的单元格区域中，如图2.1.8-8所示。其中，ROW函数用于返回单元格或单元格区域首行的行号，返回值为一个或一组数字。

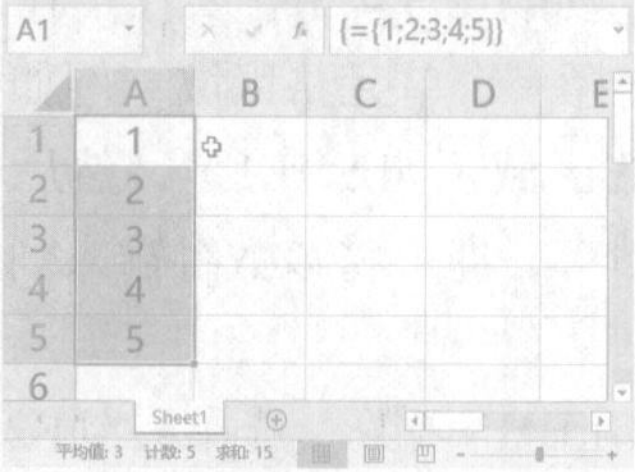

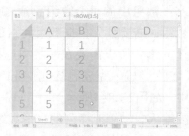

图2.1.8-7　使用组合键输入一维垂直数组　　　图2.1.8-8　使用ROW函数输入一维垂直数组

二维数组

二维数组是由行和列组成的，水平方向的数组元素由逗号分隔，垂直方向的数组元素由分号分隔，如{1,2,3,4,5;6,7,8,9,10}。这个二维数组由两行五列组成，第一行包含1、2、3、4、5这五个数字；第二行包含6、7、8、9、10这五个数字。要在工作表中输入这样一个二维数组，首先要选择包含两行五列的单元格区域（如A1:E2），输入公式"={1,2,3,4,5;6,7,8,9,10}"，按Ctrl+Shift+Enter组合键结束，即可将数组输入到选中的单元格区域中，如图2.1.8-9所示。

如果用于输入数组的单元格区域大于数组元素的个数，那么多出来的部分将显示为错误值"#N/A"，如图2.1.8-10所示。

图2.1.8-9 使用组合键输入二维数组   图2.1.8-10 当所选区域大于数组元素个数时

（3）输入数组公式

前面两小节介绍了怎样输入数组公式，最重要的一点是必须使用Ctrl+Shift+Enter组合键来输入数组。

数组公式在输入完成后要按Ctrl+Shift+Enter组合键确认输入。按下该组合键后，可以在编辑栏中看到，公式的两侧包含了一对大括号。这对大括号是Excel自动添加的，由此可以区分出哪些公式是数组公式，如果用户自己手动添加了这对大括号则公式会出错。

（4）修改数组公式

我们无法单独对数组公式所涉及的单元格区域中的某一个单元格进行编辑。如果选择数组公式所在的区域的某个单元格，并尝试修改操作，则会弹出对话框提示"无法更改部分数组"，如图2.1.8-11所示。

图2.1.8-11 无法更改部分数组

如果用户希望修改这些数组公式，需要先选择数组公式所在的整个单元格区域，再在编辑栏或按F2功能键进入编辑状态后进行修改。修改完成后，按Ctrl+Shift+Enter组合键确认修改。

如果用户希望删除占有多个单元格的数组公式，同样需要先选择数组公式所在的整个区域，然后按Delete键删除。

2.1.9　查看公式的计算过程

用户在编写函数公式的过程中，有时会对公式计算的结果产生怀疑，这时候可以通过分步查看公式的计算过程来检查计算结果。查看公式计算过程的方法有两种：一是通过按F9功能键，二是通过使用"公式求值"命令。

（1）按F9功能键

当单击编辑栏或双击公式所在的单元格时，公式将处于编辑状态，单击其下方参数列表中的参数，Excel可自行选中该参数。如图2.1.9-1所示，双击A2单元格，单击MIDB函数参数列表中的"text"参数，即可选中该参数"MID(A2,2,19)"，按下F9功能键，即可对其求值，如图2.1.9-2所示。此时该参数变为常量，如果并不需要以常量进行后续计算，可以按Ctrl+Z组合键撤销求值操作，或按Esc键退出编辑状态。

图2.1.9-1　选择函数中需要求值的参数　　　　图2.1.9-2　按F9功能键查看求值结果

如果所选参数中的字符个数超过8192个，将无法通过按F9功能键显示出来，但并不影响公式的使用。

（2）公式求值

通过按F9功能键的方法更适合用于查看目标性的参数，但如果要查看整个公式的运算过程，逐个选择很麻烦，这时候使用"公式求值"命令，就可以快速了解函数的运算顺序和整个公式的计算过程，轻松获得每一个步骤的结果。

如图2.1.9-3所示，选择A2单元格，切换至"公式"选项卡，单击"公式审核"组中的"公式求值"（fx）命令。

图2.1.9-3　选择"公式求值"命令

如图2.1.9-4所示，在打开的"公式求值"对话框中，可以看到"A2"下面有一根横线，这是被选中状态，表示下一步将要求值的参数，这时候只要单击"求值"按钮就可以看到该求值的结果，如图2.1.9-5所示，此时横线所划的范围已经发生了变化，如果继续按"求值"按钮，将继续为标横线的参数进行求值，以此类推，就可以不断查看该公式的运算顺序和运算结果。

图2.1.9-4 "公式求值"对话框 图2.1.9-5 求值步骤

2.2 统计函数

统计函数主要用于对数据区域进行统计分析，帮助用户在复杂的数据中完成统计计算，得到统计的结果。在Excel中，统计函数有多个，本节将分别介绍各统计函数的功能、语法、参数以及使用说明。

2.2.1 COUNT函数

（1）函数功能

COUNT函数用于统计参数中包含数字的个数。

（2）语法格式

COUNT(value1, [value2], ...)

（3）参数说明

value1：必需参数，表示要计算其中数字个数的第1个参数，可以是直接输入的数字、单元格引用或数组。

[value2]：可选参数，表示要计算其中数字个数的第2个参数，可以是直接输入的数字、单元格引用或数组。

以此类推，最多可包含255个参数。

（4）注意事项

如果在COUNT函数中直接输入参数的值，那么参数类型是数字、文本型数字或逻辑值的值都将被计算在内，其他类型的值将被忽略。如果使用单元格引用或数组作为COUNT函数的参数，那么只有数字会被计算在内，其他类型的值都将被忽略。

（5）实例：统计学生人数

如图2.2.1所示，A列为学生编号，B列为姓名，C列为性别，D列为成绩，要求在G1单元格中统计出学生人数。

选择G1单元格，输入公式"=COUNT(D2:D6)"，输入完毕后按Enter键结束，即可统计出学生人数为5人。

图2.2.1　COUNT函数的应用

2.2.2　COUNTA函数

（1）函数功能

COUNTA函数用于统计参数中包含非空单元格的个数。

（2）语法格式

COUNTA(value1, [value2], ...)

（3）参数说明

value1：必需参数，表示要计算非空单元格的第1个参数。

[value2]：可选参数，表示要计算非空单元格的第2个参数。

以此类推，最多可包含255个参数。

（4）注意事项

如果使用单元格引用或数组作为COUNTA函数的参数，那么COUNTA函数将统计空白单元格以外的其他所有单元格，包括错误值和空文本（""）。

（5）实例：统计已缴费人数

如图2.2.2所示，A列为学生编号，B列为姓名，C列为缴费情况，要求在F1单元格中统计出已缴费的人数。

单击选择F1单元格，输入公式"=COUNTA(C2:C6)"，输入完毕后按Enter键结束，即可统计出已缴费的人数为3人。

图2.2.2　COUNTA函数的应用

2.2.3 COUNTBLANK函数

（1）函数功能

COUNTBLANK函数用于统计区域中的空白单元格的个数。

（2）语法格式

COUNTBLANK(range)

（3）参数说明

range：必需参数，需要统计其中空白单元格个数的区域。

（4）注意事项

如果统计区域中包含返回值为空文本（""）的公式，COUNTBLANK函数也会将其计算在内。

（5）实例：统计未缴费人数

如图2.2.3所示，A列为学生编号，B列为姓名，C列为缴费情况，要求在F1单元格中统计出未缴费的人数。

单击选择F1单元格，输入公式"=COUNTBLANK(C2:C6)"，输入完毕后按Enter键结束，即可统计出未缴费人数为2人。

图2.2.3 COUNTBLANK函数的应用

2.2.4 COUNTIF函数

（1）函数功能

COUNTIF函数用于统计区域中满足指定条件的单元格个数。

（2）语法格式

COUNTIF(range, criteria)

（3）参数说明

range：必需参数，表示要进行计数的单元格区域。

criteria：必需参数，表示要进行判断的条件，形式可以是数字、表达式、单元格引用或文本字符串。

（4）注意事项

range参数必须为单元格区域引用，而不能是数组。

criteria参数中包含比较运算符时，运算符必须用英文半角的双引号括起来（如">=60"），否则公式将会出错。

criteria参数可使用通配符问号"?"和星号"*"，"?"用于匹配任意单个字符，"*"号用于匹配任意多个字符，该参数不区分大小写。

（5）实例①：分别统计男生和女生人数

如图2.2.4-1所示，A列为学生编号，B列为姓名，C列为性别，要求在F1和F2单元格中分别统计出男生人数和女生人数。

单击选择F1单元格，输入公式"=COUNTIF(C\$2:C\$6,E1)"，输入完毕后按Enter键结束，即可统计出男生人数为2人，拖拽填充柄将公式填充至F2单元格，即可统计出女生人数为3人。其中因为公式需要向下填充，而C2:C10单元格区域的引用不能发生相对变化，所以要进行相对列绝对行的混合引用（也可直接使用绝对引用）。

图2.2.4-1　COUNTIF函数的应用①

实例②：统计成绩大于等于80分的学生人数

如图2.2.4-2所示，A列为学生编号，B列为姓名，C列为成绩，要求在E2单元格中统计出成绩大于等于80分的学生人数。

单击选择E2单元格，输入公式"=COUNTIF(C2:C6,">=80")"，输入完毕后按Enter键结束，即可统计出成绩大于等于80分的学生人数为3人。

图2.2.4-2　COUNTIF函数的应用②

2.2.5　COUNTIFS函数

（1）函数功能

COUNTIFS函数用于统计区域中满足多个条件的单元格个数。

（2）语法格式

COUNTIFS(criteria_range1, criteria1, [criteria_range2, criteria2]...)

（3）参数说明

criteria_range1：必需参数，表示要计数的第1个单元格区域。

criteria1：必需参数，表示在第1个单元格区域中需要满足的条件，其形式可以是数字、表达式、单元格引用或文本字符串。

[criteria_range2]：可选参数，表示要计数的第2个单元格区域。

[criteria2]：可选参数，表示在第2个单元格区域中需要满足的条件，其形式可以是数字、表达式、单元格引用或文本字符串。

以此类推，最多可包含127个区域/条件对。

（4）注意事项

range参数必须为单元格区域引用，而不能是数组。

criteria参数中包含比较运算符时，运算符必须用英文半角的双引号括起来，否则公式将会出错。

criteria参数可使用通配符问号"?"和星号"*"，"?"用于匹配任意单个字符，"*"号用于匹配任意多个字符，该参数不区分大小写。

（5）实例：统计成绩在80～90分之间的男生人数

如图2.2.5所示，B列为学生姓名，C列为性别，D列为成绩，要求在F2单元格中统计出成绩在80～90分之间、性别为男的学生人数。

单击选择F2单元格，输入公式"=COUNTIFS(D2:D6,">=80",D2:D6,"<91",C2:C6,"男")"，输入完毕后按Enter键结束，即可统计出成绩在80～90分之间、性别为男的学生人数是1人。

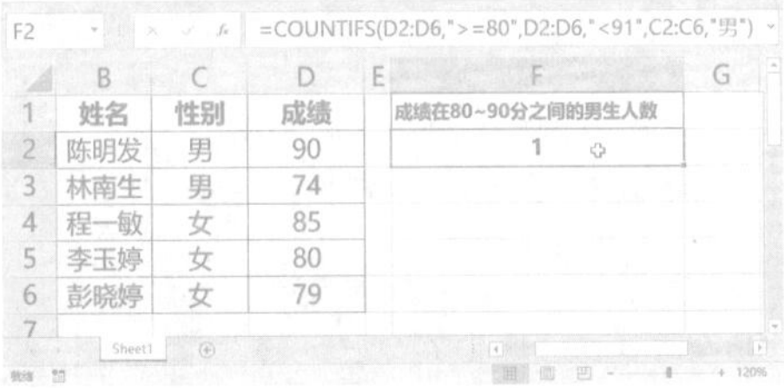

图2.2.5　COUNTIFS函数的应用

2.2.6　AVERAGE函数

（1）函数功能

AVERAGE函数用于计算参数的算术平均值。

（2）语法格式

AVERAGE(number1, [number2], ...)

（3）参数说明

number1：必需参数，表示要计算算术平均值的第1个数字，形式可以是直接输入的数字、单元格引用或数组。

[number2]：可选参数，表示要计算算术平均值的第2个数字，形式可以是直接输入的数字、单元格引用或数组。

以此类推，最多可包含255个参数。

（4）注意事项

如果在AVERAGE函数中直接输入参数的值，那么参数必须为数字、文本型数字或逻辑值，如果输入了文本，则AVERAGE函数返回错误值"#VALUE!"。如果使用单元格引用或数组作为AVERAGE函数的参数，那么参数必须为数字，其他类型的值都将被忽略。

（5）实例：计算学生的平均成绩

如图2.2.6所示，B列为学生姓名，C列为成绩，要求在E2单元格中计算出全部学生的平均成绩（不含缺考者）。

单击选择E2单元格，输入公式"=AVERAGE(C2:C6)"，输入完毕后按Enter键结束，即可计算出全部学生的平均成绩为80.75分。

图2.2.6　AVERAGE函数的应用

2.2.7　AVERAGEA函数

（1）函数功能

AVERAGEA函数用于计算参数中非空值的算术平均值。

（2）语法格式

AVERAGEA(value1, [value2], ...)

（3）参数说明

value1：必需参数，表示要计算非空值的算术平均值的第1个数字，形式可以是直接输入的数字、单元格引用或数组。

[value2]：可选参数，表示要计算非空值的算术平均值的第2个数字，形式可以是直接输入的数字、单元格引用或数组。

以此类推，最多可包含255个参数。

（4）注意事项

如果在AVERAGEA函数中直接输入参数的值，那么数字、文本型数字和逻辑值都将被计算在内，如果参数中输入了文本，则AVERAGEA函数会返回错误值"#VALUE!"。如果使用单元格引用或数组作为AVERAGEA函数的参数，数字和逻辑值都将被计算在内，文本型数字和文本都将按0计算，空白单元格将被忽略，错误值则会使AVERAGEA函数返回错误值。

（5）实例：计算学生的平均成绩（含缺考者）

如图2.2.7所示，B列为学生姓名，C列为成绩，要求在E2单元格中计算出全部学生的平均成绩（含缺考者）。

单击选择E2单元格，输入公式"=AVERAGEA(C2:C6)"，输入完毕后按Enter键结束，即可计算出全部学生的平均成绩为64.6分。

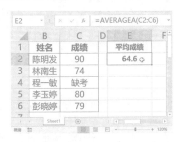

图2.2.7 AVERAGEA函数的应用

2.2.8 AVERAGEIF函数

（1）函数功能

AVERAGEIF函数用于计算某个区域内满足给定条件的所有单元格的算术平均值。

（2）语法格式

AVERAGEIF(range, criteria, [average_range])

（3）参数说明

range：必需参数，表示要进行条件判断的单元格区域。

criteria：必需参数，表示要进行判断的条件，形式可以是数字、表达式、单元格引用或文本字符串。

[average_range]：可选参数，表示要计算算术平均值的实际单元格。如果忽略，则对range参数指定的单元格区域进行计算。

（4）注意事项

range和[average_range]参数必须为单元格引用，不能是数组。如果range参数为空或文本，以及没有满足条件的单元格，AVERAGEIF函数都将返回错误值"#DIV/0!"。

criteria参数中包含比较运算符时，运算符必须使用英文半角的双引号括起来，否则公式将会出错。

可以在criteria参数中使用通配符问号"?"和星号"*"，"?"用于匹配任意单个字符，"*"用于匹配任意多个字符，该参数不区分大小写。

[average_range]参数可以简写，即只写出该单元格区域左上角的单元格。

（5）实例：计算男生的平均成绩

如图2.2.8所示，B列为学生姓名，C列为性别，D列为成绩，要求在F2单元格中计算出男生的平均成绩。

单击选择F2单元格，输入公式"=AVERAGEIF(C2:C6,"男",D2:D6)"，输入完毕后按Enter键结束，即可计算出男生的平均成绩为82分。该公式也可以写为"=AVERAGEIF(C2:C6,"男",D2)"，计算的结果不变。

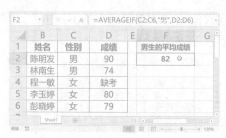

图2.2.8　AVERAGEIF函数的应用

（6）函数版本

AVERAGEIF函数不能在Excel 2003及更早的版本中使用。

2.2.9　AVERAGEIFS函数

（1）函数功能

AVERAGEIFS函数用于计算满足多个条件的所有单元格的算术平均值。

（2）语法格式

AVERAGEIFS(average_range, criteria_range1, criteria1, [criteria_range2, criteria2], ...)

（3）参数说明

average_range：必需参数，表示要计算算术平均值的单元格区域。

criteria_range1：必需参数，表示要进行条件判断的第1个单元格区域。

criteria1：必需参数，表示在第1个条件区域中需要满足的条件。

[criteria_range2]：可选参数，表示要进行条件判断的第2个单元格区域。

[criteria2]：可选参数，表示在第2个条件区域中需要满足的条件。

以此类推，最多可包含127个区域/条件对。

（4）注意事项

AVERAGEIFS函数的参数不能简写，计算平均值区域和条件区域的尺寸和方向必须完全一致，否则公式就会出错。

average_range参数中如果包含逻辑值，则TRUE按1计算，FALSE按0计算；如果该参数为空或文本，及没有满足条件的单元格，AVERAGEIFS函数都将会返回错误值"#DIV/0!"。

可以在criteria参数中使用通配符问号"?"和星号"*"，"?"用于匹配任意单个字符，"*"用于匹配任意多个字符，该参数不区分大小写。

（5）实例：计算80分以上的男生的平均成绩

如图2.2.9所示，B列为学生姓名，C列为性别，D列为成绩，要求在F2单元格中计算出80分以上的男生的平均成绩。

单击选择F2单元格，输入公式"=AVERAGEIFS(D2:D6,C2:C6,"男",D2:D6,">80")"，输入完毕后按Enter键结束，即可计算出80分以上的男生的平均成绩为90分。

图2.2.9 AVERAGEIFS函数的应用

2.2.10 MAX函数

（1）函数功能

MAX函数用于返回一组数字中的最大值。

（2）语法格式

MAX(number1, [number2], ...)

（3）参数说明

number1：必需参数，表示要返回最大值的第1个数字，形式可以是直接输入的数字、单元格引用或数组。

[number2]：可选参数，表示要返回最大值的第2个数字，形式可以是直接输入的数字、单元格引用或数组。

以此类推，最多可包含255个参数。

（4）注意事项

如果在MAX函数中直接输入参数的值，那么数字、文本型数字、逻辑值或日期等将被计算在内，如果参数中输入了文本，则MAX函数将会返回错误值"#VALUE!"。

如果使用单元格引用或数组作为MAX函数的参数，那么只有数字会被计算在内，其他类型的值将被忽略。如果参数中不包含数字，则MAX函数返回0。

（5）实例：计算最高分

如图2.2.10所示，B列为学生姓名，C列为性别，D列为成绩，要求在F2单元格中计算出最高分。

单击选择F2单元格，输入公式"=MAX(D2:D6)"，输入完毕后按Enter键结束，即可计算出最高分为90分。

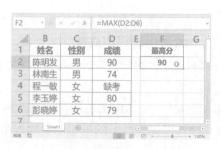

图2.2.10　MAX函数的应用

2.2.11　MAXA函数

（1）函数功能

MAXA函数用于返回一组非空值中的最大值。

（2）语法格式

MAXA(value1,[value2],...)

（3）参数说明

value1：必需参数，表示要返回最大值的第1个数字，形式可以是直接输入的数字、单元格引用或数组。

[value2]：可选参数，表示要返回最大值的第2个数字，形式可以是直接输入的数字、单元格引用或数组。

以此类推，最多可包含255个参数。

（4）注意事项

如果在MAXA函数中直接输入参数的值，那么数字、文本型的数字和逻辑值都将被计算在内，如果参数中输入了文本，则MAXA函数返回错误值"#VALUE!"。

如果使用单元格引用或数组作为MAXA函数的参数，数字和逻辑值都被计算在内，文本型数字和文本都按0计算，错误值将会使函数返回错误值。如果参数中不包含数字，则MAXA函数返回0。

2.2.12　MIN函数

（1）函数功能

MIN函数用于返回一组数字中的最小值。

（2）语法格式

MIN(number1, [number2], ...)

（3）参数说明

number1：必需参数，表示要返回最小值的第1个数字，形式可以是直接输入的数字、单元格引用或数组。

[number2]：可选参数，表示要返回最小值的第2个数字，形式可以是直接输入的数字、

单元格引用或数组。

以此类推，最多可包含255个参数。

（4）注意事项

如果在MIN函数中直接输入参数的值，那么数字、文本型数字、逻辑值或日期等将被计算在内；如果参数中输入了文本，则MIN函数将会返回错误值"#VALUE!"。

如果使用单元格引用或数组作为MIN函数的参数，那么只有数字会被计算在内，其他类型的值将被忽略，空单元格将被忽略。如果参数中不包含数字，则MIN函数返回0。

（5）实例：计算最低分

如图2.2.12所示，B列为学生姓名，C列为性别，D列为成绩，要求在F2单元格中计算出最低分。

单击选择F2单元格，输入公式"=MIN(D2:D6)"，输入完毕后按Enter键结束，即可计算出最低分为74分。

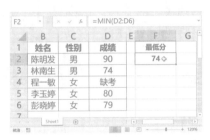

图2.2.12 MIN函数的应用

2.2.13 MINA函数

（1）函数功能

MINA函数用于返回一组非空单元格中的最小值。

（2）语法格式

MINA(number1, [number2], ...)

（3）参数说明

number1：必需参数，表示要返回最小值的第1个数字，形式可以是直接输入的数字、单元格引用或数组。

[number2]：可选参数，表示要返回最小值的第2个数字，形式可以是直接输入的数字、单元格引用或数组。

以此类推，最多可包含255个参数。

（4）注意事项

如果在MINA函数中直接输入参数的值，那么数字和逻辑值都将被计算在内，文本型数字将被忽略；如果参数中输入了文本，则MINA函数返回错误值"#VALUE!"。

如果使用单元格引用或数组作为MINA函数的参数，则数字和逻辑值都被计算在内，文本型数字和文本都按0计算，错误值将会使函数返回错误值。如果参数中不包含数字，则MINA函数返回0。

2.2.14 RANK函数

（1）函数功能

RANK函数用于返回一个数字在一组数字中的排位。

（2）语法格式

RANK(number,ref,[order])

（3）参数说明

number：必需参数，表示需要找到排位的数字，形式可以是直接输入的数字或单元格引用。

ref：必需参数，表示number参数要在此排位的数字列表，可以是数组或单元格区域。

[order]：可选参数，表示指明排位的方式，1表示升序，0或忽略表示降序；如果该参数为文本，则RANK函数返回错误值“#VALUE!”。

（4）注意事项

RANK函数为美式排位，即重复数字的排位相同，但是结果会影响后续数字的排位。例如，在一列升序排列的数字中，5在数字列表中出现了两次，其排位为5，那么数字6的排位为7，因为出现两次的5占用了6的位置。

（5）实例：对学生成绩降序排名

如图2.2.14所示，B列为学生姓名，C列为性别，D列为成绩，要求在E列中对D列的成绩进行降序排名。

单击选择E2单元格，输入公式“=RANK(D2,D$2:D$6)”，输入完毕后按Enter键结束，然后拖拽填充柄向下填充公式，即可算出所有学生的成绩排名。

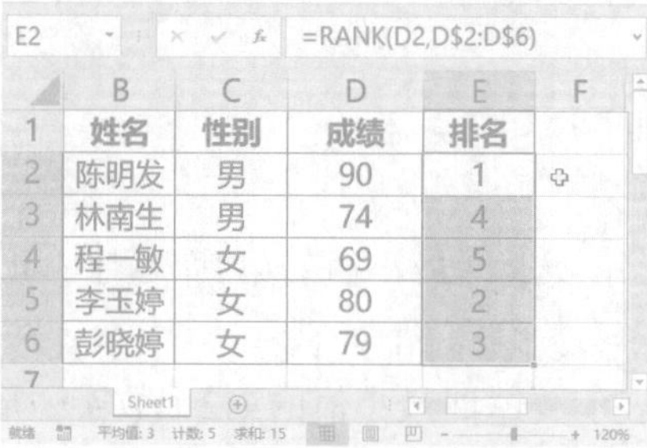

	B	C	D	E	F
1	姓名	性别	成绩	排名	
2	陈明发	男	90	1	
3	林南生	男	74	4	
4	程一敏	女	69	5	
5	李玉婷	女	80	2	
6	彭晓婷	女	79	3	

图2.2.14　RANK函数的应用

2.2.15 MODE函数

（1）函数功能

MODE函数用于返回在某数据区域中出现频率最多的数值，即众数。

（2）语法格式

MODE(number1,[number2],...)

（3）参数说明

number1：必需参数，表示要返回众数的第1个数字，形式可以是直接输入的数字、单元格引用或数组。

[number2]：可选参数，表示要返回众数的第2个数字，形式可以是直接输入的数字、单元格引用或数组。

以此类推，最多可包含255个参数。

（4）注意事项

如果在MODE函数中直接输入参数的值，那么参数必须为数字；如果参数中输入了文本、文本型数字或逻辑值，则MODE函数返回错误值"#VALUE!"。

如果使用单元格引用或数组作为MODE函数的参数，那么参数必须为数字，其他类型的值都将被忽略。如果参数中不包含重复数据，则MODE函数返回错误值"#N/A"。

2.2.16　LARGE函数

（1）函数功能

LARGE函数用于返回数据列表中第k个最大值。

（2）语法格式

LARGE (array, k)

（3）参数说明

array：必需参数，表示需要返回第k个最大值的单元格区域或数组。

k：必需参数，表示LARGE函数的返回值在array参数中的排位。k为1，表示返回最大值；k为2，表示返回第2个最大值，以此类推，从大到小。

（4）注意事项

如果array参数为空，k参数小于等于0，或者k大于单元格区域或数组中数值的个数，LARGE函数都将返回错误值"#NUM!"。

（5）实例：判断出至少一科成绩大于90分的学生，记为优秀

如图2.2.16所示，A列为学生姓名，B列为语文成绩，C列为数学成绩，D列为英语成绩，要求在E列判断出至少一科成绩大于90分的学生，记为优秀。

单击选择E2单元格，输入公式"=IF(LARGE(B2:D2,1)>90,"优秀","")"，输入完毕后按Enter键结束并向下填充公式，即可完成判断（此例中的LARGE函数也可以使用MAX求最大值函数代替）。其中IF函数做真假值判断，语法格式为：=IF(逻辑表达式,逻辑表达式正确返回的值,逻辑表达式错误返回的值)。

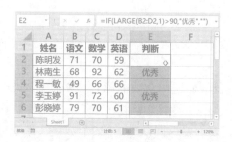

图2.2.16　LARGE函数的应用

2.2.17　SMALL函数

（1）函数功能

SMALL函数用于返回数据列表中第k个最小值。

（2）语法格式

SMALL(array, k)

（3）参数说明

array：必需参数，表示需要返回第k个最小值的单元格区域或数组。

k：必需参数，表示SMALL函数的返回值在array参数中的排位。k为1，表示返回最小值；k为2，表示返回第2个最小值，以此类推，从小到大。

（4）注意事项

如果array参数为空，k参数小于等于0，或者k大于单元格区域或数组中数值的个数，SMALL函数都将会返回错误值"#NUM!"。

（5）实例：判断出三科成绩同时大于或等于60分的学生，记为合格

如图2.2.17所示，A列为学生姓名，B列为语文成绩，C列为数学成绩，D列为英语成绩，要求在E列判断出三科成绩同时大于或等于60分的学生，记为合格。

选择E2单元格，输入公式"=IF(SMALL(B2:D2,1)>=60,"合格","")"，输入完毕后按Enter键结束并向下填充公式，即可完成全部判断（此例中的SMALL函数也可以使用MIN求最小值函数代替）。其中IF函数做真假值判断，语法格式为：=IF(逻辑表达式,逻辑表达式正确返回的值,逻辑表达式错误返回的值)。

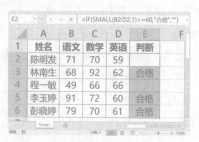

图2.2.17　SMALL函数的应用

2.2.18　TRIMMEAN函数

（1）函数功能

TRIMMEAN函数用于返回数据列表的内部平均值。先从数据列表中的头、尾除去一定百分比的数据点，再求平均值。

（2）语法格式

TRIMMEAN(array, percent)

（3）参数说明

array：必需参数，表示要经过去除数据点之后再计算内部平均值的单元格区域或数组。

percent：必需参数，表示计算时所要除去的数据点的比例，可以是分数也可以是小数。

（4）注意事项

如果percent参数小于0或者大于1，则TRIMMEAN函数将会返回错误值“#NUM!”。TRIMMEAN函数将除去的数据点的个数以接近0的方向舍入为2的倍数，这样可以保证percent参数始终为偶数。比如percent参数为0.1，而数据点有10个，那么就会将percent参数的值舍入为0，因此TRIMMEAN函数将不去除数据点数。此参数亦可直接做分数输入，更方便记忆，分母为全部的数据点数，分子为要去除的数据点数。

（5）实例：计算选手最后得分

如图2.2.18所示，A列为选手姓名，B列到H列为七位评委的打分情况，要求在I列计算出各选手的最后得分，计算条件为去掉一个最高分、一个最低分后的平均分。

选中I2单元格，输入公式“=TRIMMEAN(B2:H2,2/7)”，即可计算出当前选手的最后得分为76.8分，拖拽填充柄向下填充公式，即可完成对全部选手得分的计算。

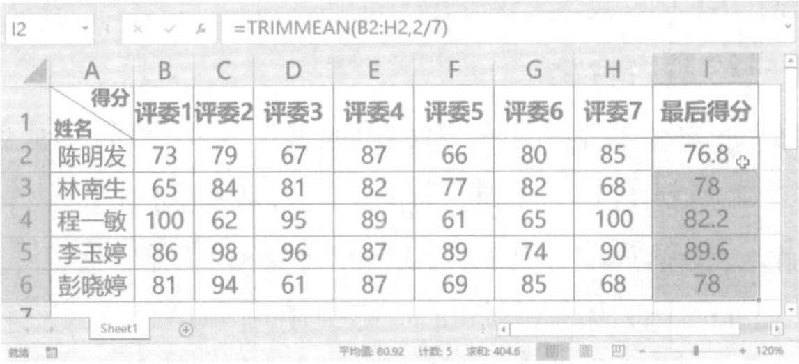

I2　=TRIMMEAN(B2:H2,2/7)

	A	B	C	D	E	F	G	H	I
1	得分 姓名	评委1	评委2	评委3	评委4	评委5	评委6	评委7	最后得分
2	陈明发	73	79	67	87	66	80	85	76.8
3	林南生	65	84	81	82	77	82	68	78
4	程一敏	100	62	95	89	61	65	100	82.2
5	李玉婷	86	98	96	87	89	74	90	89.6
6	彭晓婷	81	94	61	87	69	85	68	78

图2.2.18　TRIMMEAN函数的应用

2.3　逻辑函数

逻辑函数可以根据给出的条件进行真假判断，并根据判断结果返回用户指定的内容。在Excel中常用的逻辑函数有多个，本节内容将分别介绍各逻辑函数的功能、语法、参数和使用说明。

2.3.1　IF函数

（1）函数功能

IF函数用于在公式中设置判断条件，通过判断条件是否成立返回逻辑值TRUE或FALSE，然后根据判断结果返回不同的值。

（2）语法格式

IF(logical_test,[value_if_true],[value_if_false])

（3）参数说明

logical_test：必需参数，表示要进行判断的值或逻辑表达式，计算结果为TRUE或FALSE，成立返回TRUE，不成立返回FALSE。例如，1>2是一个表达式，那么该表达式的结果是FALSE，因为1不大于2，所以表达式不成立。

[value_if_true]：可选参数，表示当logical_test参数的结果为TRUE时返回的值。如果logical_test参数的结果为TRUE，并且[value_if_true]参数为空，那么IF函数将返回0。例如，IF(1<2,,"错误")，该公式返回0，因为[value_if_true]参数的位置为空。

[value_if_false]：可选参数，表示当logical_test参数的结果为FALSE时返回的值。如果logical_test参数的结果为FALSE，并且[value_if_false]参数忽略，则IF函数返回逻辑值FALSE。例如，IF(1>2,"正确")，该公式将返回FALSE；如果[value_if_false]参数为空但保留其参数位置，则IF函数返回0，例如，IF(1>2,"正确",)，该公式返回0。

（4）注意事项

如果需要创建判断条件复杂的公式，可以使用IF函数嵌套，IF函数最多可嵌套64层。但为了简化公式，在需要使用很多层IF函数嵌套的时候，一般并不会使用IF函数嵌套，而是使用LOOKUP函数或者VLOOKUP函数模糊匹配。

（5）实例：判断成绩是否合格

如图2.3.1所示，A列为学生姓名，B列为语文成绩，C列为数学成绩，D列为英语成绩，要求在E列判断各学生是否考试合格。判断条件：三科成绩同时大于等于60分则为合格。

选择E2单元格，输入公式"=IF(SMALL(B2:D2,1)>=60,"合格","")"，输入完毕后按Enter键结束并向下填充公式，即可做出全部判断。其中使用SMALL函数对B列到D列的成绩提取最小值，如果最小值大于等于60分，则肯定三科成绩均大于等于60分，此处的SMALL函数也可使用MIN函数代替。

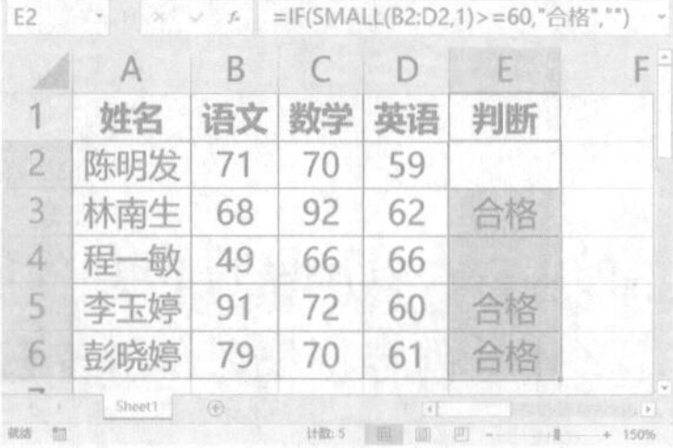

图 2.3.1　IF函数的应用

2.3.2　AND函数

（1）函数功能

AND函数用于判断多个条件是否同时成立，如果所有参数的结果都返回逻辑值TRUE，那么AND函数将返回TRUE，但只要其中一个参数的结果返回逻辑值FALSE，AND函数就会返回FALSE。

（2）语法格式

AND(logical1,[logical2], ...)

（3）参数说明

logical1：必需参数，表示第1个要进行判断的条件。

[logical2]：可选参数，表示第2个要进行判断的条件。

以此类推，最多可包含255个参数。

（4）注意事项

AND函数的参数可以是逻辑值TRUE或FALSE，或者可以转换为逻辑值的表达式，数字0等同于FALSE，非0等同于TRUE。如果AND函数的参数是直接输入的非逻辑值，则AND函数返回错误值"#VALUE!"。

（5）实例：判断列表中的员工是否符合"性别为女"和"年龄小于30岁"两个条件

如图2.3.2-1所示，A列为姓名，B列为性别，C列为年龄，要求在D列判断出符合"性别为女""年龄小于30岁"两个条件的记录。

选择D2单元格，输入公式"=AND(B2="女",C2<30)"，输入完毕后按Enter键结束并向下填充公式，即可完成全部判断，返回TRUE表示两个条件全部成立，也就是符合要求，返回FALSE则表示两个条件至少有一个不成立，则不符合要求。

外侧可以嵌套IF函数，使判断结果更为直观，如图2.3.2-2所示，公式为"=IF(AND(B2="女",C2<30),"符合","不符合")"。

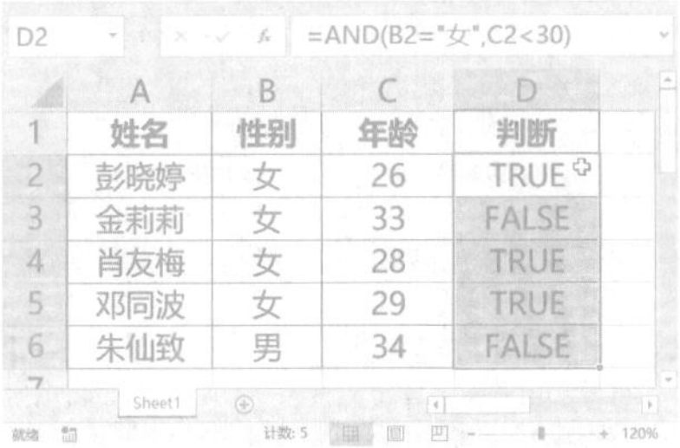

图2.3.2-1　AND函数的应用 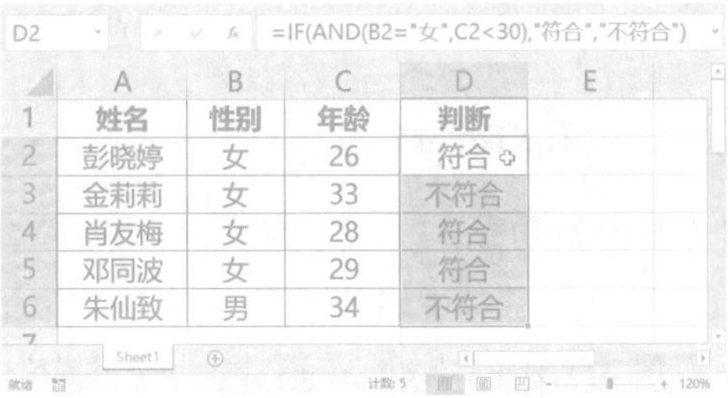　　　　图2.3.2-2　IF+AND函数的应用

2.3.3　OR函数

（1）函数功能

OR函数用于判断多个条件中是否至少有任意一个条件成立，只要有一个参数的结果返回逻辑值TRUE，OR函数就会返回TRUE，如果所有参数都为逻辑值FALSE，则OR函数才返

回FALSE。

（2）语法格式

OR(logical1,[logical2],...)

（3）参数说明

logical1：必需参数，表示第1个要进行判断的条件。

[logical2]：可选参数，表示第2个要进行判断的条件。

以此类推，最多可包含255个参数。

（4）注意事项

OR函数的参数可以是逻辑值TRUE或FALSE，或者可以转换为逻辑值的表达式，数字0等同于FALSE，非0等同于TRUE。如果OR函数的参数是直接输入的非逻辑值，则OR函数将返回错误值“#VALUE!”。

（5）实例：判断列表中的员工是否符合“性别为女”或“年龄小于30岁”

如图2.3.3所示，A列为姓名，B列为性别，C列为年龄，要求在D列判断出符合“性别为女”或者“年龄小于30岁”的记录。

选择D2单元格，输入公式“=OR(B2="女",C2<30)”，输入完毕后按Enter键结束并向下填充公式，即可完成判断。返回TRUE的表示至少有一个条件是成立的，也就是符合要求，返回FALSE的则表示一个条件都不成立，则不符合要求。

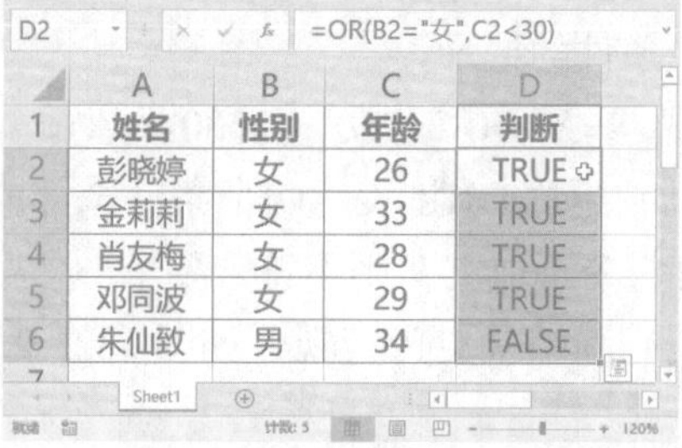
D2 =OR(B2="女",C2<30)

	A	B	C	D
1	姓名	性别	年龄	判断
2	彭晓婷	女	26	TRUE
3	金莉莉	女	33	TRUE
4	肖友梅	女	28	TRUE
5	邓同波	女	29	TRUE
6	朱仙致	男	34	FALSE

图2.3.3　OR函数的应用

2.3.4　NOT函数

（1）函数功能

NOT函数用于对逻辑值求反。如果逻辑值为FALSE，NOT函数就会返回TRUE；相反，如果逻辑值为TRUE，则NOT函数返回FALSE。

（2）语法格式

NOT(logical)

（3）参数说明

logical：必需参数，表示一个要进行判断的条件。

（4）注意事项

NOT函数的参数可以是逻辑值TRUE或FALSE，或者是可以转换为逻辑值的表达式，数字0等同于逻辑值FALSE，非0等同于逻辑值TRUE。如果NOT函数的参数是直接输入的非逻辑值，则NOT函数将返回错误值"#VALUE!"。

2.3.5 XOR函数

（1）函数功能
XOR函数用于判断多个条件中是否有一个条件成立，如果进行判断的条件都为TRUE或都为FALSE，XOR函数就会返回FALSE，否则XOR函数返回TRUE。

（2）语法格式
XOR(logical1, [logical2],...)

（3）参数说明
logical1：必需参数，表示第1个要进行判断的条件。

[logical2]：可选参数，表示第2个要进行判断的条件。

以此类推，最多可包含255个参数。

（4）注意事项
XOR函数的参数可以是逻辑值TRUE或FALSE，或者是可以转换为逻辑值的表达式，数字0等同于FALSE，非0等同于TRUE。如果XOR函数的参数是直接输入的非逻辑值，则XOR函数将返回错误值"#VALUE!"。

（5）实例：判断出勤是否异常
如图2.3.5所示，A列为日期，B列为姓名，C列、D列分别为A车间和B车间的工时数据，要求在E列判断出异常考勤的记录，判断条件为：两个车间都有工时则为异常。

选择E2单元格，输入公式"=IF(XOR(C2="",D2=""),"","异常")"，输入完毕后按Enter键结束并向下填充公式，即可完成判断。

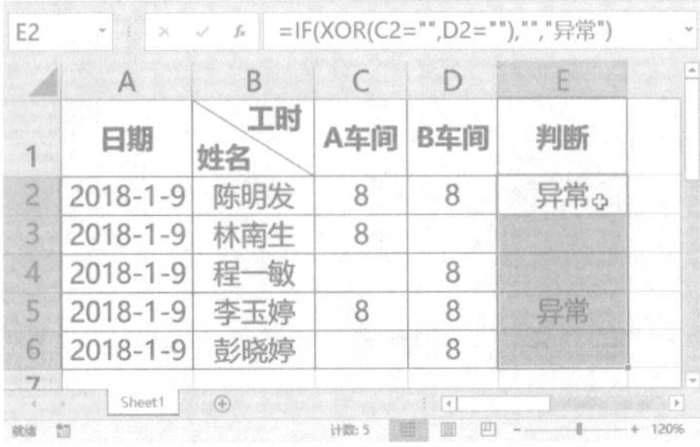

图2.3.5　XOR函数的应用

2.3.6 IFNA函数

（1）函数功能
IFNA函数用于检测公式的计算结果是否为错误值"#N/A"，如果是，则返回用户指定希望返回的内容；如果不是，则返回公式的计算结果。

（2）语法格式

IFNA(value, value_if_na)

（3）参数说明

value：必需参数，用于要判断是否为错误值"#N/A"的公式。

value_if_na：必需参数，表示如果公式计算结果为错误值#N/A时，用户希望IFNA函数返回的内容。

（4）注意事项

IFNA函数只能检测"#N/A"这一种错误值，而无法检测其他类型的错误值。

（5）实例：根据姓名查找员工所在部门和手机号码

如图2.3.6-1所示，A列为员工姓名，B列为工作部门，C列为手机号码，在F3和F4单元格输入了公式"=VLOOKUP($F$2,$A$2:$C$16,ROW(2:2),)"，该公式根据F2单元格中的姓名查找引用该员工的工作部门和手机号码，如果F2单元格中的姓名在A列中没有记录，则F3和F4单元格返回错误值"#N/A"。

如要将错误值显示为"查无此人"，则选择F3单元格，为原有的公式嵌套IFNA函数，公式为"=IFNA(VLOOKUP($F$2,$A$2:$C$16,ROW(2:2),),"查无此人")"，输入完毕后按Enter键结束并将公式填充至F4单元格，即可完成设置，如图2.3.6-2所示。

其中，VLOOKUP函数为查找与引用函数，其语法格式为：VLOOKUP(要查找的值,要进行查找的区域,要查找的值在查找区域的第几列,精确查找/模糊查找)，如果要查找的值不在要进行查找的区域范围之内，则VLOOKUP函数返回错误值"#N/A"。在此例中IFNA函数用于当VLOOKUP函数返回错误值"#N/A"时，使公式返回"查无此人"。

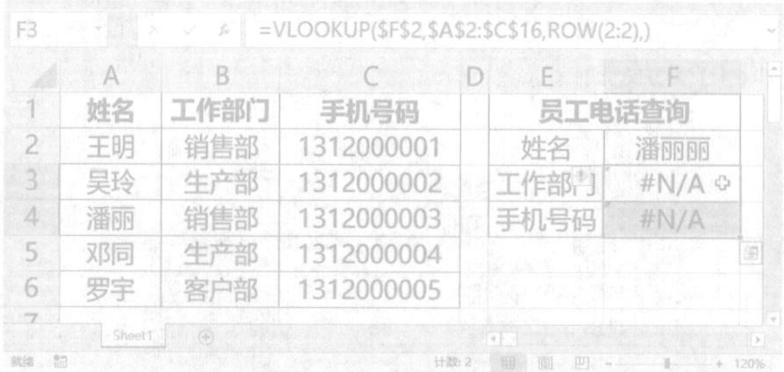

图2.3.6-1 公式返回错误值"#N/A"

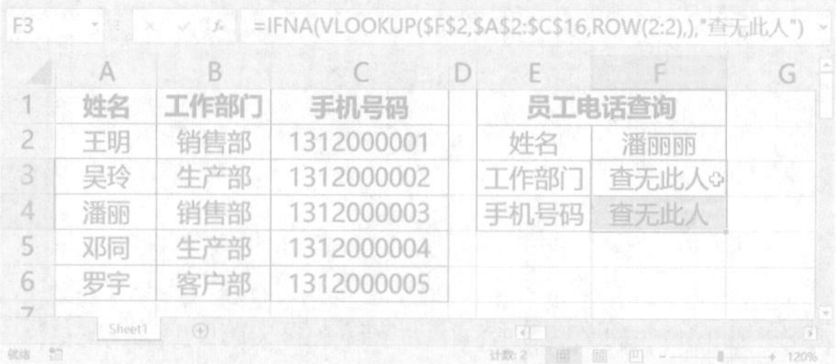

图2.3.6-2 IFNA函数的应用

（6）函数版本

IFNA函数是Excel 2013的新增函数，不能在更早的版本中使用。在更早的版本中可使用IF+ISNA函数代替。

2.3.7　IFERROR函数

（1）函数功能

IFERROR函数用于检测公式的计算结果是否为错误值，如果是，则返回用户指定希望返回的内容；如果不是，则返回公式的计算结果。

（2）语法格式

IFERROR(value, value_if_error)

（3）参数说明

value：必需参数，表示要判断是否为错误值的公式。

value_if_error：必需参数，表示如果公式计算结果为错误值时，用户希望IFERROR函数返回的内容。

（4）注意事项

IFERROR函数可以检测全部类型的错误值，包括错误值"#N/A"。

（5）函数版本

IFERROR函数不能在Excel 2003及更早的版本中使用。

2.4　信息函数

信息函数用来返回某些指定单元格或区域的信息，比如单元格的内容、格式等。本节将介绍常用的信息函数，分别对它们的功能、语法、参数等做出说明。

2.4.1　ISNUMBER函数

（1）函数功能

ISNUMBER函数用于判断数据内容是否为数字，如果是，则ISNUMBER函数返回TRUE；如果不是，ISNUMBER函数则返回FALSE。

（2）语法格式

ISNUMBER(value)

（3）参数说明

value：必需参数，表示要进行判断是否为数字的数据内容。

（4）实例：计算金额

如图2.4.1-1所示，A列为商品编码，B列为数量，C列为单价，要求在D列计算出各商品的金额，计算条件：金额=数量*单价。

由于C列包含文本值，所以如果直接将B列与C列进行相乘运算，公式会产生错误值"#VALUE！"，如图2.4.1–1所示。因此，可以通过使用ISNUMBER函数先对C列的单价进行判断，判断其是否为数值，如果是，就执行"数量*单价"的运算，如果不是，则直接返回空文本。

选择D2单元格，输入公式"=IF(ISNUMBER(C2),B2*C2,"")"，输入完毕后按Enter键结束并向下填充公式，即可完成计算，有金额的显示其金额，没金额的显示空文本，如图2.4.1–2所示。

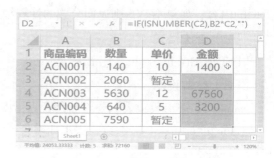

图2.4.1–1　公式返回错误值"#VALUE!"　　　　图2.4.1–2　ISNUMBER函数的应用

2.4.2　ISTEXT函数

（1）函数功能

ISTEXT函数用于判断值是否为文本，如果是，ISTEXT函数返回TRUE；如果不是，ISTEXT函数返回FALSE。

（2）语法格式

ISTEXT(value)

（3）参数说明

value：必需参数，表示要进行判断是否为文本的值。

（4）实例：判断哪些商品需要补货

如图2.4.2所示，A列为商品编码，B列为库存数量，要求在C列对无库存数量的商品显示"请马上补货"。

由于数量为数值，文字"无"和"缺货"都为文本，因此可以通过使用ISTEXT函数先对B列的库存数量进行判断，判断是否为文本，如果是，就显示"请马上补货"，如果不是，则返回空文本。

选择C2单元格，输入公式"=IF(ISTEXT(B2),"请马上补货","")"，输入完毕后按Enter键结束并向下填充公式，即可完成判断。

C2　=IF(ISTEXT(B2),"请马上补货","")

	A	B	C
1	商品编码	数量	是否补货
2	ACN001	140	
3	ACN002	2060	
4	ACN003	无	请马上补货
5	ACN004	640	
6	ACN005	缺货	请马上补货

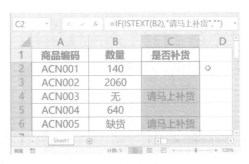

图2.4.2　ISTEXT函数的应用

2.4.3　ISEVEN函数

（1）函数功能

ISEVEN函数用于判断数字是否为偶数，如果是，ISEVEN函数返回TRUE；如果不是，则ISEVEN函数返回FALSE。

（2）语法格式

ISEVEN(value)

（3）参数说明

value：必需参数，表示要进行判断是否为偶数的数字。

（4）注意事项

ISEVEN函数的参数必须是数字、文本型数字，如果是文本，则ISEVEN函数返回错误值“#VALUE!”。

（5）实例：判断员工性别

如图2.4.3所示，A列为员工姓名，B列为员工身份证号码，要求在C列判断员工的性别。判断条件：以身份证号码的第17位作为判断基准，偶数为女性，奇数为男性。

选择C2单元格，输入公式“=IF(ISEVEN(MID(B2,17,1)),"女","男")”，输入完毕后按Enter键并向下填充公式，即可完成全部判断。其中MID函数为文本提取函数，其语法格式为：MID(要进行提取的文本字符串,从第几位开始提取,提取的位数)。

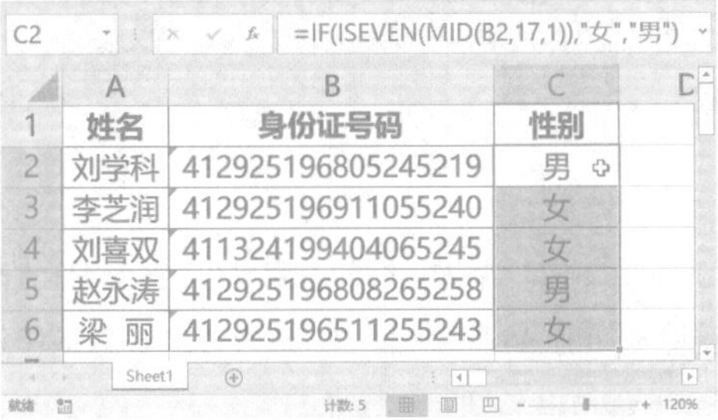

C2　=IF(ISEVEN(MID(B2,17,1)),"女","男")

	A	B	C
1	姓名	身份证号码	性别
2	刘学科	412925196805245219	男
3	李芝润	412925196911055240	女
4	刘喜双	411324199404065245	女
5	赵永涛	412925196808265258	男
6	梁　丽	412925196511255243	女

图2.4.3　ISEVEN函数的应用

2.4.4 ISODD函数

（1）函数功能

ISODD函数用于判断数字是否为奇数，如果是，ISODD函数返回TRUE；如果不是，则ISODD函数返回FALSE。

（2）语法格式

ISODD(value)

（3）参数说明

value：必需参数，表示要进行判断是否为奇数的数字。

（4）注意事项

参数必须是数字、文本型数字或逻辑值，如果是文本，则ISODD函数返回错误值“#VALUE!”。

（5）实例：判断员工性别

如图2.4.4所示，A列为员工姓名，B列为员工身份证号码，要求在C列判断员工的性别。判断条件：以身份证号码的第17位作为判断基准，奇数为男性，偶数为女性。

选择C2单元格，输入公式“=IF(ISODD(MID(B2,17,1)),"男 ","女")”，输入完成后按Enter键并向下填充公式，即可完成全部判断，其判断结果与2.4.3中使用的ISEVEN函数一致。其中，MID函数为文本提取函数，其语法格式为：MID(要进行提取的文本字符串,从第几位开始提取,提取的位数)。

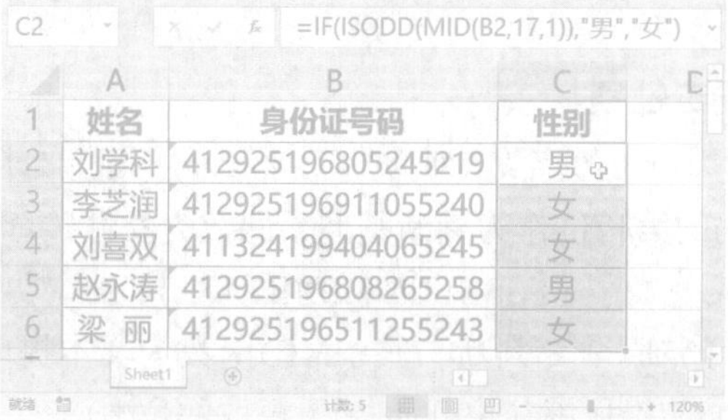

	A	B	C
1	姓名	身份证号码	性别
2	刘学科	412925196805245219	男
3	李芝润	412925196911055240	女
4	刘喜双	411324199404065245	女
5	赵永涛	412925196808265258	男
6	梁 丽	412925196511255243	女

图2.4.4 ISODD函数的应用

2.4.5 ISBLANK函数

（1）函数功能

ISBLANK函数用于判断单元格是否为空，如果为空，ISBLANK函数返回逻辑值TRUE；如果不为空，ISBLANK函数则返回FALSE。

（2）语法格式

ISBLANK(value)

（3）参数说明

value：必需参数，表示要判断是否为空的单元格。

（4）注意事项

对于包含各种空白符号、换行符或空文本（""）的单元格，ISBLANK函数都将返回FALSE。

2.4.6　ISLOGICAL函数

（1）函数功能

ISLOGICAL函数用于判断值是否为逻辑值，如果是，ISLOGICAL函数返回TRUE；如果不是，ISLOGICAL函数返回FALSE。

（2）语法格式

ISLOGICAL(value)

（3）参数说明

value：必需参数，表示要判断是否为逻辑值的值。

2.4.7　ISFORMULA函数

（1）函数功能

ISFORMULA函数用于判断单元格是否包含公式，如果包含公式，ISFORMULA函数返回TRUE；如果不包含公式，则ISFORMULA函数返回FALSE。

（2）语法格式

ISFORMULA(value)

（3）参数说明

value：必需参数，表示要判断其中是否包含公式的单元格引用或名称。

（4）注意事项

如果ISFORMULA函数引用的不是有效的数据类型，如引用了未定义的名称，则ISFORMULA函数将返回错误值"#VALUE!"。

（5）函数版本

ISFORMULA函数是Excel 2013的新增函数，在更早的版本中无法使用。

2.4.8　ISREF函数

（1）函数功能

ISREF函数用于判断值是否为单元格引用，如果是，ISREF函数返回TRUE；如果不是，则ISREF函数返回FALSE。

（2）语法格式

ISREF(value)

（3）参数说明

value：必需参数，表示要判断是否为单元格引用的值。

2.4.9 ISNA函数

（1）函数功能

ISNA函数用于判断公式的返回结果是否为错误值"#N/A"，如果是，ISNA函数返回TRUE；如果不是，则ISNA函数返回FALSE。

（2）语法格式

ISNA(value)

（3）参数说明

value：必需参数，表示要判断返回结果是否为错误值"#N/A"的公式。

（4）注意事项

ISNA函数只能判断"#N/A"一种错误值，而不能判断其他类型的错误值。

（5）实例：根据姓名查找员工所在部门和手机号码

如图2.4.9所示，A列为员工姓名，B列为工作部门，C列为手机号码，要求在F3和F4单元格自动根据F2单元格中的姓名查询员工的工作部门和手机号码，如果F2单元格中输入的姓名没有出现在A列的姓名列表内，则F3和F4单元格返回"查无此人"。

选择F3单元格，输入公式"=IF(ISNA(VLOOKUP(F$2,A$2:C$6,ROW(A2),)),"查无此人",VLOOKUP(F$2,A$2:C$6,ROW(A2),))"，输入完毕后按Enter键结束并向下填充公式，即可完成设置。其中VLOOKUP函数为查找与引用函数，其语法格式为：VLOOKUP(要查找的值,要进行查找的区域,要查找的值在查找区域的第几列,精确查找/模糊查找)，如果要查找的值不在要查找的区域范围之内，则VLOOKUP函数返回错误值"#N/A"。ISNA函数对VLOOKUP函数是否返回错误值做出判断，如果是，就返回TRUE；如果不是，则返回FALSE。

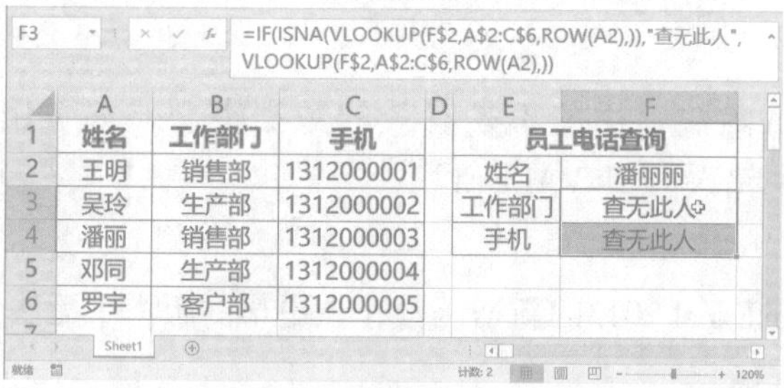

图2.4.9　ISNA函数的应用

该函数可以在全部Excel版本中使用，对于比Excel 2013更早的版本，可以使用IF+ISNA函数嵌套使用的方法代替IFNA函数。

2.4.10 ISERR函数

（1）函数功能

ISERR函数用于判断公式的返回结果是否为除"#N/A"以外其他的错误值，如果是，ISERR函数返回TRUE；如果不是，则ISERR函数返回FALSE。

（2）语法格式

ISERR(value)

（3）参数说明

value：必需参数，表示要判断返回结果是否为除"#N/A"以外其他错误值的公式。

2.4.11　ISERROR函数

（1）函数功能

ISERROR函数用于判断公式的返回结果是否为错误值，如果是，ISERROR函数返回TRUE；如果不是，则ISERROR函数返回FALSE。ISERROR函数可用于判断全部类型的错误值。

（2）语法格式

ISERROR(value)

（3）参数说明

value：必需参数，表示要判断返回结果是否为错误值的值。

2.5　日期和时间函数

日期和时间函数是Excel中非常重要的函数，使用该类函数可以快速对日期和时间型的数据进行计算和处理，本节将详细介绍Excel中的日期和时间函数的功能、语法、参数和使用说明。

2.5.1　TODAY函数

（1）函数功能

TODAY函数用于返回计算机系统当前的日期。

（2）语法格式

TODAY()

（3）参数说明

该函数不需要参数，但括号不能省略。

（4）注意事项

TODAY函数为易失性函数，当工作表被重新计算时，会自动更新。

（5）实例：计算倒计时

如图2.5.1所示，要求在A2单元格计算出当前日期距离2019年元旦的倒计时天数。

选择A2单元格，输入公式"="2019-1-1"-TODAY()&"天""，即可完成计算。该公式可在计算机系统的日期更新后自动更新倒计时天数（当前计算机系统的日期为2018-9-13）。

图2.5.1　TODAY函数的应用

2.5.2　NOW函数

（1）函数功能
NOW函数用于返回计算机系统当前的日期和时间。

（2）语法格式
NOW()

（3）参数说明
该函数不需要参数，但括号不能省略。

（4）注意事项
NOW函数为易失性函数，当工作表被重新计算时，会自动更新。

（5）实例：判断合同是否到期
如图2.5.2所示，A列为员工姓名，B列为合同到期日，要求在C列里对合同在近期1个月内到期的员工做出提醒，记为"即将到期"。

选择C2单元格，输入公式"=IF((B2−NOW())<30,"即将到期","")"，输入完毕后按Enter键结束并向下填充公式，即可完成该计算。（使用TODAY函数同样也可以完成此计算。）

图2.5.2　NOW函数的应用

2.5.3　YEAR函数

（1）函数功能
YEAR函数用于返回日期中的年份，返回值的范围在1900～9999之间。

（2）语法格式
YEAR(serial_number)

（3）参数说明

serial_number：必需参数，表示要提取年份的日期，形式可以是输入的表示日期的序列数、日期文本或单元格引用，输入的日期文本必须使用英文半角的双引号括起来。

（4）注意事项

serial_number参数表示的日期应该以标准的日期格式输入，也可以通过使用其他函数生成，比如NOW函数、TODAY函数等，如果输入了文本，YEAR函数就返回错误值"#VALUE!"。

（5）实例：计算员工年龄

如图2.5.3所示，A列为员工姓名，B列为出生日期，要求在C列计算出员工的年龄，计算条件为当年是2018年。

单击选择C2单元格，输入公式"=2018-YEAR(B2)"，输入完毕后按Enter键结束并向下填充公式，即可完成计算。

图2.5.3　YEAR函数的应用

2.5.4　MONTH函数

（1）函数功能

MONTH函数用于返回日期中的月份，返回值的范围在1～12之间。

（2）语法格式

MONTH(serial_number)

（3）参数说明

serial_number：必需参数，表示要提取月份的日期，形式可以是输入的表示日期的序列数、日期文本或单元格引用，输入的日期文本必须使用英文半角的双引号括起来。

（4）注意事项

serial_number参数表示的日期应该以标准的日期格式输入，也可以通过使用其他函数生成，比如NOW函数、TODAY函数等，如果输入了文本，MONTH函数就会返回错误值"#VALUE!"。

（5）实例：计算日期所属季度

如图2.5.4所示，A列为日期，要求在B列中计算各个日期所属的季度。

选择B2单元格，输入公式“="第"&INT((MONTH(A2)+2)/3)&"季度"”，输入完毕后按Enter键并向下填充公式，即可计算出全部日期的所属季度。其中INT函数用于截掉数值的小数部分，只保留整数部分。（在Excel当中并没有直接用于计算季度的函数。）

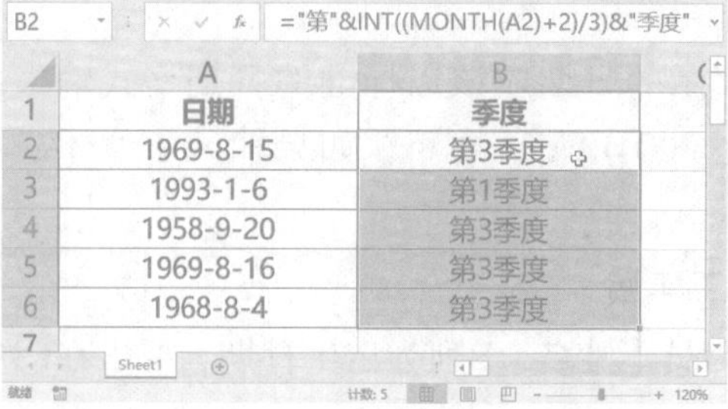

	A	B
1	日期	季度
2	1969-8-15	第3季度
3	1993-1-6	第1季度
4	1958-9-20	第3季度
5	1969-8-16	第3季度
6	1968-8-4	第3季度

图2.5.4 MONTH函数的应用

2.5.5 DAY函数

（1）函数功能

DAY函数用于返回日期中的天数，返回值的范围在1～31之间。

（2）语法格式

DAY(serial_number)

（3）参数说明

serial_number：必需参数，表示要提取天数的日期，形式可以是输入的表示日期的序列数、日期文本或单元格引用，输入的日期文本必须使用英文半角的双引号括起来。

（4）注意事项

serial_number参数表示的日期应该以标准的日期格式输入，也可以通过使用其他函数生成，比如NOW函数、TODAY函数等，如果输入了文本，则DAY函数将返回错误值“#VALUE!”。

（5）实例：根据日期确定上、中、下旬

如图2.5.5所示，A列为日期，要求在B列中根据日期确定上、中、下旬。

选择B2单元格，输入公式“=IF(DAY(A2)>20,"下旬",IF(DAY(A2)>10,"中旬","上旬"))”，输入完毕后按Enter键并向下填充公式，即可确定上旬、中旬和下旬。

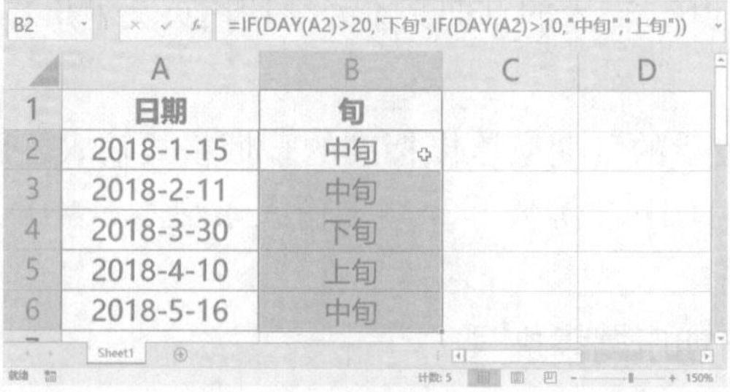

	A	B	C	D
1	日期	旬		
2	2018-1-15	中旬		
3	2018-2-11	中旬		
4	2018-3-30	下旬		
5	2018-4-10	上旬		
6	2018-5-16	中旬		

图2.5.5 DAY函数的应用

2.5.6　DAYS函数

（1）函数功能

DAYS函数用于计算两个日期之间的天数。

（2）语法格式

DAYS(end_date, start_date)

（3）参数说明

end_date：必需参数，表示结束日期，形式可以是输入的表示日期的序列数、日期文本或单元格引用，输入的日期文本必须使用英文半角的双引号括起来。

start_date：必需参数，表示开始日期，形式可以是输入的表示日期的序列数、日期文本或单元格引用，输入的日期文本必须使用英文半角的双引号括起来。

（4）注意事项

end_date和 start_date参数表示的日期应该以标准的日期格式输入，也可以通过使用其他函数生成，比如NOW函数、TODAY函数等，如果输入了文本，则DAYS函数返回错误值"#VALUE!"。

（5）实例：计算还款天数

如图2.5.6所示，A列为借款日，B列为还款日，要求在C列计算出还款天数。

选择C2单元格，输入公式"=DAYS(B2,A2)"，输入完毕后按Enter键结束并向下填充公式，即可计算出全部的还款天数。

图2.5.6　DAYS函数的应用

（6）函数版本

DAYS函数是Excel 2013的新增函数，不能在更早的版本中使用。

2.5.7　DAYS360函数

（1）函数功能

DAYS360函数用于按照一年360天的算法，返回两个日期之间相差的天数。（每个月30天，一年12个月，共计360天。）

（2）语法格式

DAYS360(start_date,end_date, [method])

（3）参数说明

start _date：必需参数，表示开始日期，形式可以是输入的表示日期的序列数、日期文本或单元格引用，输入的日期文本必须使用英文半角的双引号括起来。

end _date：必需参数，表示结束日期，形式可以是输入的表示日期的序列数、日期文本或单元格引用，输入的日期文本必须使用英文半角的双引号括起来。

[method]：可选参数，表示用于判断使用欧洲方法和美国方法的逻辑值，如果该参数取值为0或FALSE，则使用美国方法；如果取值为1或TRUE，则使用欧洲方法。该参数具体的取值及其作用参照表2.5.7所示。

表2.5.7　[method]参数的取值和作用

[method]参数值	说明
FALSE或省略	美国方法（NASD）。如果开始日期是一个月的最后一天，则等于同月的30号。如果结束日期是一个月的最后一天，并且开始日早于30号，结束日期等于下一个月的1号。否则结束日期等于本月的30号
TRUE	欧洲方法。开始和结束日期为一个月的31号，都将等于本月的30号

（4）注意事项

start_date和end_date参数表示的日期应该以标准的日期格式输入，也可以通过使用其他函数生成，比如NOW函数、TODAY函数等，如果输入了文本，则DAYS360函数将返回错误值"#VALUE!"。

（5）实例：计算还款天数

如图2.5.7所示，A列为借款日，B列为还款日，要求在C列计算出还款天数，以美国方法计算。

选择C2单元格，输入公式"=DAYS360(A2,B2)"，按Enter键结束并向下填充公式，即可计算出全部的还款天数。

图2.5.7　DAYS360函数的应用

2.5.8　DATE函数

（1）函数功能

DATE函数用于返回由年、月、日组成的日期序列数。

（2）语法格式

DATE(year,month,day)

（3）参数说明

year：必需参数，表示年的数字，形式可以是直接输入的数字或单元格引用。

month：必需参数，表示月的数字，形式可以是直接输入的数字或单元格引用。

day：必需参数，表示日的数字，形式可以是直接输入的数字或单元格引用。

（4）注意事项

DATE函数的所有参数都必须为数字、文本型数字或表达式。如果是文本，则DATE函数返回错误值"#VALUE!"。

year参数的值必须在1900～9999之间，如果大于9999，则返回错误值"#VALUE!"。

month参数和day参数则不同，可以对日期进行自动更正，如果月份大于12，那么DATE函数将自动转至下一年，如果日大于当月的最后一天，则DATE函数会将其转换至下一月。

（5）实例：提取身份证号码中的出生日期

如图2.5.8所示，A列为员工姓名，B列为身份证号码，要求在C列提取各员工的出生日期，计算条件：出生日期为身份证号码的第7到14位。

选择C2单元格，输入公式"=DATE(MID(B2,7,4),MID(B2,11,2),MID(B2,13,2))"，输入完毕后按Enter键结束并向下填充公式，即可提取出全部的出生日期。其中，MID函数为文本提取函数，其语法格式为：MID(要进行提取的文本,从第几位开始提取,提取的位数)。

	A	B	C	D
1	姓名	身份证号码	出生日期	
2	刘学科	412925196805245219	1968-5-24	
3	李芝润	412925196911055240	1969-11-5	
4	刘喜双	411324199404065245	1994-4-6	
5	赵永涛	412925196808265258	1968-8-26	
6	梁 丽	412925196511255243	1965-11-25	

图2.5.8　DATE函数的应用

2.5.9　DATEDIF函数

（1）函数功能

DATEDIF函数用于计算两个日期之间相隔的年、月、天数。该函数是一个隐藏的工作表函数，因此并未出现在"插入函数"对话框中，Excel帮助中也没有该函数的资料，输入的时候也不会有参数提示，但这并不影响用户使用。

（2）语法格式

DATEDIF(start_date,end_date,unit)

（3）参数说明

start_date：必需参数，表示开始日期，形式可以是输入的表示日期的序列数、单元格引用或日期文本，输入的日期文本须使用英文半角的双引号括起来，否则DATEDIF函数将会出错。

end_date：必需参数，表示结束日期，形式可以是输入的表示日期的序列数、单元格引用或日期文本，输入的日期文本须使用英文半角的双引号括起来，否则DATEDIF函数的计算将会出错。

unit：必需参数，表示计算的时间单位，共有六种。该参数具体的取值及作用参照表2.5.9所示。

表2.5.9　unit参数的取值与作用

unit参数值	说明
y	开始日期和结束日期之间的整年数
m	开始日期和结束日期之间的整月数
d	开始日期和结束日期之间的天数
ym	开始日期和结束日期之间的月数（忽略日期中的年和日）
yd	开始日期和结束日期之间的天数（忽略日期中的年）
md	开始日期和结束日期之间的天数（忽略日期中的年和月）

（4）注意事项

start_date和end_date参数表示的日期应该以标准的日期格式输入，也可以通过使用其他函数生成，比如NOW函数、TODAY函数等，如果输入了文本，则DATEDIF函数将返回错误值"#VALUE!"。

start_date参数的日期必须小于end_date参数的日期，否则DATEDIF函数将会返回错误值"#NUM!"。

（5）实例：计算员工的工龄已满几年、几月、几天

如图2.5.9所示，A列为员工姓名，B列为员工的入职日期，要求在C、D、E列分别计算出各员工入职已满几年零几月零几天。（当前系统时间为2018-9-13。）

首先，如图所示在C2单元格输入"y"，在D2单元格输入"ym"，在E2单元格输入"md"，然后单击选择C3单元格，输入公式"=DATEDIF($B3,NOW(),C$2)"，输入完毕后按Enter键结束并向右、向下填充公式，即可计算出全部员工的工龄为已满几年零几个月零几天。

图2.5.9　DATEDIF函数的应用

2.5.10　EOMONTH函数

（1）函数功能

EOMONTH函数用于返回某个日期之前或之后相隔几个月后那个月的最后一天。

（2）语法格式

EOMONTH(start_date, months)

（3）参数说明

start_date：必需参数，表示开始日期，形式可以是输入的表示日期的序列数、单元格引用或日期文本，输入的日期文本，必须使用英文半角的双引号括起来，否则EOMONTH函数的计算将会出错。

months：必需参数，表示开始日期之后或之前的月数，正数表示未来几个月，负数表示过去几个月，如果为小数，则自动截尾取整，只保留整数部分。

（4）注意事项

start_date参数表示的日期应该以标准的日期格式输入，也可以通过使用其他函数生成，比如NOW函数、TODAY函数等，如果输入了文本，EOMONTH函数将返回错误值"#VALUE!"。

（5）实例：判断哪些年份为闰年

如图2.5.10所示，A列表示年份，要求在B列计算出哪些年份为闰年。

选择B2单元格，输入公式"=IF(DAY(EOMONTH(DATE(A2,2,1),0))=29,"闰年","")"，输入完毕后按Enter键结束并向下填充公式，即可对全部年份做出判断，是闰年的将显示"闰年"，不是的则返回为空文本。

图2.5.10　EOMONTH函数的应用

（6）函数版本

EOMONTH函数无法在Excel 2003及更早的版本中使用。

2.5.11 EDATE函数

（1）函数功能

EDATE函数用于计算某个日期相隔（之前或之后）几个月的日期。

（2）语法格式

EDATE(start_date, months)

（3）参数说明

start_date：必需参数，表示开始日期，形式可以是输入的表示日期的序列数、单元格引用或日期文本，输入的日期文本，必须使用英文半角的双引号括起来，否则EDATE函数的计算将会出错。

months：必需参数，表示开始日期之后或之前的月数，正数表示未来几个月，负数表示过去几个月，如果为小数，则自动截尾取整，只保留整数部分。

（4）注意事项

start_date参数表示的日期应该以标准的日期格式输入，也可以通过使用其他函数生成，比如NOW函数、TODAY函数等，如果输入了文本，EDATE函数将返回错误值“#VALUE!”。

（5）实例：计算还款日期

如图2.5.11所示，A列为借款日期，B列为借款期限（单位为年），要求在C列计算出还款的日期。

选择C2单元格，输入公式“=EDATE(A2,B2*12)”，输入完毕后按Enter键结束并向下填充公式，即可计算出全部还款日期。

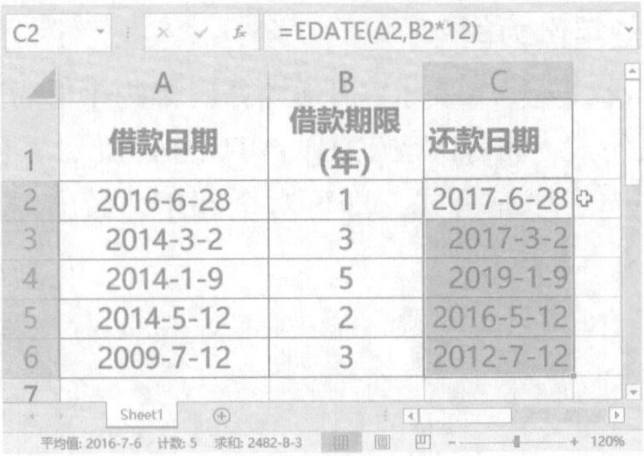

C2 =EDATE(A2,B2*12)

	A	B	C
1	借款日期	借款期限（年）	还款日期
2	2016-6-28	1	2017-6-28
3	2014-3-2	3	2017-3-2
4	2014-1-9	5	2019-1-9
5	2014-5-12	2	2016-5-12
6	2009-7-12	3	2012-7-12

图2.5.11　EDATE函数的应用

（6）函数版本

EDATE函数无法在Excel 2003及更早的版本中使用。

2.5.12　WORKDAY函数

（1）函数功能

WORKDAY函数用于计算某个日期相隔（向前或向后）指定工作日数的日期。工作日排除了周末和指定节假日。

（2）语法格式

WORKDAY(start_date, days, [holidays])

（3）参数说明

start_date：必需参数，表示开始日期，形式可以是输入的表示日期的序列数、单元格引用或日期文本，输入的日期文本必须使用英文半角的双引号括起来，否则WORKDAY函数的计算将会出错。

days：必需参数，表示在start_date参数之前或之后不包含周末和节假日的天数。正数表示到未来的天数，负数表示至过去的天数，如果为小数，则自动截尾取整，只保留整数部分。

[holidays]：可选参数，表示一个要排除在外的自定义的节假日区域，它是除了每周固定的双休日之外的其他节假日。如果省略，则表示除了周末双休日，没有其他任何节假日。

（4）注意事项

start_date参数表示的日期应该以标准的日期格式输入，也可以通过使用其他函数生成，比如NOW函数、TODAY函数等，如果输入了文本，则WORKDAY函数将返回错误值“#VALUE!”。

（5）实例①：计算项目计划完成日期（周末双休日顺延）

如图2.5.12-1所示，A列为项目名称，B列为项目开始日期，C列为计划完成需要的工作日天数，要求在D列计算出计划完成的日期，计算条件为遇周末双休日顺延。

选择D2单元格，输入公式“=WORKDAY(B2,C2)”，输入完毕后按Enter键结束并向下填充公式，即可按要求计算出全部项目的计划完成日期。

D2　=WORKDAY(B2,C2)

	A	B	C	D
1	项目	开始日期	计划工作日	计划完成日期
2	A	2018-2-25	15	2018-3-16
3	B	2018-1-22	15	2018-2-12
4	C	2018-1-14	20	2018-2-9
5	D	2018-2-13	10	2018-2-27
6	E	2018-2-8	6	2018-2-16

图2.5.12-1　WORKDAY函数的应用①

实例②：计算项目计划完成日期（周末双休日和法定节假日顺延）

如图2.5.12-2所示，A列为项目名称，B列为项目开始日期，C列为计划需要的工作日天数，要求在D列计算出计划完成的日期，计算条件为遇周末双休日和法定节假日顺延。

选择D2单元格，输入公式“=WORKDAY(B2,C2,B$9:H$15)”，输入完毕后按Enter键结束并向下填充公式，即可按要求计算出全部完成日期。其中B9:H15单元格区域为2018年的法定节假日。

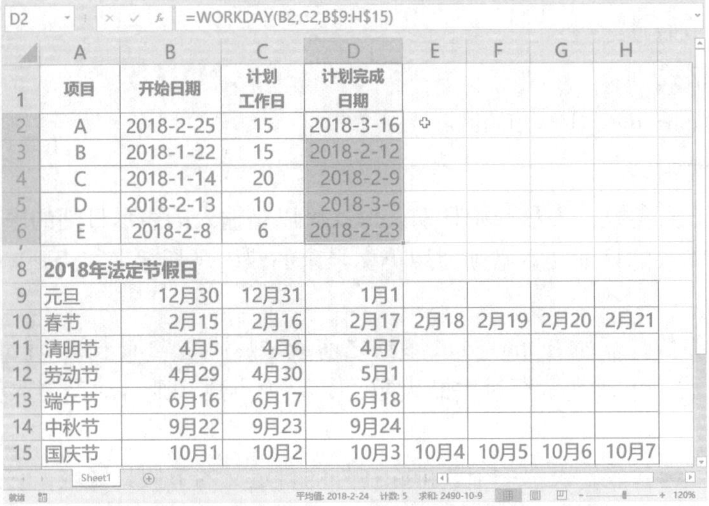

D2 =WORKDAY(B2,C2,B$9:H$15)

	A	B	C	D	E	F	G	H
1	项目	开始日期	计划工作日	计划完成日期				
2	A	2018-2-25	15	2018-3-16				
3	B	2018-1-22	15	2018-2-12				
4	C	2018-1-14	20	2018-2-9				
5	D	2018-2-13	10	2018-3-6				
6	E	2018-2-8	6	2018-2-23				
8	2018年法定节假日							
9	元旦	12月30	12月31	1月1				
10	春节	2月15	2月16	2月17	2月18	2月19	2月20	2月21
11	清明节	4月5	4月6	4月7				
12	劳动节	4月29	4月30	5月1				
13	端午节	6月16	6月17	6月18				
14	中秋节	9月22	9月23	9月24				
15	国庆节	10月1	10月2	10月3	10月4	10月5	10月6	10月7

图2.5.12-2　WORKDAY函数的应用②

（6）函数版本

WORKDAY函数无法在Excel 2003以及更早的版本中使用。

2.5.13　WORKDAY.INTL函数

（1）函数功能

WORKDAY.INTL函数用于计算某个日期相隔（向前或向后）指定工作日数的日期，可以使用参数指明哪些天是周末，有多少天是周末，周末和自定义节假日不会被计算在内。

（2）语法格式

WORKDAY.INTL(start_date, days, [weekend], [holidays])

（3）参数说明

start_date：必需参数，表示开始日期，形式可以是输入的表示日期的序列数、日期文本或单元格引用，输入的日期文本必须使用英文半角的双引号括起来，否则WORKDAY.INTL函数的计算会出错。

days：必需参数，表示在start_date参数之前或之后不包含周末和自定义节假日的天数。正数表示到未来的天数，负数表示至过去的天数，如果为小数，则自动截尾取整，只保留正数部分。

[weekend]：可选参数，表示指定一周中哪些天为不计算在内的周末的日子，有数值和字符串两种表示方式，该参数具体的取值及作用如表2.5.13所示。

表2.5.13　[weekend]参数的取值及作用

[weekend]参数取值	周末的日子
1或忽略	星期六、星期日
2	星期日、星期一
3	星期一、星期二
4	星期二、星期三
5	星期三、星期四
6	星期四、星期五
7	星期五、星期六
11	仅星期日
12	仅星期一
13	仅星期二
14	仅星期三
15	仅星期四
16	仅星期五
17	仅星期六

表2.5.13列出的是以数值形式作为[weekend]参数进行输入的情况。该参数还可以使用由0和1组成的长度为7个字符的字符串来表示，0代表工作日，1代表周末的日子，其中的每个字符代表一周中的一天，从左到右依次为星期一、星期二、星期三、星期四、星期五、星期六、星期日，例如，0000011表示将星期六和星期日作为周末的日子，这两天不会被计算在内。

[holidays]：可选参数，表示一个要被排除在外的指定节假日区域，它是除了每周固定的周末的日子之外的其他节假日。如果省略，则表示除了周末的日子之外，没有其他任何节假日。

（4）注意事项

start_date参数表示的日期应该以标准的日期格式输入，也可以通过使用其他函数生成，比如NOW函数、TODAY函数等，如果输入了文本，则WORKDAY.INTL函数返回错误值"#VALUE!"。

[weekend]：该参数的字符串长度如果无效或包含无效字符，或使用了7个1作为该参数值且days参数大于等于1，WORKDAY.INTL函数都将返回错误值"#VALUE!"。

（5）实例①：计算项目完成日期（遇星期天顺延）

如图2.5.13-1所示，A列为项目名称，B列为项目开始日期，C列为计划需要的工作日天数，要求在D列计算出计划完成的日期，计算条件为遇星期天顺延。

选择D2单元格，输入公式"=WORKDAY.INTL(B2,C2,11)"，输入完毕后按Enter键结束并向下填充公式，即可按要求计算出全部完成日期。

D2 =WORKDAY.INTL(B2,C2,11)

项目	开始日期	计划工作日	计划完成日期
A	2018-2-25	15	2018-3-14
B	2018-1-22	15	2018-2-8
C	2018-1-14	20	2018-2-6
D	2018-2-13	10	2018-2-24
E	2018-2-8	6	2018-2-15

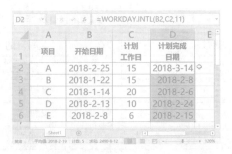

图2.5.13-1　WORKDAY.INTL函数的应用①

实例②：计算项目完成日期（遇星期天和法定节假日顺延）

如图2.5.13-2所示，A列为项目名称，B列为项目开始日期，C列为计划需要的工作日天数，要求在D列计算出计划完成的日期，计算条件为遇星期天和法定节假日顺延。

选择D2单元格，输入公式“=WORKDAY.INTL(B2,C2,11,B$9:H$15)”，输入完毕后按Enter键结束并向下填充公式，即可按要求计算出全部完成日期。其中B9:H15单元格区域为2018年的法定节假日。

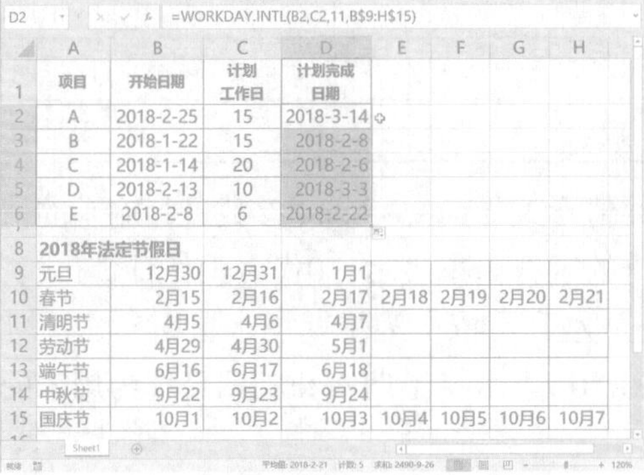

D2 =WORKDAY.INTL(B2,C2,11,B$9:H$15)

项目	开始日期	计划工作日	计划完成日期
A	2018-2-25	15	2018-3-14
B	2018-1-22	15	2018-2-8
C	2018-1-14	20	2018-2-6
D	2018-2-13	10	2018-3-3
E	2018-2-8	6	2018-2-22

2018年法定节假日

元旦	12月30	12月31	1月1				
春节	2月15	2月16	2月17	2月18	2月19	2月20	2月21
清明节	4月5	4月6	4月7				
劳动节	4月29	4月30	5月1				
端午节	6月16	6月17	6月18				
中秋节	9月22	9月23	9月24				
国庆节	10月1	10月2	10月3	10月4	10月5	10月6	10月7

图2.5.13-2　WORKDAY.INTL函数的应用②

（6）函数版本

WORKDAY.INTL函数无法在Excel 2007以及更早的版本中使用。

2.5.14　WEEKDAY函数

（1）函数功能

WEEKDAY函数用于返回某个日期对应是星期几。

（2）语法格式

WEEKDAY(serial_number,[return_type])

（3）参数说明

serial_number：必需参数，表示要判断是星期几的日期，形式可以是输入的表示日期的序列数、日期文本或单元格引用，输入的日期文本必须使用英文半角的双引号括起来。

[return_type]：必需参数，表示一个指定WEEKDAY函数返回的数字与星期几的对应关系

的数字，如果省略，则表示星期日为每周的第一天。该参数的具体取值情况参照表2.5.14。

表2.5.14　[return_type]参数的取值及其作用

[return_type]参数值	WEEKDAY函数的返回值
1或省略	数字1～7（星期日到星期六）
2	数字1～7（星期一到星期日）
3	数字0～6（星期一到星期日）

（4）注意事项

serial_number参数表示的日期应该以标准的日期格式输入，也可以通过使用其他函数生成，比如NOW函数、TODAY函数等，如果输入了文本，则WEEKDAY函数将返回错误值"#VALUE!"。

（5）实例：计算周末加班费

如图2.5.14所示，A列为某员工姓名，B列为出勤日期，要求在C列计算出该员工的加班费，计算条件：星期六和星期日上班的员工每人每天有100元的加班费。

选择C2单元格，输入公式"=IF(WEEKDAY(B2,2)>5,100,"")"，输入完毕后按Enter键结束并向下填充公式，即可按要求计算出员工双休日上班的加班费。

图2.5.14　WEEKDAY函数的应用

2.5.15　WEEKNUM函数

（1）函数功能

WEEKNUM函数用于计算某个日期是一年中的第几周。WEEKNUM函数将1月1日所在的周视为一年中的第一周。

（2）语法格式

WEEKNUM(serial_number,[return_type])

（3）参数说明

serial_number：必需参数，表示要计算一年中第几周的日期，形式可以是输入的表示日期的序列数、日期文本或单元格引用，输入的日期文本必须使用英文半角的双引号括起来，否则WEEKNUM函数的计算将会出错。

[return_type]: 可选参数,表示确定一周从哪一天开始的数字。省略或为1,表示一周是从星期日开始,一周内的天数从1到7记数;为2则表示一周是从星期一开始,一周内的天数从1到7记数。

(4)注意事项

serial_number参数表示的日期应该以标准的日期格式输入,也可以通过使用其他函数生成,比如NOW函数、TODAY函数等,如果输入了文本,则WEEKNUM函数将返回错误值"#VALUE!"。

(5)实例:根据日期计算是当月的第几周

如图2.5.15所示,A列为日期,要求在B列计算出对应日期是当月的第几周。

选择B2单元格,输入公式"=WEEKNUM(A2,2)−WEEKNUM(EOMONTH(A2,−1)+1,2)+1",输入完毕后按Enter键结束并向下填充,即可对全部日期做出计算。

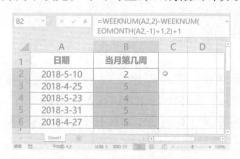

图2.5.15　WEEKNUM函数的应用

(6)函数版本

WEEKNUM函数无法在Excel 2003及更早的版本中使用。

2.5.16　NETWORKDAYS函数

(1)函数功能

NETWORKDAYS函数用于计算两个日期之间包含的工作日天数,计算中排除周末和指定节假日。

(2)语法格式

NETWORKDAYS(start_date, end_date, [holidays])

(3)参数说明

start_date:必需参数,表示开始日期,形式可以是输入的表示日期的序列数、日期文本或单元格引用,输入的日期文本必须使用英文半角的双引号括起来,否则计算将会出错。

end_date:必需参数,表示结束日期,形式可以是输入的表示日期的序列数、日期文本或单元格引用,输入的日期文本必须使用英文半角的双引号括起来,否则计算将会出错。

[holidays]:可选参数,表示一个要在计算中被排除在外的节假日区域,它是除周末之外指定的其他节假日。如果省略,则表示除了周末双休日,没有其他任何节假日。

（4）注意事项

start_date和end_date参数表示的日期应该以标准的日期格式输入，也可以通过使用其他函数生成，比如NOW函数、TODAY函数等，但如果以文本形式输入，则NETWORKDAYS函数将返回错误值“#VALUE!”。

（5）实例①：计算项目计划工作天数（不包含星期六和星期天）

如图2.5.16-1所示，A列为项目名称，B列为项目开始日期，C列为计划完成日期，要求在D列中计算各个项目计划工作的天数，计算条件为星期六和星期天不被包含在内。

选择D2单元格，输入公式“=NETWORKDAYS(B2,C2)”，输入完毕后按Enter键并向下填充公式，即可按要求计算出全部的计划工作天数。

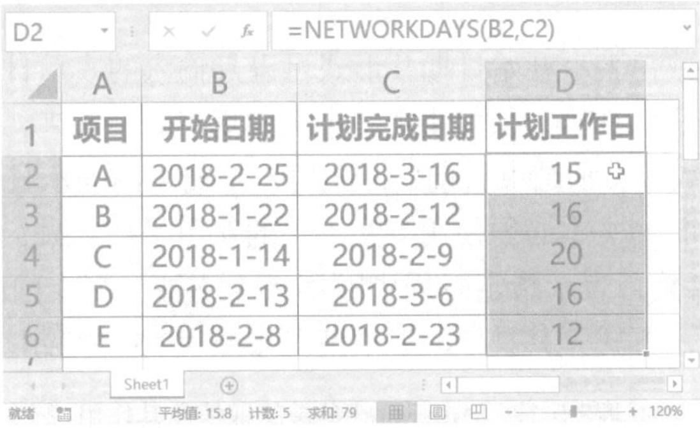

D2　=NETWORKDAYS(B2,C2)

	A	B	C	D
1	项目	开始日期	计划完成日期	计划工作日
2	A	2018-2-25	2018-3-16	15
3	B	2018-1-22	2018-2-12	16
4	C	2018-1-14	2018-2-9	20
5	D	2018-2-13	2018-3-6	16
6	E	2018-2-8	2018-2-23	12

图2.5.16-1　NETWORKDAYS函数的应用①

实例②：计算项目计划工作天数（不包含星期六、星期天和法定节假日）

如图2.5.16-2所示，A列为项目名称，B列为项目开始日期，C列为计划完成日期，要求在D列中计算各个项目的计划工作天数，计算条件为星期六、星期天和法定节假日不被包含在内。

选择D2单元格，输入公式“=NETWORKDAYS(B2,C2,B$9:H$15)”，输入完毕后按Enter键并向下填充公式，即可按要求计算出全部项目的计划工作天数。其中B9:H15单元格区域为2018年的法定节假日。

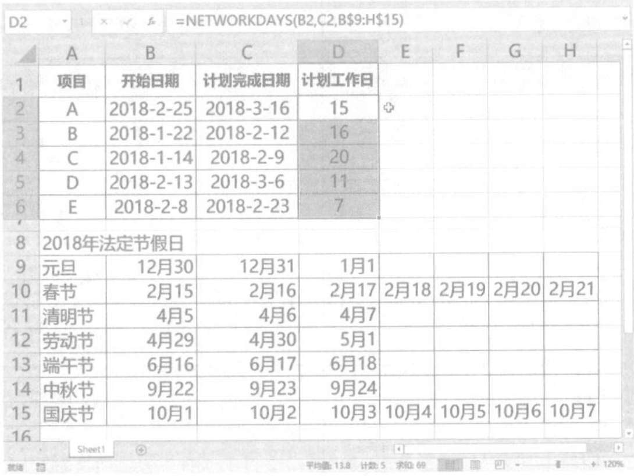

D2　=NETWORKDAYS(B2,C2,B$9:H$15)

	A	B	C	D	E	F	G	H
1	项目	开始日期	计划完成日期	计划工作日				
2	A	2018-2-25	2018-3-16	15				
3	B	2018-1-22	2018-2-12	16				
4	C	2018-1-14	2018-2-9	20				
5	D	2018-2-13	2018-3-6	11				
6	E	2018-2-8	2018-2-23	7				
8	2018年法定节假日							
9	元旦	12月30	12月31	1月1				
10	春节	2月15	2月16	2月17	2月18	2月19	2月20	2月21
11	清明节	4月5	4月6	4月7				
12	劳动节	4月29	4月30	5月1				
13	端午节	6月16	6月17	6月18				
14	中秋节	9月22	9月23	9月24				
15	国庆节	10月1	10月2	10月3	10月4	10月5	10月6	10月7

图2.5.16-2　NETWORKDAYS函数的应用②

（6）函数版本

NETWORKDAYS函数无法在Excel 2003及更早的版本中使用。

2.5.17　NETWORKDAYS.INTL函数

（1）函数功能

NETWORKDAYS.INTL函数用于计算两个日期之间包含的工作日天数，可以使用参数指明哪些是周末，以及有多少天是周末。周末和指定为节假日的日期不会被计算在内。

（2）语法格式

NETWORKDAYS.INTL(start_date, end_date, [weekend], [holidays])

（3）参数说明

start_date：必需参数，表示开始日期，形式可以是输入的表示日期的序列数、日期文本或单元格引用，输入的日期文本必须使用英文半角的双引号括起来，否则计算将会出错。

end_date：必需参数，表示结束日期，形式可以是输入的表示日期的序列数、日期文本或单元格引用，输入的日期文本必须使用英文半角的双引号括起来，否则计算将会出错。

[weekend]：可选参数，表示指定一周中哪些天为不被计算在内的周末的日子，该参数有数值和字符串两种表示方式，其具体的取值情况参照表2.5.17所示。

表2.5.17　[weekend]参数的取值及其作用

[weekend]参数取值	周末的日子
1或忽略	星期六、星期日
2	星期日、星期一
3	星期一、星期二
4	星期二、星期三
5	星期三、星期四
6	星期四、星期五
7	星期五、星期六
11	仅星期日
12	仅星期一
13	仅星期二
14	仅星期三
15	仅星期四
16	仅星期五
17	仅星期六

表2.5.17所列出的是以数值作为[weekend]参数进行输入的情况。该参数还可以使用由0和1组成的长度为7个字符的字符串来表示，0代表工作日，1代表周末的日子，其中的每个字符代表一周中的一天，从左到右依次为星期一、星期二、星期三、星期四、星期五、星期六、星期日。例如，0000011表示将星期六和星期日作为周末的日子，这两天不会被计算在内。

[holidays]：可选参数，表示一个要被排除在外的自定义的节假日区域，它是除了每周固定的双休日之外的其他节假日。如果省略，则表示除了周末双休日，没有其他任何节假日。

（4）注意事项

start_date和end_date参数表示的日期应该以标准的日期格式输入，也可以通过使用其他函数生成，比如NOW函数、TODAY函数等，如果输入了文本，则NETWORKDAYS.INTL函数将返回错误值"#VALUE!"。

如果[weekend]参数中的字符串长度无效或包含无效字符，NETWORKDAYS.INTL函数也将返回错误值"#VALUE!"。

（5）实例①：计算项目计划工作天数（不包含星期天）

如图2.5.17–1所示，A列为项目名称，B列为项目开始日期，C列为计划完成日期，要求在D列中计算各个项目的计划工作天数，计算条件为星期天不被包含在内。

选择D2单元格，输入公式"=NETWORKDAYS.INTL(B2,C2,11)"，输入完毕后按Enter键并向下填充公式，即可按要求计算出全部项目的计划工作天数。

	A	B	C	D	E
1	项目	开始日期	计划完成日期	计划工作日	
2	A	2018-2-25	2018-3-16	17	
3	B	2018-1-22	2018-2-12	19	
4	C	2018-1-14	2018-2-9	23	
5	D	2018-2-13	2018-3-6	19	
6	E	2018-2-8	2018-2-23	14	

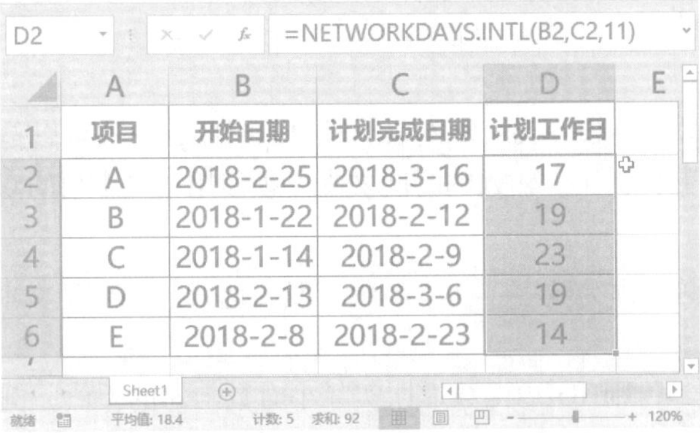

D2 = NETWORKDAYS.INTL(B2,C2,11)

图2.5.17–1　NETWORKDAYS.INTL函数的应用①

实例②：计算项目计划工作天数（不包含星期天和法定节假日）

如图2.5.17–2所示，A列为项目名称，B列为项目开始日期，C列为计划完成日期，要求在D列中计算各个项目的计划工作天数，计算条件为星期天和法定节假日不被包含在内。

选择D2单元格，输入公式"=NETWORKDAYS.INTL(B2,C2,11,B$9:H$15)"，输入完毕后按Enter键并向下填充公式，即可按要求计算出全部项目的计划工作天数。其中B9:H15单元格区域为2018年的法定节假日。

图2.5.17-2　NETWORKDAYS.INTL函数的应用②

（6）函数版本

NETWORKDAYS.INTL函数不能在Excel 2007及更早的版本中使用。

2.5.18　HOUR函数

（1）函数功能

HOUR函数用于返回时间中的小时数，返回值在0～23之间。

（2）语法格式

HOUR(serial_number)

（3）参数说明

serial_number：必需参数，表示要提取小时数的时间，形式可以是输入的表示时间的序列数、时间文本或单元格引用，输入的时间文本必须使用英文半角的双引号括起来。

（4）注意事项

HOUR函数的参数必须为数字、文本型数字或表达式。如果是文本，则HOUR函数返回错误值"#VALUE!"。

如果小时数超过24，则HOUR函数返回实际小时数与24的差值。例如，时间的小时数是25，则HOUR函数提取小时的返回值为1。

（5）实例：计算工时

如图2.5.18所示，A列为员工姓名，B列为考勤日期，C列为上班时间，D列为下班时间，要求在E列计算员工每天出勤的工时数，计算单位为小时。

选择E2单元格，输入公式"=HOUR(D2-C2)"，输入完毕后按Enter键结束并向下填充公式，即可计算出每天的出勤小时数。

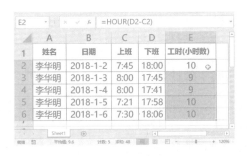

图2.5.18　HOUR函数的应用

2.5.19　MINUTE函数

（1）函数功能

MINUTE函数用于返回时间中的分钟数，返回值在0～59之间。

（2）语法格式

MINUTE(serial_number)

（3）参数说明

serial_number：必需参数，表示要提取分钟数的时间，形式可以是输入的表示时间的序列数、时间文本或单元格引用，输入的时间文本必须使用英文半角的双引号括起来。

（4）注意事项

MINUTE函数的参数必须为数字、文本型数字或表达式，如果是文本，则MINUTE函数返回错误值"#VALUE!"。

如果分钟数超过60，则MINUTE函数将提取实际分钟数与60之间的差值。例如时间的分钟数是70，那么MINUTE函数提取分钟的返回值是10。

（5）实例：计算工时

如图2.5.19所示，A列为员工姓名，B列为考勤日期，C列为上班时间，D列为下班时间，要求在E列计算员工每天出勤的工时数，计算单位为分钟。

选择E2单元格，输入公式"=HOUR(D2-C2)*60+MINUTE(D2-C2)"，输入完毕后按Enter键结束并向下填充公式，即可计算出每天出勤的分钟数。

图2.5.19　MINUTE函数的应用

2.5.20　SECOND函数

（1）函数功能

SECOND函数用于返回时间中的秒数，返回值在0～59之间。

（2）语法格式

SECOND(serial_number)

（3）参数说明

serial_number：必需参数，表示要提取秒数的时间，形式可以是输入的表示时间的序列数、时间文本或单元格引用，输入的时间文本必须使用英文半角的双引号括起来。

（4）注意事项

SECOND函数的参数必须为数字、文本型数字或表达式，如果是文本，则SECOND函数返回错误值"#VALUE!"。

如果秒数超过60，则MINUTE函数将提取实际秒数与60之间的差值。例如时间的秒数是65，那么SECOND函数提取秒数的返回值是5。

2.5.21　TIME函数

（1）函数功能

TIME函数用于返回由时、分、秒组成的时间序列数，为一个小数，在0～0.99999999之间。

（2）语法格式

TIME(hour, minute, second)

（3）参数说明

hour：必需参数，表示小时的数字，形式可以是直接输入的数字或单元格引用。

minute：必需参数，表示分钟的数字，形式可以是直接输入的数字或单元格引用。

second：必需参数，表示秒数的数字，形式可以是直接输入的数字或单元格引用。

（4）注意事项

所有的参数都必须为数字、文本型数字或表达式。如果是文本，则TIME函数返回错误值"#VALUE!"。

hour参数将任何大于23的数值除以24的除数作为小时，minute参数将任何大于59的数值转换为小时和分钟，second参数将任何大于59的数值转换为小时、分钟和秒。

2.6　数学函数

数学函数是Excel中非常重要的函数，使用数学函数可以对数据进行快速的处理和计算，如取整、舍入、求和等，本节将详细介绍各数据函数的功能、语法、参数和使用说明等。

2.6.1　ABS函数

（1）函数功能

ABS函数用于返回数字的绝对值，正数和0返回本身，负数则返回相反数。

（2）语法格式

ABS(number)

（3）参数说明

number：必需参数，表示要返回绝对值的数字，可以是输入的数字或单元格引用。

（4）注意事项

参数必须为数字、文本型数字或逻辑值，如果是文本，则返回错误值"#VALUE!"。

（5）实例：判断项目是否合格

如图2.6.1所示，A列为项目名称，B列为样本1，C列为样本2，要求在D列判断各个项目是否合格，不合格显示为"不合格"，合格则显示空文本。判断条件：样本1与样本2相加，结果值在-10到10之间为合格，超过这个范围则为不合格。

选择D2单元格，输入公式"=IF(ABS(B2+C2)<=10,"","不合格")"，输入完毕后按Enter键结束并向下填充，即可按要求完成对全部项目的判断。

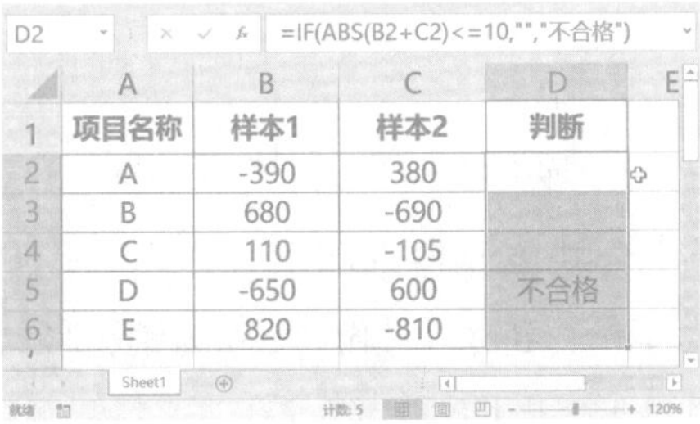

图2.6.1　ABS函数的应用

2.6.2　SUM函数

（1）函数功能

SUM函数用于计算数字的总和，是Excel里最常用的函数之一。

（2）语法格式

SUM(number1,[number2], ...)

（3）参数说明

number1：必需参数，表示要求和的第1个数字，形式可以是直接输入的数字、单元格引用或数组。

[number2]：可选参数，表示要求和的第2个数字，形式可以是直接输入的数字、单元格引用或数组。

以此类推，最多可以包含255个参数。

（4）注意事项

如果在SUM函数中直接输入参数的值，那么参数必须为数字、文本型数字或逻辑值，如果是文本，则SUM函数返回错误值"#VALUE!"。

如果使用单元格引用或数组作为SUM函数的参数，那么参数必须为数字，其他类型的值都将被忽略。

（5）实例①：计算2017年和2018年的总销售额

图2.6.2-1为某公司的销售数据，如图所示，A列为月份，B列为2017年销售额，C列为2018年销售额，要求计算出2017年和2018年的总销售额。

单击选择F2单元格，输入公式"=SUM(B2:B7,C2:C7)"，输入完毕后按Enter键结束即可得出计算结果为7230。选择F3单元格，输入公式"=SUM(B2:C7)"，输入完毕后按Enter键结束，得出的结果也是7230，与F2单元格中的计算结果一致。

图2.6.2-1　SUM函数的应用①

实例②：计算季度合计（合并单元格求和）

如图2.6.2-2所示，A列为年份，B列为月份，C列为销售额，D列为每个季度进行合并的单元格，要求在D列中计算出每个季度的销售额合计。

如图所示，选择要做求和计算的单元格区域D2:D7，输入公式"=SUM(C2:C$7)-SUM(D3:D$7)"，输入完毕后按Ctrl+Enter组合键结束，即可按要求计算出结果。计算的结果如图2.6.2-3所示。

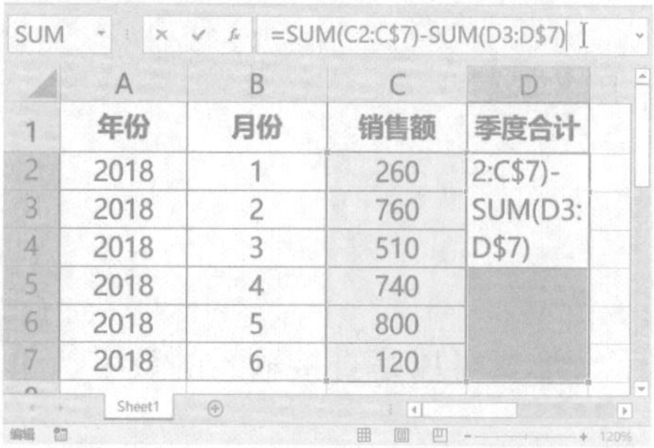

图2.6.2-2　SUM函数的应用②（合并单元格求和）

图2.6.2-3　合并单元格求和

2.6.3　SUMIF函数

（1）函数功能

SUMIF函数用于计算单元格区域中符合某个指定条件的所有数字的总和。

（2）语法格式

SUMIF(range,criteria,[sum_range])

（3）参数说明

range：必需参数，表示要进行条件判断的单元格区域。

criteria：必需参数，表示要进行判断的条件，形式可以是数字、文本字符串或表达式。比较运算符和文本字符串必须用英文半角的双引号括起来。

[sum_range]：可选参数，表示根据条件判断的结构要进行计算的单元格区域。如果省略，则使用range参数的单元格区域。该参数可以简写，即只写出该区域左上角的单元格，SUMIF函数会自动从该单元格扩展相应的区域范围。

（4）注意事项

可以在criteria参数中使用通配符“?”和“*”，“?”用于匹配任意一个字符，“*”用于匹配任意多个字符。

range参数和[sum_range]参数必须为单元格引用，不能是数组。

（5）实例①：计算每年的销售额

如图2.6.3-1所示，A列为年份，B列为季度，C列为销售额，要求在F1和F2单元格中分别计算出2017年全年和2018年全年的销售额合计。

选择F1单元格，输入公式“=SUMIF(A$2:A$7,E1,C$2)”，输入完毕后按Enter键结束并向下填充公式，即可计算出每年的销售额合计。（E1:E2单元格中的“年”不是直接输入的，而是通过单元格格式设置完成的。）

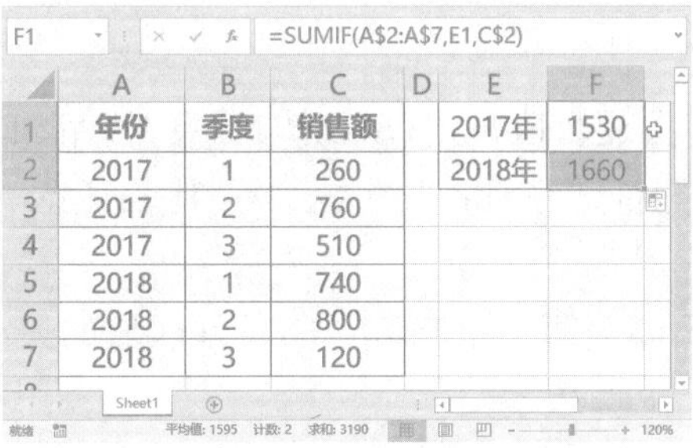

F1　=SUMIF(A$2:A$7,E1,C$2)

	A	B	C	D	E	F
1	年份	季度	销售额		2017年	1530
2	2017	1	260		2018年	1660
3	2017	2	760			
4	2017	3	510			
5	2018	1	740			
6	2018	2	800			
7	2018	3	120			

图2.6.3-1　SUMIF函数的应用①

实例②：计算入库和出库合计（隔列求和）

如图2.6.3-2所示，A列为商品名称，B、D、F列为1～3日的入库数量，C、E、G列为1～3日的出库数量，要求在H列和I列中分别计算1～3日的入库数量合计和出库数量合计。

选择H3单元格，输入公式“=SUMIF($B$2:$G$2,H$2,$B3:$G3)”，输入完毕后按Enter键结束并向右、向下填充公式，即可完成全部商品的出入库数量合计。

图2.6.3-2　SUMIF函数的应用②

2.6.4　SUMIFS函数

（1）函数功能

SUMIFS函数用于计算单元格区域中符合多个指定条件的数字的总和。

（2）语法格式

SUMIFS(sum_range, criteria_range1, criteria1, [criteria_range2], [criteria2], ...)

（3）参数说明

sum_range：必需参数，表示要求和的单元格区域。

criteria_range1：必需参数，表示要作为条件进行判断的第1个单元格区域。

criteria1：必需参数，表示要进行判断的第1个条件，形式可以是数字、文本或表达式。比较运算符和文本字符串必须用英文半角的双引号括起来。

[criteria_range2]：可选参数，表示要作为条件进行判断的第2个单元格区域。

[criteria2]：可选参数，表示要进行判断的第2个条件，形式可以是数字、文本或表达式。比较运算符和文本字符串必须用英文半角的双引号括起来。

以此类推，最多可以包含127对区域/条件值。

（4）注意事项

sum_range参数中如果包含逻辑值，则TRUE按1计算，FALSE按0计算。

criteria参数可以使用通配符"?"和"*"，"?"代表任意一个字符，"*"代表任意多个字符。

SUMIFS函数中的参数不能简写，求和区域与条件区域的大小和形状必须一致，否则公式将会出错。

（5）实例：计算某年某季度的销售额合计

如图2.6.4所示，A列为年份，B列为季度，C列为月份，D列为销售额，要求在H2:H3单元格区域中分别计算出2017年第2季度和2018年第2季度的总销售额。

单击选择H2单元格，输入公式"=SUMIFS(D$2:D$13,A$2:A$13,F2,B$2:B$13,G2)"，输入完毕后按Enter键结束并向下填充公式，即可完成计算。

图2.6.4　SUMIFS函数的应用

2.6.5　SUBTOTAL函数

（1）函数功能

SUBTOTAL函数用于返回列表中的分类汇总。

（2）语法格式

SUBTOTAL(function_num,ref1,[ref2],...)

（3）参数说明

function_num：必需参数，表示要对列表进行的汇总方式，为1～11（包含隐藏值，忽略筛选值）或101～111（忽略隐藏值和筛选值）之间的数字。该参数的具体取值及其含义参照表2.6.5所示。

表2.6.5　function_num参数的取值及对应函数

function_num参数		对应函数	函数功能
包含隐藏值	忽略隐藏值		
1	101	AVERAGE	统计平均值
2	102	COUNT	统计数值单元格数
3	103	COUNTA	统计非空单元格数
4	104	MAX	统计最大值
5	105	MIN	统计最小值
6	106	PRODUCT	乘积
7	107	STDEV	统计标准偏差
8	108	STDEVP	统计总体标准偏差
9	109	SUM	求和
10	110	VAR	统计方差
11	111	VARP	统计总体方差

ref1：必需参数，表示要进行统计的第1个区域。

[ref2]：可选参数，表示要进行统计的第2个区域。

以此类推，最多可包含254个区域。

（4）注意事项

function_num参数必须为1～11或101～111以内的数字，如果是文本，则SUBTOTAL函数返回错误值"VALUE!"。

SUBTOTAL函数只能用于数据列或垂直区域，不能用于数据行或水平区域。当function_num参数的值在101～111之间，且ref参数引用了包含隐藏列的多列时，SUBTOTAL函数仍然会对包含隐藏列在内的所有列进行统计。

（5）实例①：对筛选出来的部门工资求和

如图2.6.5-1所示，A列为公司部门，B列为员工姓名，C列为工资金额，要求在E2单元格对筛选后的部门工资进行求和。

单击选择E2单元格，输入公式"=SUBTOTAL(9,C2:C10)"，输入完毕后按Enter键结束即可完成计算，该公式只对筛选后显示出来的工资金额进行求和计算。因为当前工作表并没有进行筛选，因此求和结果等同于使用SUM函数求和的结果，都是全部记录的合计金额。

当为工作表添加筛选按钮并筛选出"销售部"时，E2单元格显示的就是"销售部"的工资总额，如图2.6.5-2所示。

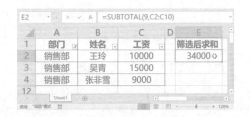

图2.6.5-1　SUBTOTAL函数的应用①　　　　图2.6.5-2　筛选后求和的结果

当使用鼠标右键对整行进行普通隐藏的时候，如果要只计算显示出来的数据，那么SUBTOTAL函数的第一参数，就不能使用一位数的参数，必须使用三位数的参数，如图2.6.5-3所示。

图2.6.5-3　SUBTOTAL函数的应用②

一位数的参数只能忽略掉筛选隐藏的数据，而无法忽略掉普通隐藏的数据。三位数的参数，既可以忽略掉筛选隐藏的数据，也可以忽略掉普通隐藏的数据。

实例②：设置筛选后不间断的序号

如图2.6.5–4所示，B列为公司部门，C列为员工姓名，D列为工资金额。要求在A列对数据记录添加序号，设置条件为在筛选时序号不会间断。

选择A2单元格，输入公式“=SUBTOTAL(3,B$2:B2)”，按Enter键结束并向下填充公式，如图2.6.5–4所示。

设置效果如图2.6.5–5所示，当筛选出“销售部”“技术部”时，A列的序号仍然从1开始，依次排序。

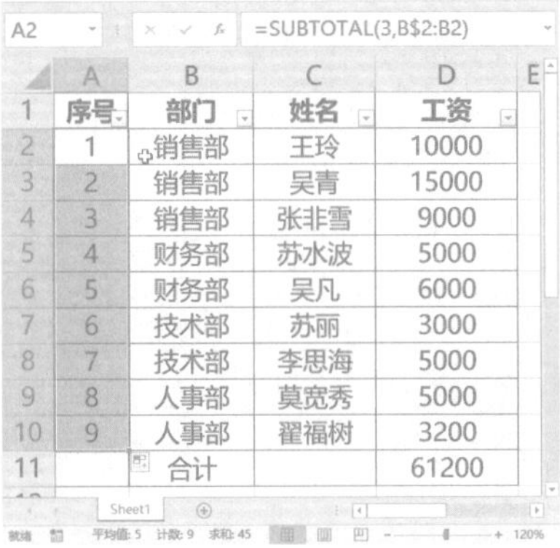

A2　=SUBTOTAL(3,B$2:B2)

	A	B	C	D
1	序号	部门	姓名	工资
2	1	销售部	王玲	10000
3	2	销售部	吴青	15000
4	3	销售部	张非雪	9000
5	4	财务部	苏水波	5000
6	5	财务部	吴凡	6000
7	6	技术部	苏丽	3000
8	7	技术部	李思海	5000
9	8	人事部	莫宽秀	5000
10	9	人事部	翟福树	3200
11		合计		61200

图2.6.5–4　SUBTOTAL函数的应用③

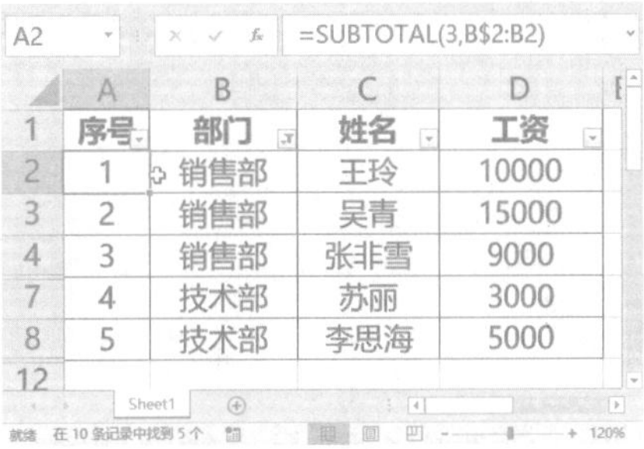

A2　=SUBTOTAL(3,B$2:B2)

	A	B	C	D
1	序号	部门	姓名	工资
2	1	销售部	王玲	10000
3	2	销售部	吴青	15000
4	3	销售部	张非雪	9000
7	4	技术部	苏丽	3000
8	5	技术部	李思海	5000
12				

图2.6.5–5　筛选后序号也不间断的公式

2.6.6　SUMPRODUCT函数

（1）函数功能

SUMPRODUCT函数用于计算几组对应的数组或单元格区域的乘积之和。

（2）语法格式

SUMPRODUCT(array1, [array2], [array3], ...)

（3）参数说明

array1：必需参数，表示要参与计算的第1个数组或区域。

[array2]：可选参数，表示要参与计算的第2个数组或区域。

[array3]：可选参数，表示要参与计算的第3个数组或区域。

以此类推，最多可包含255个数组或区域。

（4）注意事项

SUMPRODUCT函数如果只有一个参数，则SUMPRODUCT函数直接返回该参数中的各元素之和。如果包含多个参数，那么每个参数之间的尺寸必须相同，否则SUMPRODUCT函数将返回错误值“#VALUE!”。例如第1个参数为A2:A5，那么第2个参数就要是B2:B5或B3:B6，而不能是B2:B6。

如果参数中包含有非数值类型的数据，则SUMPRODUCT函数将其按0进行处理。

（5）实例①：计算所有商品的总金额

如图2.6.6-1所示，A列为商品名称，B列为销售数量，C列为销售单价，要求在E2单元格计算出所有商品的销售总金额，计算条件为数量乘以单价后的金额合计。

通过2.1.8小节的学习，我们知道可以使用数组公式做出一步的计算，在E2单元格输入公式“=SUM(B2:B6*C2:C6)”，输入完成后按下Ctrl+Shift+Enter组合键结束，即可一步得出计算结果。而使用SUMPRODUCT函数，同样可以完成该类计算，并且不需要执行数组运算。

选择E2单元格，输入公式“=SUMPRODUCT(B2:B6,C2:C6)”，按Enter键结束即可完成计算，计算结果如图2.6.6-1所示。

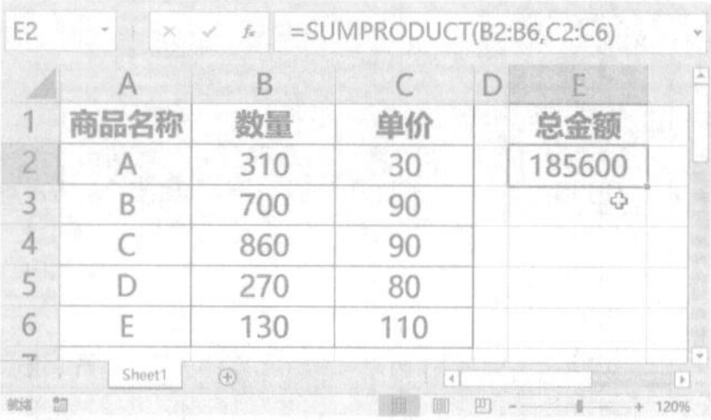

E2 =SUMPRODUCT(B2:B6,C2:C6)

	A	B	C	D	E
1	商品名称	数量	单价		总金额
2	A	310	30		185600
3	B	700	90		
4	C	860	90		
5	D	270	80		
6	E	130	110		

图2.6.6-1　SUMPRODUCT函数的应用①

实例②：计算第1组3月份的销售额

通过使用SUMPRODUCT函数，还可以做条件求和以及多条件求和，在直接使用SUMIF或SUMIFS函数受限时，可以使用SUMPRODUCT函数。如图2.6.6-2所示，要求计算3月份1组的销售额，在E2单元格中输入公式“=SUMPRODUCT((MONTH(A2:A10)=3)*(B2:B10="1组")*C2:C10)”，输入完毕后按Enter键结束即可完成计算。

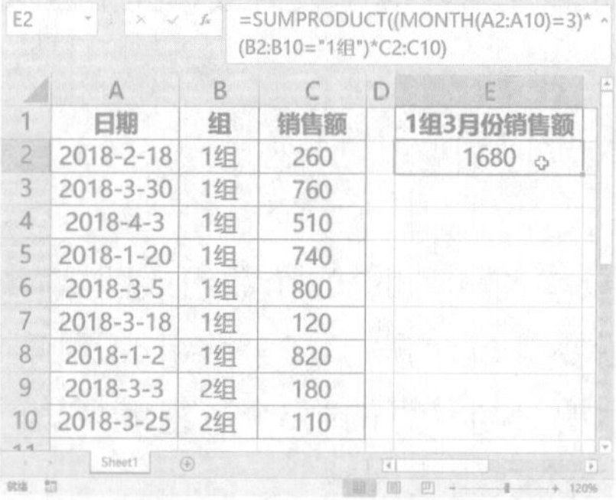

E2 =SUMPRODUCT((MONTH(A2:A10)=3)*(B2:B10="1组")*C2:C10)

	A	B	C	D	E
1	日期	组	销售额		1组3月份销售额
2	2018-2-18	1组	260		1680
3	2018-3-30	1组	760		
4	2018-4-3	1组	510		
5	2018-1-20	1组	740		
6	2018-3-5	1组	800		
7	2018-3-18	1组	120		
8	2018-1-2	1组	820		
9	2018-3-3	2组	180		
10	2018-3-25	2组	110		

图2.6.6-2　SUMPRODUCT函数的应用②

2.6.7　INT函数

（1）函数功能

INT函数用于将数字无条件向下舍入到最接近原值并小于原值的整数，无论原值是正数还是负数。

（2）语法格式

INT(number)

（3）参数说明

number：必需参数，表示要向下舍入取整的数字，形式可以是直接输入的数字、单元格引用或数组。

（4）注意事项

参数必须为数字、文本型数字或逻辑值。如果是文本，则INT函数返回错误值“#VALUE!”。

（5）实例①：对销售金额只保留整数部分

如图2.6.7-1所示，A列为日期，B列为销售金额，要求在C列对销售金额进行取整，只保留整数部分。

选择C2单元格，输入公式“=INT(B2)”，输入完毕后按Enter键结束并向下填充公式，即可完成全部计算。

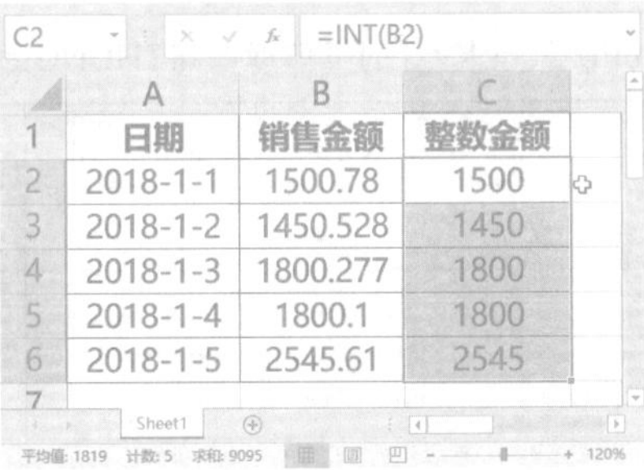
C2　=INT(B2)

	A	B	C
1	日期	销售金额	整数金额
2	2018-1-1	1500.78	1500
3	2018-1-2	1450.528	1450
4	2018-1-3	1800.277	1800
5	2018-1-4	1800.1	1800
6	2018-1-5	2545.61	2545

图2.6.7-1　INT函数的应用①

实例②：对日期时间值提取日期值

如图2.6.7-2所示，A列为日期+时间值，要求在B列提取出其中的日期值。选择B2单元格，输入公式“=INT(A2)”，输入完毕后按Enter键结束，并将公式向下填充至最后一条数据记录，即可完成全部提取。

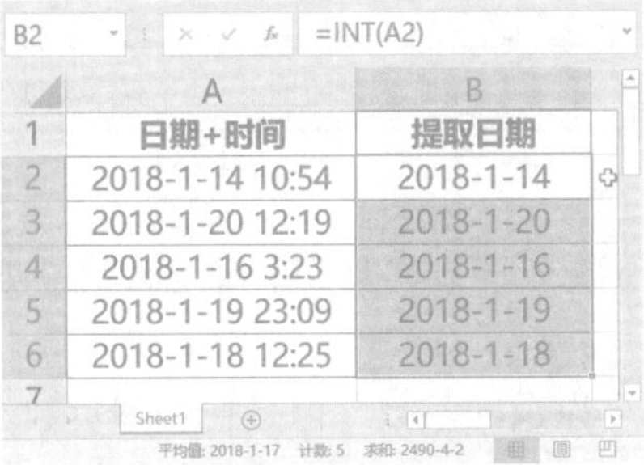
B2　=INT(A2)

	A	B
1	日期+时间	提取日期
2	2018-1-14 10:54	2018-1-14
3	2018-1-20 12:19	2018-1-20
4	2018-1-16 3:23	2018-1-16
5	2018-1-19 23:09	2018-1-19
6	2018-1-18 12:25	2018-1-18

图2.6.7-2　INT函数的应用②

2.6.8 TRUNC函数

（1）函数功能

TRUNC函数用于截去数字的一部分。

（2）语法格式

TRUNC(number, [num_digits])

（3）参数说明

number：必需参数，表示要截去小数部分的数字，可以是直接输入的数值或单元格引用。

[num_digits]：可选参数，表示要保留的数字位数，如果忽略则只保留整数部分。当该参数为正数时，其值作用在小数点的右边，决定要保留的小数位数；当该参数为负数时，其值作用于小数点的左边，决定要保留的整数位数。例如，TRUNC(56.59,1)返回结果为56.5，而TRUNC(56.59,–1)返回结果为50。该参数的具体取值与TRUNC函数的返回值参照表2.6.8所示。

表2.6.8　[num_digits]参数的具体取值与TRUNC函数的返回值

要舍入的数字	num_digits参数值	TRUNC函数返回值
165.258	2	165.25
165.258	1	165.2
165.258	0	165
165.258	–1	160
165.258	–2	100
–165.258	2	–165.25
–165.258	1	–165.2
–165.258	0	–165
–165.258	–1	–160
–165.258	–2	–100

（4）注意事项

TRUNC函数的参数必须为数字、文本型数字或逻辑值。如果是文本，则TRUNC函数返回错误值"#VALUE!"。

TRUNC函数与INT函数都可以返回整数，但是在处理负数上有所不同，TRUNC函数不论正负，都只是截掉一部分，保留的部分与原值相同。而INT函数对于负数会返回最接近原值且小于原值的整数。例如，TRUNC(–4.5)返回结果为–4，而INT(–4.5)返回结果为–5。

（5）实例：取数字的两位小数

如图2.6.8所示，A列为给出的数据，要求在B列对A列的数据提取出两位小数。

选择B2单元格，输入公式"=TRUNC(A2,2)–INT(A2)"，输入完毕后按Enter键结束并向下填充公式，即可完成提取。

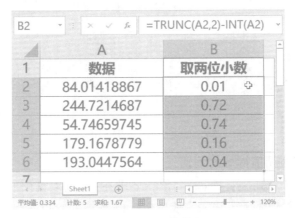

图2.6.8　TRUNC函数的应用

2.6.9　MOD函数

（1）函数功能

MOD函数用于计算两个数字相除的余数。

（2）语法格式

MOD(number, divisor)

（3）参数说明

number：必需参数，表示被除数，形式可以是直接输入的数字、单元格引用或数组。

divisor：必需参数，表示除数，形式可以是直接输入的数字、单元格引用或数组。如果该参数为0，则MOD函数返回错误值"#DIV/0!"。

（4）注意事项

number和divisor参数都必须为数字、文本型数字或逻辑值。如果是文本，MOD函数返回错误值"#VALUE!"。

number和divisor参数，如果都为正数或都为负数，则MOD函数求余的部分；如果一负一正，则MOD函数求差的部分。

MOD函数计算结果的正负号，与除数相同。

（5）实例①：取数字的小数部分

如图2.6.9–1所示，A列为给出的数据，要求在B列对数据提取出小数部分。

选择B2单元格，输入公式"=MOD(A2,1)"，输入完毕后按Enter键并向下填充，即可完成全部计算。

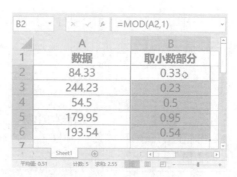

图2.6.9-1　MOD函数的应用①

实例②：对日期时间值提取时间值

如图2.6.9-2所示，A列为日期+时间值，要求在B列提取其中的时间值。选择B2单元格，输入公式"=MOD(A2,1)"，输入完成后按Enter键结束，并将公式向下填充至最后一条数据记录，即可完成全部提取。

图2.6.9-2　MOD函数的应用②

2.6.10　ROUND函数

（1）函数功能

ROUND函数用于对数字进行四舍五入，并指定要保留的位数。

（2）语法格式

ROUND(number, num_digits)

（3）参数说明

number：必需参数，表示要四舍五入的数字，可以是直接输入的数字、单元格引用或数组。

num_digits：必需参数，表示最终要保留的数字位数。如果该参数大于0，则ROUND函数四舍五入到指定的小数位；如果该参数等于0或省略，则ROUND函数四舍五入到最接近的整数；如果该参数小于0，则ROUND函数在小数点左侧对整数部分进行四舍五入。该参数的具体取值与ROUND函数返回值情况参照表2.6.10所示。

表2.6.10　num_digits参数的取值与ROUND函数的返回值

要舍入的数字	num_digits参数值	ROUND函数返回值
165.258	2	165.26
165.258	1	165.3
165.258	0	165
165.258	−1	170
165.258	−2	200
−165.258	2	−165.26
−165.258	1	−165.3
−165.258	0	−165
−165.258	−1	−170
−165.258	−2	−200

（4）注意事项

number和num_digits参数必须为数字、文本型数字或逻辑值，如果是文本，则ROUND函数返回错误值"#VALUE!"。

2.6.11　ROUNDUP函数

（1）函数功能

ROUNDUP函数用于将数字朝着远离 0（绝对值增大）的方向进行向上舍入，并指定要保留的位数。

（2）语法格式

ROUNDUP(number, num_digits)

（3）参数说明

number：必需参数，表示要向上舍入的数字，形式可以是直接输入的数字、单元格引用或数组。

num_digits：必需参数，表示最终要保留的数字位数。如果该参数大于0，则ROUNDUP函数向上舍入到指定的小数位；如果该参数等于0或省略，则ROUNDUP函数向上舍入到最接近的整数；如果该参数小于0，则ROUNDUP函数对小数点左侧的整数部分进行向上舍入。该参数的具体取值与ROUNDUP函数返回值情况参照表2.6.11所示。

表2.6.11　num_digits参数取值与ROUNDUP函数返回值

要舍入的数字	num_digits参数值	ROUNDUP函数返回值
165.258	2	165.26

（续上表）

要舍入的数字	num_digits参数值	ROUNDUP函数返回值
165.258	1	165.3
165.258	0	166
165.258	−1	170
165.258	−2	200
−165.258	2	−165.26
−165.258	1	−165.3
−165.258	0	−166
−165.258	−1	−170
−165.258	−2	−200

（4）注意事项

number和num_digits参数必须是数字、文本型数字或逻辑值，如果是文本，则ROUNDUP函数返回错误值"#VALUE!"。

2.6.12　ROUNDDOWN函数

（1）函数功能

ROUNDDOWN函数用于将数字朝着0（绝对值减小）的方向进行向下舍入，并指定要保留的位数。

（2）语法格式

ROUNDDOWN(number, num_digits)

（3）参数说明

number：必需参数，表示要向下舍入的数字，形式可以是直接输入的数字、单元格引用或数组。

num_digits：必需参数，表示最终要保留的数字位数。如果该参数大于0，则ROUNDDOWN函数向下舍入到指定的小数位；如果该参数等于0，则ROUNDDOWN函数向下舍入到最接近的整数；如果该参数小于0，则ROUNDDOWN函数对小数点左侧的整数部分进行向下舍入。该参数的具体取值与ROUNDDOWN函数返回值情况参照表2.6.12所示。

表2.6.12　num_digits参数取值与ROUNDDOWN函数返回值

要舍入的数字	num_digits参数值	ROUNDDOWN函数返回值
165.258	2	165.25
165.258	1	165.2
165.258	0	165

（续上表）

要舍入的数字	num_digits参数值	ROUNDDOWN函数返回值
165.258	–1	160
165.258	–2	100
–165.258	2	–165.25
–165.258	1	–165.2
–165.258	0	–165
–165.258	–1	–160
–165.258	–2	–100

（4）注意事项

number和num_digits参数必须为数字、文本型数字或逻辑值，如果是文本，则ROUNDDOWN函数返回错误值"#VALUE!"。

2.6.13　CEILING函数

（1）函数功能

CEILING函数用于将数字沿绝对值增大的方向向上舍入为最接近的指定基数的倍数。

（2）语法格式

CEILING(number, significance)

（3）参数说明

number：必需参数，表示要进行舍入计算的数字，形式可以是直接输入的数字、单元格引用或数组。

significance：必需参数，表示指定的基数。该参数的具体取值与CEILING函数返回值情况参照表2.6.13所示。

表2.6.13　significance参数取值与CEILING函数返回值

要舍入的数字	significance参数值	CEILING函数返回值
21	1	21
21	2	22
21	3	21
21	–1	#NUM!
21	–2	#NUM!
21	–3	#NUM!
–21	1	–21

（续上表）

要舍入的数字	significance参数值	CEILING函数返回值
−21	2	−20
−21	3	−21
−21	−1	−21
−21	−2	−22
−21	−3	−21

（4）注意事项

number和significance参数必须是数字、文本型数字或逻辑值，如果是文本，则CEILING函数返回错误值"#VALUE!"。

如果number和significance参数的符号一致，则CEILING函数将对number参数按绝对值增大的方向舍入。

如果number参数为正，且significance参数为负，CEILING函数将返回错误值"#NUM!"。

如果number参数为负，且significance参数为正，则CEILING函数将对number参数按绝对值减小的方向舍入。

但在Excel 2007及更早的版本中，number和significance参数的符号必须一致，否则CEILING函数将返回错误值"#NUM!"。

（5）实例：计算停车费

如图2.6.13所示，A列为车牌号码，B列为停车的时间，要求在C列计算出停车费用，计算条件为每小时10元，不足半小时的按半小时计算，不足一小时的按一小时计算。

选择C2单元格，输入公式"=CEILING(B2,0.5)*10"，输入完毕后按Enter键并向下填充公式，即可完成全部计算。

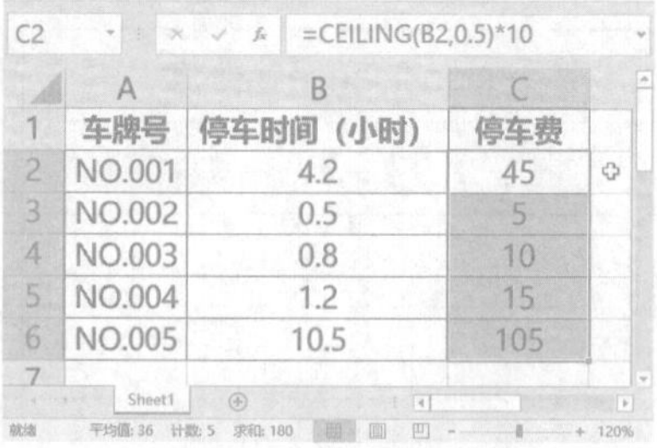

图2.6.13　CEILING函数的应用

2.6.14　FLOOR函数

（1）函数功能

FLOOR函数用于将数字沿绝对值减小的方向向下舍入为最接近的指定基数的倍数。

（2）语法格式

FLOOR(number, significance)

（3）参数说明

number：必需参数，表示要进行舍入计算的数字，形式可以是直接输入的数字、单元格引用或数组。

significance：必需参数，表示指定的基数。该参数的具体取值与FLOOR函数返回值情况如表2.6.14所示。

表2.6.14　significance参数取值与FLOOR函数返回值

要舍入的数字	significance参数值	FLOOR函数返回值
21	1	21
21	2	20
21	3	21
21	−1	#NUM!
21	−2	#NUM!
21	−3	#NUM!
−21	1	−21
−21	2	−22
−21	3	−21
−21	−1	−21
−21	−2	−20
−21	−3	−21

（4）注意事项

number和significance参数必须是数字、文本型数字或逻辑值，如果是文本，则FLOOR函数返回错误值"#VALUE!"。

如果number和significance参数的符号一致，则FLOOR函数将对number参数按绝对值减小的方向舍入。

如果number参数为正，且significance参数为负，则FLOOR函数将返回错误值"#NUM!"。

如果number参数为负，且significance参数为正，则FLOOR函数将对number参数按绝对值增大的方向舍入。

但在Excel 2007及更早的版本中，number和significance参数的符号必须一致，否则FLOOR函数将返回错误值"#NUM!"。

（5）实例：计算销售提成

如图2.6.14所示，A列为员工工号，B列为销售额，要求在C列根据B列的销售额计算出各员工的销售提成，计算条件为每超过5000元，奖励300元，剩余金额小于5000元时忽略不计。

选择C2单元格，输入公式"=FLOOR(B2,5000)/5000*300"，输入完毕后按Enter键结束并向下填充公式，即可完成计算。

图2.6.14　FLOOR函数的应用

2.6.15　RANDBETWEEN函数

（1）函数功能

RANDBETWEEN函数返回位于两个指定数字之间的一个随机整数，并且于每次计算工作表时都将返回一个新的随机整数。

（2）语法格式

RANDBETWEEN(bottom, top)

（3）参数说明

bottom：必需参数，表示要返回的最小整数，形式可以是直接输入的数字、日期文本或单元格引用。日期文本必须用英文半角的双引号括起来。

top：必需参数，表示要返回的最大整数，形式可以是直接输入的数字、日期文本或单元格引用。日期文本必须用英文半角的双引号括起来。

（4）注意事项

RANDBETWEEN函数的参数都必须是数字、文本型数字或逻辑值，如果是文本，则RANDBETWEEN函数返回错误值"#VALUE!"。top参数不能小于bottom参数，否则RANDBETWEEN函数将返回错误值"#NUM!"。如果参数中包含了小数，则RANDBETWEEN函数将会自动对小数截尾取整，只保留整数部分。

（5）函数版本

RANDBETWEEN函数无法在Excel 2003及更早的版本中使用。

2.6.16　N函数

（1）函数功能

N函数用于将数据内容转换为数值。

（2）语法格式

N(value)

（3）参数说明

value：必需参数，表示要转换的值，不同数据类型的值经过N函数转换后会返回不同的值，具体转换情况如表2.6.16所示。

表2.6.16　value参数值及N函数返回值

value参数值	N函数返回值
89	89
–89	–89
50	0
Excel	0
TRUE	1
FALSE	0
#DIV/0!	#DIV/0!
2015–6–24	42179

注：此表中的value参数值"50"是文本型数值。

2.7　文本函数

文本函数可以对文本字符串进行各种操作，例如提取文本、合并文本、转换数据类型等，功能非常强大。本节将详细介绍常用文本函数的功能、语法、参数及使用说明等。

2.7.1　LEN和LENB函数

（1）函数功能

LEN函数用于计算文本中的字符个数。

LENB函数用于计算文本中的字节数。一个全角字符等于2个字节，一个半角字符等于1个字节，一个汉字等于2个字节。

（2）语法格式

LEN(text)

LENB(text)

（3）参数说明

text：必需参数，表示要计算字符个数（字节数）的文本，形式可以是直接输入的文本、数字或单元格引用和数组。

（4）实例①：计算文本的字符个数

如图2.7.1-1所示，A列为文本字符串，要求在B列计算A列文本字符串的字符个数。

单击选择B2单元格，输入公式"=LEN(A2)"，输入完毕后按Enter键结束并将公式填充至B3单元格，即可返回A2和A3单元格中的字符个数，结果如图所示。

图2.7.1-1 LEN函数的应用

实例②：计算文本的字节数

如图2.7.1-2所示，A列为文本字符串，要求在B列计算A列文本中的字节数。

单击选择B2单元格，输入公式"=LENB(A2)"，输入完毕后按Enter键结束并将公式填充至B3单元格，即可返回A2和A3单元格中的字节数，结果如图所示。

图2.7.1-2 LENB函数的应用

2.7.2 LEFT和LEFTB函数

（1）函数功能

LEFT函数用于从文本的第一个字符开始提取指定个数的字符。

LEFTB函数用于从文本的第一个字符开始提取指定个数的字节。

（2）语法格式

LEFT(text, [num_chars])

LEFTB(text, [num_chars])

（3）参数说明

text：必需参数，表示要从中提取字符（字节）的文本，形式可以是直接输入的文本、数字或单元格引用和数组。

[num_chars]：可选参数，表示要提取的字符（字节）个数，如果忽略该参数，则默认为提取1个。

（4）注意事项

[num_chars]参数必须大于或等于0，如果小于0，则LEFT函数返回错误值"#VALUE!"。

如果该参数等于0，LEFT函数返回空文本；如果该参数大于text参数的总长度，则LEFT函数返回全部文本。

（5）实例：根据性别为姓氏添加称谓

如图2.7.2所示，A列为姓名，B列为性别，要求在C列根据性别为姓氏添加称谓，如"某女士""某先生"。

单击选择C2单元格，输入公式"=LEFT(A2)&IF(B2="女","女士","先生")"，输入完毕后按Enter键结束并向下填充公式，即可完成设置，结果如图所示。

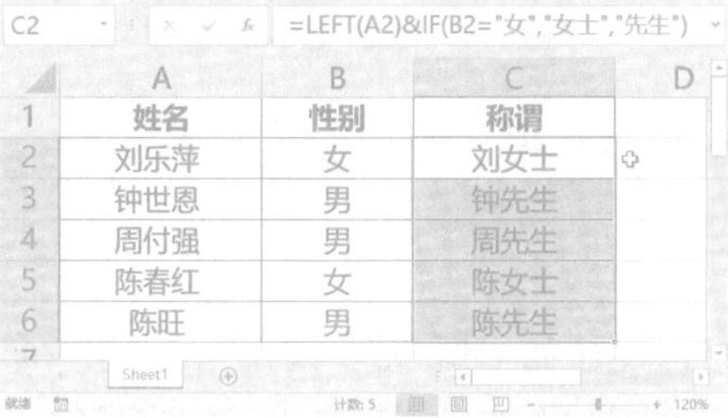

图2.7.2 LEFT函数的应用

2.7.3 RIGHT和RIGHTB函数

（1）函数功能
RIGHT函数用于从文本的最右侧开始提取指定个数的字符。
RIGHTB函数用于从文本的最右侧开始提取指定个数的字节。

（2）语法格式
RIGHT(text,[num_chars])
RIGHTB(text,[num_chars])

（3）参数说明
text：必需参数，表示要从中提取字符（字节）的文本，形式可以是文本、数字单元格引用以及数组。

[num_chars]：可选参数，表示要提取的字符（字节）个数，如果忽略该参数，则默认为提取1个。

（4）注意事项
[num_chars]参数必须大于或等于0，如果小于0，则RIGHT函数返回错误值"#VALUE!"。如果该参数等于0，RIGHT函数返回空文本；如果该参数大于text参数的总长度，则RIGHT函数返回全部文本。

（5）实例：提取电话号码

如图2.7.3所示，A列为姓名+电话号码，要求在B列提取出电话号码。

单击选择B2单元格，输入公式"=RIGHT(A2,11)"，输入完毕后按Enter键结束并向下填充公式，即可完成提取，结果如图所示。

123

图2.7.3　RIGHT函数的应用

2.7.4　MID和MIDB函数

（1）函数功能

MID函数用于从文本中的指定位置开始提取指定个数的字符。

MIDB函数用于从文本中的指定位置开始提取指定个数的字节。

（2）语法格式

MID(text, start_num, num_chars)

MIDB(text, start_num, num_chars)

（3）参数说明

text：必需参数，表示要从中提取字符（字节）的文本，形式可以是文本、数字、单元格引用或者数组。

start_num：必需参数，表示要提取字符（字节）的起始位置。

num_chars：必需参数，表示要提取的字符（字节）个数。

（4）注意事项

start_num参数必须大于或等于1，如果小于1，则MID函数返回错误值"#VALUE!"；如果大于text参数的总长度，则MID函数返回空文本。

num_chars参数必须大于或等于0，如果小于0，则MID函数返回错误值"#VALUE!"；如果该参数等于0，MID函数返回空文本；如果该参数大于text参数的总长度，则MID函数返回提取的起始位置以后的所有字符。

（5）实例：判断员工性别

如图2.7.4所示，A列为姓名，B列为身份证号码，要求在C列根据身份证号码判断性别，判断条件为：以身份证号码的第17位作为基准，奇数为男，偶数为女。

选择C2单元格，输入公式"=IF(MOD(MID(B2,17,1),2),"男","女")"，输入完毕后按Enter键并向下填充公式，即可完成全部判断，结果如图所示。

图2.7.4　MID函数的应用

2.7.5　FIND和FINDB函数

（1）函数功能

FIND函数用于查找指定字符在文本中第一次出现的位置，返回一个大于0的数字。

FINDB函数用于查找指定字节在文本中第一次出现的位置，返回一个大于0的数字。

（2）语法格式

FIND(find_text, within_text, [start_num])

FINDB(find_text, within_text, [start_num])

（3）参数说明

find_text：必需参数，表示要查找的字符（字节）。

within_text：必需参数，表示要在其中进行查找的文本。

[start_num]：可选参数，表示要开始查找的值的起始位置，如果省略该参数，则默认从第一个字符开始查找。

（4）注意事项

如果查找不到结果，则FIND函数会返回错误值"#VALUE!"。

[start_num]参数小于0或大于within_text参数的总长度，FIND函数都会返回错误值"#VALUE!"。

find_text参数区分大小写，不允许使用通配符。

（5）实例：提取地址中的省份

如图2.7.5所示，A列为地址，要求在B列提取A列地址中的省份。

选择B2单元格，输入公式"=LEFT(A2,FIND("省",A2))"，输入完毕后按Enter键结束并向下填充公式，即可完成提取，结果如图所示。

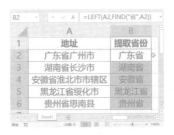

图2.7.5　FIND函数的应用

2.7.6 CONCATENATE函数

（1）函数功能

CONCATENATE函数用于将两个或多个文本联接为一个整体，其功能和文本运算符“&”相同。

（2）语法格式

CONCATENATE(text1, [text2], ...)

（3）参数说明

text1：必需参数，表示第1个要合并的内容，形式可以是直接输入的文本、数字或单元格引用。

[text2]：可选参数，表示第2个要合并的内容，形式可以是直接输入的文本、数字或单元格引用。

以此类推，最多可包含255个参数。

2.7.7 SUBSTITUTE函数

（1）函数功能

SUBSTITUTE函数用于使用新字符替换文本中原来的旧字符。

（2）语法格式

SUBSTITUTE(text, old_text, new_text, [instance_num])

（3）参数说明

text：必需参数，表示要在其中替换字符的文本。

old_text：必需参数，表示要替换掉的旧字符。

new_text：必需参数，表示要替换成的新字符。

[instance_num]：可选参数，表示要替换掉第几次出现的旧字符，如果省略该参数，则默认替换所有符合条件的字符。

（4）实例①：将日期转换为标准格式

如图2.7.7-1所示，A列的日期，以点号作为分隔符，要求在B列将其转换为以短横线分隔。

选择B2单元格，输入公式“=SUBSTITUTE(A2,".","-")”，输入完毕后按Enter键结束并向下填充公式，即可完成转换，结果如图所示。

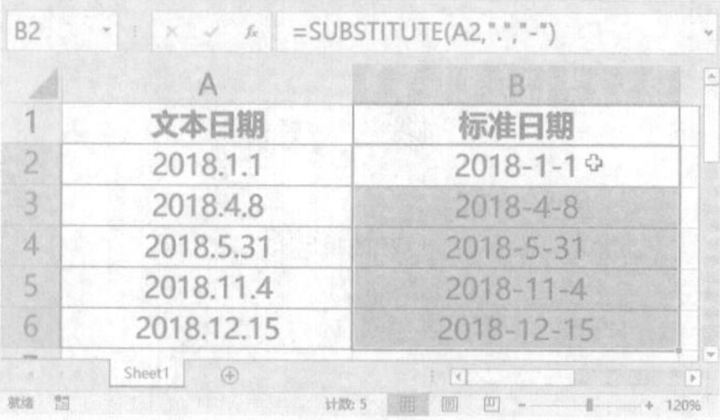

	A	B
1	文本日期	标准日期
2	2018.1.1	2018-1-1
3	2018.4.8	2018-4-8
4	2018.5.31	2018-5-31
5	2018.11.4	2018-11-4
6	2018.12.15	2018-12-15

图2.7.7-1　SUBSTITUTE函数的应用①

实例②：计算各个班次的人数

如图2.7.7-2所示，A列为班次，B列为姓名，要求在C列计算出每个班次的人数。

选择C2单元格，输入公式"=LEN(B2)–LEN(SUBSTITUTE(B2,"、",""))+1"，输入完毕后按Enter键结束并向下填充公式，即可完成计算，结果如图所示。

图2.7.7-2　SUBSTITUTE函数的应用②

2.7.8　SEARCH和SEARCHB函数

（1）函数功能

SEARCH函数用于查找某个字符在文本中出现的位置，与FIND函数类似，都是查找某个字符在文本中出现的位置，但是SEARCH函数不区分大小写，允许使用通配符。

SEARCHB函数用于查找某个字节在文本中出现的位置，与FINDB函数类似，都是查找某个字节在文本中出现的位置，但是SEARCHB函数允许使用通配符，不区分大小写。

（2）语法格式

SEARCH(find_text,within_text,[start_num])

SEARCHB(find_text,within_text,[start_num])

（3）参数说明

find_text：必需参数，表示要查找的字符。

within_text：必需参数，表示要在其中查找的文本。

[start_num]：可选参数，表示要开始查找的起始位置，如果省略该参数，则默认从第一个字符开始查找。

（4）注意事项

如果查找不到结果，则SEARCH函数返回错误值"#VALUE!"；如果[start_num]参数小于1或大于within_text参数整体的长度，SEARCH函数也将返回错误值"#VALUE!"。

find_text参数可以使用通配符"*"和"?"，"?"代表任意单个字符，"*"代表任意多个字符。如果要查找"?"和"*"本身，则需要在它们之前输入波形符"~"。

（5）实例：提取英文名

如图2.7.8所示，A列为中文名+英文名，要求在B列提取出英文名。

选择B2单元格，输入公式"=MIDB(A2,SEARCHB("?",A2),19)"，输入完毕后按Enter键结束并向下填充公式，即可完成提取。〔注：此公式MIDB函数的第三参数"19"是任意取的一个大于全部的数据记录中英文字符个数的数字，通常也会写作99（这是两位数中最大的数字，再大就要多一个字符了），可以写大一点，绝不能少于任意一条数据记录中要提取出来的字符个数。例如在本例中，A2:A6单元格区域，要提取出来的字符个数最多的为6个字符，那么定义该参数便不可小于6，否则将无法将A5、A6单元格中的英文名完整提取出来。〕

图2.7.8　SEARCHB函数的应用

2.7.9　REPLACE和REPLACEB函数

（1）函数功能

REPLACE函数用于将新字符替换指定位置上的内容。

REPLACEB函数用于以字节为单位在指定位置进行替换。

（2）语法格式

REPLACE(old_text, start_num, num_chars, new_text)

REPLACEB(old_text, start_num, num_chars, new_text)

（3）参数说明

old_text：必需参数，表示要在其中进行替换字符（字节）的文本。

start_num：必需参数，表示要开始替换的起始位置。

num_chars：必需参数，表示要替换掉的字符（字节）个数，如果为0则表示在start_num参数之前插入新字符（字节）。

new_text：必需参数，表示要替换成的新字符（字节）。

（4）注意事项

如果start_num参数或num_chars参数小于0，REPLACE函数将返回错误值"#VALUE!"。

（5）实例：给电话号码添加掩码

如图2.7.9所示，A列为姓名，B列为电话号码，要求在C列为B列的电话号码的中间四位添加掩码。

选择C2单元格，输入公式"=REPLACE(B2,4,4,"****")"，输入完毕后按Enter键结束并向下填充公式，即可完成操作，结果如图所示。

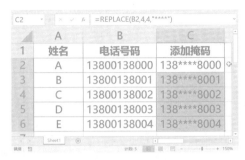

图2.7.9　REPLACE函数的应用

2.7.10　REPT函数

（1）函数功能

REPT函数用于按照指定的次数复制文本。

（2）语法格式

REPT(text, number_times)

（3）参数说明

text：必需参数，表示要复制的文本。

number_times：必需参数，表示要复制的次数，形式可以是直接输入的数字、单元格引用或数组。如果该参数为0，则REPT函数返回空文本；如果该参数为小数，则REPT函数自动截尾取整。

（4）注意事项

REPT函数要复制的字符个数最多不能超过32767个，否则返回错误值"#VALUE！"。

（5）实例：根据分数判断星级

如图2.7.10所示，A列为学生姓名，B列为考试分数，要求在C列根据分数判断星级，判断的等级标准为E1:F6单元格区域内的记载。

选择C2单元格，输入公式"=IF(B2<60,"",REPT("★",B2/10-5))"，输入完毕后按Enter键结束并向下填充公式，即可完成全部判断，结果如图所示。

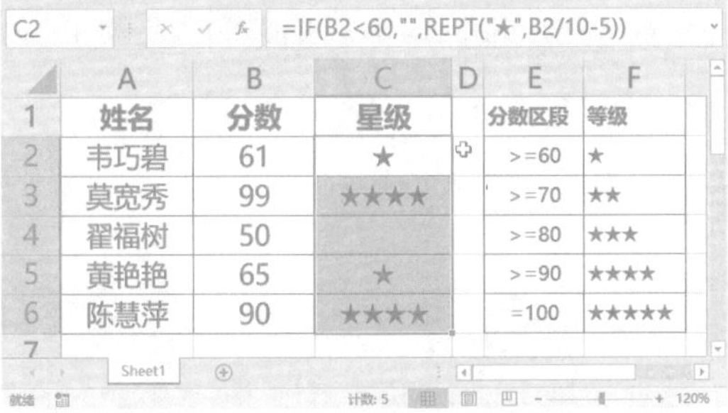

图2.7.10　REPT函数的应用

2.7.11 TRIM函数

（1）函数功能

TRIM函数用于删除文本中多余的空格。除了英文单词之间正常的一个空格之外，其他所有多余的空格都会被删除。

（2）语法格式

TRIM(text)

（3）参数说明

text：必需参数，表示要删除多余空格的文本，可以是数字、单元格引用或数组。

2.7.12 CHAR函数

（1）函数功能

CHAR函数用于返回与ANSI字符编码对应的字符。在电脑中显示的每个字符都有其对应的数字编码，例如，大写字母A对应的数字编码是65，换行符对应的数字编码是10，用户按住Alt键在小键盘上输入某个字符对应的数字编码即可得到该字符。例如，按住Alt键并在小键盘上输入41420，输入完毕后松开Alt键，就会得到一个"√"，在单元格中输入公式"=CHAR(41420)"同样可以得到该字符。

（2）语法格式

CHAR(number)

（3）参数说明

number：必需参数，表示1～255之间的数字代码，如果包含小数，就截尾取整，只保留整数部分参与计算。（该参数说明使用国际惯例，1～255为国际通用字符集，后面为各个国家专用字符集，也根据操作系统的不同而不同。）

（4）实例

如图2.7.12所示，在工作表中输入公式"=IF(ROW(65:65)>90,"",CHAR(ROW(65:65)))"，输入完毕后按Enter键并向下填充公式，即可得到大写的A到Z的字母列表。其中ROW函数返回指定行的行号，为一个或一组数字。

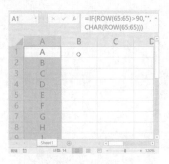

图2.7.12　CHAR函数的应用

2.7.13　CODE函数

（1）函数功能

CODE函数用于返回对应的ANSI字符编码。如果CODE函数的参数是一个文本，CODE函数将返回第一个字符的字符编码。

（2）语法格式

CODE(text)

（3）参数说明

text：必需参数，表示要转换为ANSI字符编码的文本。例如，CODE("A")，返回数字65。

（4）实例

如图2.7.13所示，A列为字符，在B列输入公式"=CODE(A1)"，输入完毕后按Enter键结束并向下填充公式，即可得到字符对应的ANSI字符编码。

图2.7.13　CODE函数的应用

2.7.14　TEXT函数

（1）函数功能

TEXT函数用于把数字设置为指定格式显示的文本，可以说是函数版的自定义数字格式。

（2）语法格式

TEXT(value,format_text)

（3）参数说明

value：必需参数，表示要设置格式的数字。

format_text：必需参数，表示要为数字设置格式的格式代码，需要用英文半角双引号括起来。该参数的取值与"设置单元格格式"对话框中的自定义数字格式的代码相同。

（4）注意事项

TEXT函数的功能与使用"设置单元格格式"对话框设置数字格式基本相同，但是使用TEXT函数无法完成对字体颜色的设置。

经过TEXT函数设置后的数字都将转换为文本格式，而通过"设置单元格格式"对话框进行格式设置的单元格中的值仍然为数字。

（5）实例：将文本转换为日期

如图2.7.14所示，A列为文本格式的年月日，因为没有使用日期分隔符，并且以文本格式储存，所以Excel自动将其识别为文本，要求在B列转换成日期的显示格式。

选择B2单元格，输入公式"=TEXT(A2,"0000-00-00")"，输入完毕后按Enter键结束并向下填充公式，即可完成转换，结果如图所示。

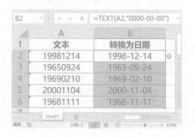

图2.7.14　TEXT函数的应用

2.7.15　PROPER函数

（1）函数功能

PROPER函数用于将文本中各单词的首字母转换为大写，其他字母转换为小写。

（2）语法格式

PROPER(text)

（3）参数说明

text：必需参数，表示要转换为首字母大写的文本。

（4）实例：转换为词首字母大写

如图2.7.15所示，A列为姓名，B列为姓名拼音，要求在C列对B列的拼音转换为词首字母大写。

选择C2单元格，输入公式"=PROPER(B2)"，输入完毕后按Enter键结束并向下填充，即可完成全部转换。

图2.7.15　PROPER函数的应用

2.7.16　LOWER函数

（1）函数功能

LOWER函数用于将文本中的大写字母转换为小写字母。例如LOWER("我爱EXCEL")和LOWER("我爱Excel")都将返回"我爱excel"。

（2）语法格式

LOWER(text)

（3）参数说明

text：必需参数，表示要转换为小写字母的文本。

2.7.17　UPPER函数

（1）函数功能

UPPER函数用于将文本中的小写字母转换为大写字母。例如：UPPER("我爱excel")和UPPER("我爱Excel")都将返回"我爱EXCEL"。

（2）语法格式

UPPER(text)

（3）参数说明

text：必需参数，表示要转换为大写字母的文本。

2.8　查找与引用函数

查找与引用函数用于查找工作表中符合条件的特定内容。查找与引用函数是Excel中最常用、实用的函数，功能非常强大，本节将详细介绍各查找与引用函数的功能、语法、参数以及使用说明。

2.8.1　ROW函数

（1）函数功能

ROW函数用于返回单元格或单元格区域首行的行号，返回值为一个或一组数字。

（2）语法格式

ROW([reference])

（3）参数说明

[reference]：可选参数，表示要得到其行号的单元格或单元格区域。如果省略该参数，则返回当前单元格所在行的行号。

（4）注意事项

[reference]参数不能同时引用多个区域。如果[reference]参数引用的是一个纵向的单元格

区域，而且ROW函数作为一个垂直数组输入到单元格区域中，那么该参数中区域首行的行号将以垂直数组返回。

（5）实例

如图2.8.1-1和图2.8.1-2所示，利用ROW函数可以构造垂直方向的循环序列数和重复序列数（注：循环序列数和重复序列数在很多问题的公式中都会涉及，先了解什么是循环序列数和重复序列数，以及使用什么函数能够构造出它们）。循环序列数的构造公式为"=MOD(ROW(x:x),x)+1"，其中x值为要循环的数字个数，例如要循环1、2、3，则x值为3，要循环1、2、3、4、5，则x值为5。重复序列数的构造公式为"=INT(ROW(x:x)/x)"，其中x值为要重复的数字个数，例如要重复1、1、1，则x值为3，要重复1、1、1、1、1，则x值为5。

本例中的公式也可以改成ROW(5:5)，其结果与ROW(A5)相同。

图2.8.1-1　ROW函数应用①（循环序列数）　　　图2.8.1-2　ROW函数应用②（重复序列数）

2.8.2　ROWS函数

（1）函数功能

ROWS函数用于返回单元格区域或数组中包含的行数。

（2）语法格式

ROWS(array)

（3）参数说明

array：必需参数，表示要计算其行数的单元格区域或数组。

（4）实例：计算学生人数

如图2.8.2所示，A列为学生姓名，B列为性别，C列为成绩，要求在E2单元格计算出学生人数。

选择E2单元格，输入公式"=ROWS(A2:A6)"，输入完毕后按Enter键结束，即可得出学生的人数为5人，结果如图所示。

图2.8.2　ROWS函数的应用

2.8.3　COLUMN函数

（1）函数功能

COLUMN函数用于返回单元格或单元格区域首列的列号，返回值为一个或一组数字。

（2）语法格式

COLUMN([reference])

（3）参数说明

[reference]：可选参数，表示要得到其列号的单元格或单元格区域。如果省略该参数，则返回当前单元格所在列的列号。

（4）注意事项

[reference]参数不能同时引用多个区域。如果[reference]参数引用的是一个单元格区域，而且COLUMN函数作为水平数组输入到单元格中，那么该参数中区域首列的列号将以水平数组返回。

（5）实例

如图2.8.3-1和图2.8.3-2所示，利用COLUMN函数可以构造水平循环序列数和水平重复序列数。循环序列数的构造公式为"=MOD(COLUMN(x:x),x)+1"，其中x值为要循环的数字个数，例如要循环1、2、3，则x值为3，要循环1、2、3、4、5，则x值为5。重复序列数的构造公式为"=INT(COLUMN(x:x)/x)"，其中x值为要重复的数字个数，例如要重复1、1、1，则x值为3，要重复1、1、1、1、1，则x值为5。

本例中的公式，也可以改成COLUMN(E:E)，其结果与COLUMN(E1)相同。

图2.8.3-1　COLUMN函数应用①（循环序列数）

图2.8.3-2　COLUMN函数应用②（重复序列数）

2.8.4　COLUMNS函数

（1）函数功能

COLUMNS函数用于返回单元格区域或数组中包含的列数。

（2）语法格式

COLUMNS(array)

（3）参数说明

array：必需参数，表示要计算其列数的单元格区域或数组。

2.8.5　VLOOKUP函数

（1）函数功能

VLOOKUP函数用于在单元格区域或数组的首列查找指定的值，返回与指定值同行的该区域或数组中的其他列的值。

（2）语法格式

VLOOKUP(lookup_value,table_array,col_index_num,[range_lookup])

（3）参数说明

lookup_value：必需参数，表示要在单元格区域或数组的首列进行查找的值，形式可以是直接输入的数据或单元格引用，支持通配符使用，不区分大小写。

table_array：必需参数，表示要在其中查找的单元格区域或数组。

col_index_num：表示要返回的值在table_array参数中所在第几列，为一个数字。

[range_lookup]：可选参数，表示VLOOKUP函数的查找类型，用于指定精确查找还是模糊查找。当参数为0（FALSE）时表示精确查找，返回查找区域中第一个与lookup_value参数相等的值，查找区域无须排序；当参数为1（TRUE）或忽略时，表示模糊匹配，返回等于lookup_value参数或小于且最接近lookup_value参数的值，查找区域必须按升序排列。

（4）注意事项

lookup_value参数如果小于table_array参数中首列的最小值，则VLOOKUP函数返回错误值"#N/A"。该参数为文本时，VLOOKUP函数将不区分大小写。

col_index_num参数如果小于1或者大于table_array参数中的列数，则VLOOKUP函数将返回错误值"#VALUE!"。

[range_lookup]参数为模糊查找方式时，如果查找区域或数组未按升序排序，VLOOKUP函数可能会返回错误的结果；为精确查找方式时，如果在table_array参数中找不到匹配的值，则VLOOKUP函数返回错误值"#N/A"。

lookup_value参数为文本，且[range_lookup]参数为精确查找方式时，可以在lookup_value参数中使用通配符问号"?"和星号"*"，"?"用于匹配任意单个字符，"*"用于匹配任意多个字符。如果需要查找问号或星号本身，在问号或星号前面输入一个波形符"~"即可。

（5）实例①：查找员工档案（精确匹配）

如图2.8.5-1所示，A列为员工姓名，B列为员工工作部门，C列为员工手机号码，要求在F2单元格中输入姓名后，在F3:F4单元格中返回该员工的工作部门和手机号码。

选择F3单元格，输入公式"=VLOOKUP(F$2,A$2:C$6,ROW(A2),0)"，输入完毕后按

Enter键结束并将公式向下填充至F4单元格，即可完成设置，结果如图所示。在本例中，表示精确匹配的FALSE或0也可以省略不写，但要使用逗号把参数位置留出来，只是省略写法，而不是忽略参数：=VLOOKUP(F$2,A$2:C$6,ROW(A2),)。

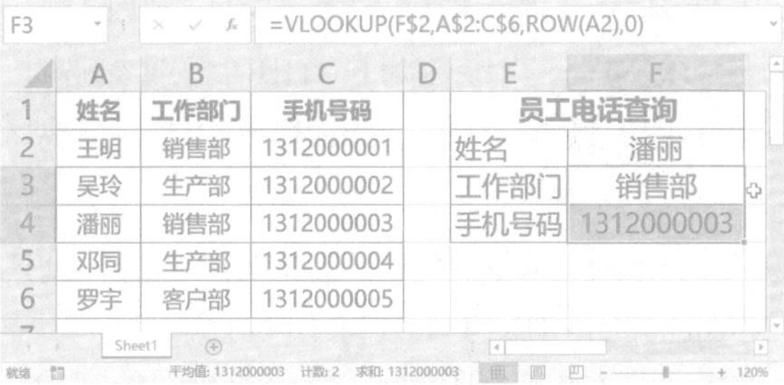

F3　=VLOOKUP(F$2,A$2:C$6,ROW(A2),0)

	A	B	C	D	E	F
1	姓名	工作部门	手机号码		员工电话查询	
2	王明	销售部	1312000001		姓名	潘丽
3	吴玲	生产部	1312000002		工作部门	销售部
4	潘丽	销售部	1312000003		手机号码	1312000003
5	邓同	生产部	1312000004			
6	罗宇	客户部	1312000005			

图2.8.5-1　VLOOKUP函数精确匹配的应用

实例②：计算员工的提成奖金（模糊匹配）

如图2.8.5-2所示，A列为员工姓名，B列为销售额，要求在C列计算出各员工的销售提成奖金，计算的数据区间在E1:G7单元格区域列示。

选择C2单元格，输入公式“=VLOOKUP(B2,F$3:G$7,2)*B2”，输入完毕后按Enter键结束并向下填充公式，即可完成计算，结果如图所示。注意：table_array参数中的提成区间为取E列区间描述中的下限值且必须以升序排列，否则公式将会返回错误的值。

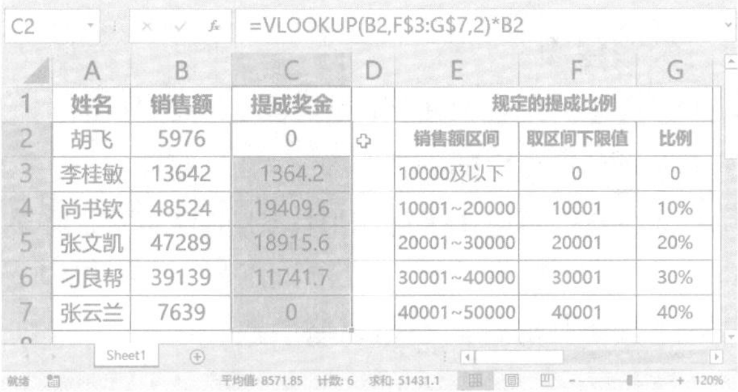

C2　=VLOOKUP(B2,F$3:G$7,2)*B2

	A	B	C	D	E	F	G
1	姓名	销售额	提成奖金		规定的提成比例		
2	胡飞	5976	0		销售额区间	取区间下限值	比例
3	李桂敏	13642	1364.2		10000及以下	0	0
4	尚书钦	48524	19409.6		10001~20000	10001	10%
5	张文凯	47289	18915.6		20001~30000	20001	20%
6	刁良帮	39139	11741.7		30001~40000	30001	30%
7	张云兰	7639	0		40001~50000	40001	40%

图2.8.5-2　VLOOKUP函数模糊匹配的应用

2.8.6　HLOOKUP函数

（1）函数功能

HLOOKUP函数用于在单元格区域或数组的首行查找指定的值，返回与指定值同列的该区域或数组中的其他行的值。

（2）语法格式

HLOOKUP(lookup_value,table_array,row_index_num,[range_lookup])

（3）参数说明

lookup_value：必需参数，表示要在单元格区域或数组的首行中查找的值，形式可以是直接输入的数据或单元格引用，支持通配符使用，不区分大小写。

table_array：必需参数，表示要在其中查找的单元格区域或数组。

row_index_num：必需参数，表示要返回的值在table_array参数中的第几行。

[range_lookup]：可选参数，表示HLOOKUP函数的查找类型，用于指定精确查找还是模糊查找。当参数为0（FALSE）时表示精确查找，返回查找区域中第一个与lookup_value参数相等的值，查找区域无须排序；当参数为1（TRUE）或忽略时，表示模糊匹配，返回等于lookup_value参数或小于且最接近lookup_value参数的值，查找区域必须按升序排列。

（4）注意事项

lookup_value参数如果小于table_array参数中首行的最小值，则HLOOKUP函数返回错误值"#N/A"。该参数为文本时，HLOOKUP函数将不区分大小写。

row_index_num参数如果小于1或者大于table_array参数中的行数，则HLOOKUP函数将返回错误值"#VALUE!"。

[range_lookup]参数为模糊查找方式时，如果查找区域或数组未按升序排序，HLOOKUP函数可能会返回错误的结果；为精确查找方式时，如果在table_array参数中找不到匹配的值，则HLOOKUP函数返回错误值"#N/A"。

当lookup_value参数为文本，且[range_lookup]参数为精确查找方式时，可以在lookup_value参数中使用通配符问号"?"和星号"*"，"?"用于匹配任意单个字符，"*"用于匹配任意多个字符。如果需要查找问号或星号本身，在问号或星号前面输入一个波形符"~"即可。

（5）实例：查找月份销售额

如图2.8.6所示，A列为员工姓名，B列到F列依次为1到5月份的销售额，要求在H2单元格输入月份后I2单元格自动返回该月份的总销售额。

单击选择I2单元格，输入公式"=HLOOKUP(H2,B1:F7,7,0)"，输入完毕后按Enter键结束即可完成查找引用设置。在本例中，表示精确匹配的FALSE或0可以省略不写，但要使用逗号把参数位置留出来，只是省略写法，而不是忽略参数。

月份 姓名	1月	2月	3月	4月	5月		查询月份	
A	926	931	888	306	924		4月	4047
B	552	689	992	777	432			
C	927	836	593	1039	353			
D	510	667	771	910	808			
E	884	889	898	1015	781			
合计	3799	4012	4142	4047	3298			

图2.8.6　HLOOKUP函数应用

HLOOKUP函数与VLOOKUP函数，一个纵向查找，一个水平查找，使用规则基本一致，只是实际工作中HLOOKUP函数的使用频率远远不及VLOOKUP函数。

2.8.7　MATCH函数

（1）函数功能

MATCH函数用于返回在指定查找类型下要查找的值在单元格区域或数组中的位置，返回值为一个或一组数字。查找类型分为精确查找和模糊查找。

（2）语法格式

MATCH(lookup_value,lookup_array,[match_type])

（3）参数说明

lookup_value：必需参数，表示要在单元格区域或数组中查找的值，形式可以是直接输入的数据或单元格引用，支持通配符使用，不区分大小写。

lookup_array：必需参数，表示包含要查找的值的数组或单元格引用，且只能是一行或者一列，不能多行多列。

[match_type]：可选参数，查找类型，用于指定精确查找还是模糊查找。当参数为0时表示精确查找，返回查找区域中第一个与lookup_value参数相等的值，查找区域无须排序；当参数为1或省略时，表示模糊匹配，返回等于lookup_value参数或小于且最接近lookup_value参数的值，查找区域必须按升序排列；当参数为–1时，表示模糊匹配，返回等于lookup_value参数或大于且最接近lookup_value参数的值，查找区域必须按降序排列。

（4）注意事项

如果在lookup_array参数中查找不到lookup_value参数的值，MATCH函数将返回错误值"#N/A"。

当[match_type]参数为模糊查找方式时，如果查找区域或数组未按顺序排序，那么MATCH函数可能会返回错误的结果。

当lookup_value参数为文本且[match_type]参数为精确查找方式时，可以在lookup_value参数中使用通配符问号"?"和星号"*"，"?"用于匹配任意单个字符，"*"用于匹配任意多个字符。如果需要查找问号或星号本身，在问号或星号前面输入一个波形符"~"即可。当该参数为文本时，MATCH函数将不区分大小写。

MATCH函数一般与INDEX函数或OFFSET函数一起使用。

2.8.8　INDEX函数

（1）函数功能

INDEX函数用于返回单元格区域或数组中行列交叉位置上的值。

（2）语法格式

INDEX(array, row_num, [column_num])

（3）参数说明

array：必需参数，表示要从中返回值的单元格区域或数组。

row_num：必需参数，表示返回值所在array参数中的行号。

[column_num]：可选参数，表示返回值所在array参数中的列号，如果忽略，则默认为第一列。

（4）注意事项

row_num和[column_num]参数只能省略其一，不能两个都省略。row_num和[column_num]表示的引用必须位于array参数之内，否则INDEX函数将返回错误值“#REF!”。

INDEX函数一般与MATCH函数一起使用。

（5）实例①：根据工号查询员工姓名

如图2.8.8-1所示，A列为员工姓名，B列为工号，要求在D2单元格中输入工号后E2单元格自动返回与该工号匹配的员工姓名。（VLOOKUP函数是首列查找，查找值必须在查找区域的首列，像本例中查找值在查找区域后面的列中，通过查找后面的列，引用前面的列，就不能使用VLOOKUP函数。）

单击选择E2单元格，输入公式“=INDEX(A2:A6,MATCH(D2,B2:B6,0))”，输入完毕后按Enter键结束即可完成查找引用设置。其中表示MATCH函数精确匹配的0或者FALSE可以省略不写，但是必须使用逗号将其参数的位置留出来，只是省略写法，而不是忽略参数。

	A	B	C	D	E	F
1	姓名	工号		工号	姓名	
2	胡飞	s001		s003	尚书钦	
3	李桂敏	s002				
4	尚书钦	s003				
5	刁良帮	s004				
6	赵亚洲	s005				

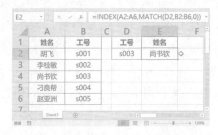

图2.8.8-1　INDEX+MATCH函数的应用①

实例②：查找某员工某年的销售额业绩

如图2.8.8-2所示，A列为员工姓名，B列到E列依次为2014年到2017年的销售额，要求在H2和H3单元格中输入年份和姓名后，H4单元格会自动返回与该年份该员工匹配的销售额。

单击选择H4单元格，输入公式“=INDEX(B2:E6,MATCH(H3,A2:A6,0),MATCH(H2,B1:E1,0))”，输入完毕后按Enter键结束，即可完成查找引用的设置，结果如图所示。

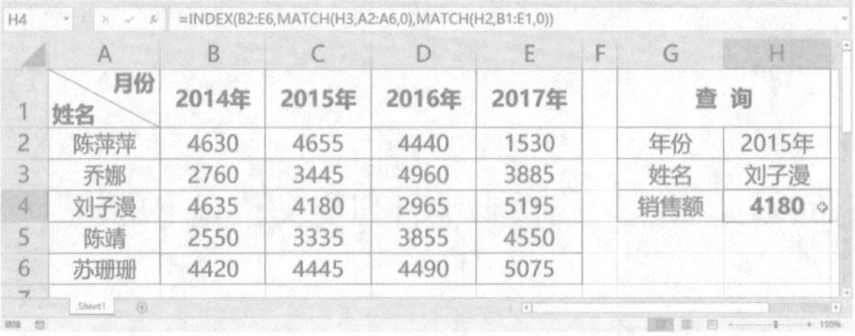

	A	B	C	D	E	F	G	H
1	月份 / 姓名	2014年	2015年	2016年	2017年		查 询	
2	陈萍萍	4630	4655	4440	1530		年份	2015年
3	乔娜	2760	3445	4960	3885		姓名	刘子漫
4	刘子漫	4635	4180	2965	5195		销售额	4180
5	陈靖	2550	3335	3855	4550			
6	苏珊珊	4420	4445	4490	5075			

图2.8.8-2　INDEX+MATCH函数的应用②

2.8.9　LOOKUP函数

（1）函数功能

LOOKUP函数用于在工作表的某一行或某一列区域或者数组中查找指定的值，然后在另一行或另一列区域或数组中返回相同位置上的值。

（2）语法格式

LOOKUP(lookup_value, lookup_vector, [result_vector])

（3）参数说明

lookup_value：必需参数，表示要查找的值。如果在查找区域中找不到该值，则LOOKUP函数返回lookup_vector参数中小于且最接近该参数的值。

lookup_vector：必需参数，表示要在其中查找的单元格区域或数组，必须为单行或单列，且必须为升序排列。

[result_vector]：可选参数，表示返回查找结果的单元格区域或数组，必须为单行或单列，且数据尺寸和方向必须与lookup_vector参数相同。

（4）注意事项

lookup_vector参数表示的查找区域或数组中的数据必须按升序排列，排列规则是：数字<字母<FALSE<TRUE，如果未进行排序，则LOOKUP函数可能会返回错误的结果。

如果lookup_value参数小于lookup_vector参数中的最小值，LOOKUP函数将会返回错误值“#N/A”。

（5）实例①：根据简称从全称中查找引用销售业绩

如图2.8.9-1所示，A列为全称，B列为销售业绩，D列为简称，要求在E列中根据简称查找引用与其全称相匹配的销售业绩。

选择E2单元格，输入公式“=LOOKUP(1,0/FIND(D2,A$2:A$6),B$2:B$6)”，输入完毕后按Enter键结束并向下填充公式，即可完成全部的查找引用，结果如图所示。

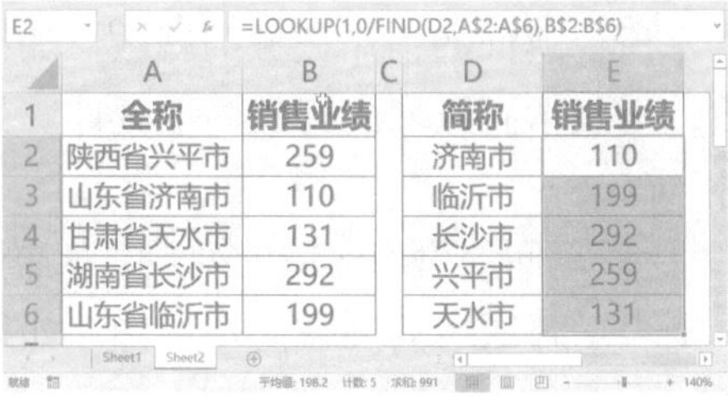
E2 =LOOKUP(1,0/FIND(D2,A$2:A$6),B$2:B$6)

	A	B	C	D	E
1	全称	销售业绩		简称	销售业绩
2	陕西省兴平市	259		济南市	110
3	山东省济南市	110		临沂市	199
4	甘肃省天水市	131		长沙市	292
5	湖南省长沙市	292		兴平市	259
6	山东省临沂市	199		天水市	131

图2.8.9-1　LOOKUP函数的应用①

实例②：查找引用同时符合多个条件的值

如图2.8.9-2所示，假设A1:D6单元格区域为表1，其中A列为产品名称，B列为型号，C列为颜色，D列为数量；F1:I6单元格区域为表2，其中F列为产品名称，G列为型号，H列为颜色。两张表的结构一般无二，但记录数据的顺序并不相同，要求根据表2中的产品名称、型号和颜色，查找引用与表1相匹配的数量。

选择I2单元格，输入公式"=LOOKUP(1,0/((A$2:A$6=F2)*(B$2:B$6=G2)*(C$2:C$6=H2)),D$2:D$6)"，输入完毕后按Enter键结束并向下填充公式，即可完成全部计算，查找引用的结果如图所示。

图2.8.9-2 LOOKUP函数的应用②

2.8.10 OFFSET函数

（1）函数功能

OFFSET函数用于以指定的引用为参照系，通过给定偏移量得到新的引用。返回的引用可以是一个单元格，也可以是一个单元格区域，并且可以指定区域的大小。

（2）语法格式

OFFSET(reference, rows, cols, [height], [width])

（3）参数说明

reference：必需参数，表示作为偏移量参照系的引用区域。该参数必须为对单元格或连续单元格区域的引用，否则OFFSET返回错误值"#VALUE!"。

rows：必需参数，表示reference参数上下偏移的行数。如果为正数，则向下偏移；如果为负数，则向上偏移。

cols：必需参数，表示reference参数左右偏移的列数。如果为正数，则向右偏移；如果为负数，则向左偏移。

[height]：可选参数，表示所要返回的引用区域的行数。如果是正数，则表示新区域的行数向下延伸；如果是负数，则表示新区域的行数向上延伸。如果忽略，则新引用区域的行数与reference参数的区域相同。

[width]：可选参数，表示所要返回的引用区域的列数。如果是正数，则表示新区域的列数向右延伸；如果是负数，则表示新区域的列数向左延伸。如果忽略，则新引用区域的列数与reference参数的区域相同。

为了让大家更好地理解OFFSET函数的工作原理，下面以示例的形式进行展示。如图2.8.10-1所示，将A1单元格作为参照系，即从A1单元格出发，下移4行、右移3列，即到了D5单元格，然后以D5单元格作为新的起点，引用一个2行5列的区域作为返回的新区域，即为D5:H6单元格区域。

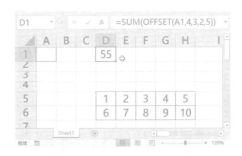

图2.8.10-1 OFFSET函数的示例

（4）注意事项

如果行数和列数的偏移量超出了工作表的边缘，则OFFSET函数返回错误值"#REF!"。

如果省略rows和cols参数，则默认当作0来处理，即不移动列也不移动行。这两个参数虽然可以省略写法，即不输入参数，但是必须使用逗号来保留它们的参数位置。

如果忽略[height]和[width]参数，则其高度和宽度与reference参数表示的区域相同。

（5）实例①：自动添加序号

如图2.8.10-2所示，B列为姓名，要求在A列自动添加序号，且在删除行后可以自动更正，不会出现错误值。

选择A2单元格，输入数字1，然后选择A3单元格，输入公式"=OFFSET(A3,-1,0)+1"，输入完毕后按Enter键结束并向下填充公式，即可完成设置，结果如图所示。

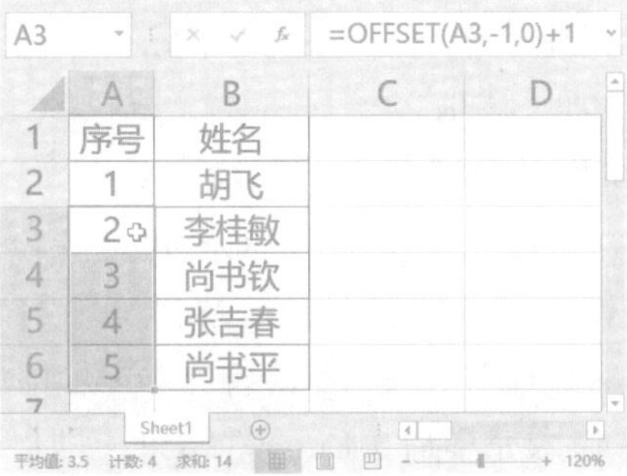

图2.8.10-2 OFFSET函数的应用

实例②：查找引用某人某年到某年的总业绩

如图2.8.10-3所示，A列为员工姓名，B列到E列依次为员工2014年到2017年的业绩，要求根据H1单元格中的姓名、H2单元格中的开始年份和H3单元格中的结束年份，在H4单元格自动返回查找引用的业绩总额。

选择H4单元格，输入公式"=SUM(OFFSET(A1,MATCH(H1,A2:A6,),MATCH(H2,B1:E1,),,1+MATCH(H3,B1:E1,)-MATCH(H2,B1:E1,)))"，输入完毕后按Enter键结束即可完成设置，结果如图所示。

图2.8.10-3　OFFSET+MATCH函数的应用

2.8.11　FORMULATEXT函数

（1）函数功能

FORMULATEXT函数用于返回指定公式的文本形式。

（2）语法格式

FORMULATEXT(reference)

（3）参数说明

reference：必需参数，表示要返回其公式的文本形式的单元格或单元格区域。

（4）注意事项

reference参数可以引用当前工作簿或其他已打开工作簿中的工作表的单元格或单元格区域，如果引用了未打开的工作簿或不存在的工作表，则FORMULATEXT函数返回错误值"#N/A"。

如果该参数表示的单元格中不包含公式，或单元格中的公式超过了8192个字符，则FORMULATEXT函数返回错误值"#N/A"。

（5）实例：显示单元格中的公式

如图2.8.11所示，在OFFSET函数应用的示例中，我们在H4单元格输入了函数公式"=SUM(OFFSET(A1,MATCH(H1,A2:A6,),MATCH(H2,B1:E1,),,1+MATCH(H3,B1:E1,)-MATCH(H2,B1:E1,)))"，然后选择A8单元格，在A8单元格中输入公式"=FORMULATEXT(H4)"，输入完毕后按Enter键结束，即可以得到H4单元格中的公式文本，结果如图所示。

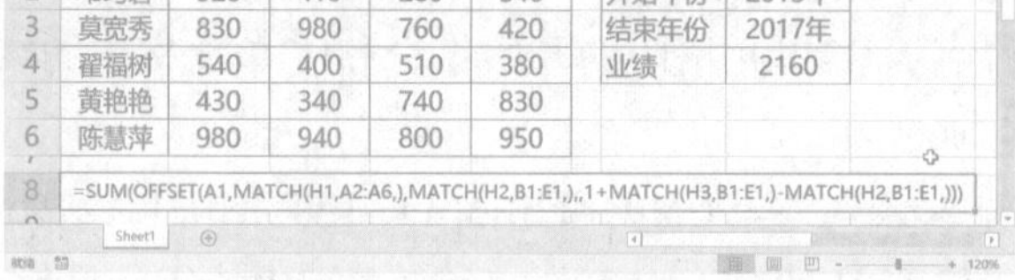

图2.8.11　FORMULATEXT函数的应用

（6）函数版本

FORMULATEXT函数是Excel 2013的新增函数，不能在更早的版本中使用。

2.8.12　CHOOSE函数

（1）函数功能

CHOOSE函数用于从参数列表中提取指定的参数值。

（2）语法格式

CHOOSE(index_num, value1, [value2], ...)

（3）参数说明

index_num：必需参数，表示所选定值的参数，该参数为1～254之间的数字，或者是包含数字1～254的公式或单元格引用。如果index_num参数为1，CHOOSE函数返回value1参数；如果index_num参数为2，CHOOSE函数返回value2参数，以此类推。如果index_num参数小于1或大于参数列表中的最后一个值的序号，则CHOOSE函数返回错误值“#VALUE!”。如果index_num参数为小数，则会被截尾取整后参与计算。

value1：必需参数，表示第1个数值参数，可以是数字、文本、引用、名称、公式或函数。

[value2]：可选参数，表示第2个数值参数，可以是数字、文本、引用、名称、公式或函数。

以此类推，最多可包含254个value参数。

（4）注意事项

index_num参数必须为数字、文本型数字或逻辑值。如果该参数是文本，小于1或者大于254，CHOOSE函数都将返回错误值“#VALUE!”。

（5）实例：判断金牌、银牌、铜牌的获得者

如图2.8.12所示，A列为姓名，B列为成绩，要求在C列计算出前三名的得奖情况，分别记录为金牌、银牌和铜牌。

选择C2单元格，输入公式“=CHOOSE(IF(RANK(B2,B$2:B$10)>3,4,RANK(B2,B$2:B$10)),"金牌","银牌","铜牌","")”，输入完毕后按Enter键结束并向下填充公式，即可完成计算，结果如图所示。

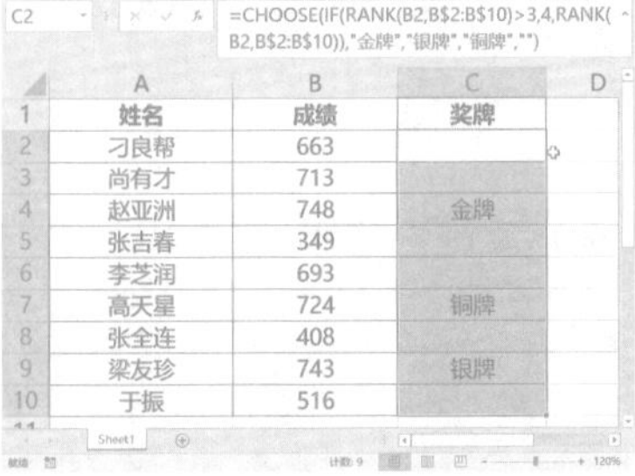

	A	B	C
1	姓名	成绩	奖牌
2	刁良帮	663	
3	尚有才	713	
4	赵亚洲	748	金牌
5	张吉春	349	
6	李芝润	693	
7	高天星	724	铜牌
8	张全连	408	
9	梁友珍	743	银牌
10	于振	516	

图2.8.12　CHOOSE函数的应用

2.8.13　ADDRESS函数

（1）函数功能
ADDRESS函数用于返回与指定行号和列号对应的单元格地址。

（2）语法格式
ADDRESS(row_num, column_num, [abs_num], [a1], [sheet_text])

（3）参数说明
row_num：必需参数，表示在单元格引用中使用的行号。

column_num：必需参数，表示在单元格引用中使用的列号。

[abs_num]：可选参数，表示返回的引用类型。如果参数为1或者忽略，则返回的引用类型是绝对引用；如果参数为2，则返回的引用类型是绝对行相对列；如果参数为3，则返回的引用类型是相对行绝对列；如果参数为4，则返回的引用类型是相对引用。

[a1]：可选参数，表示返回的单元格地址是A1引用样式还是R1C1引用样式，该参数是一个逻辑值。如果参数为TRUE或忽略，则ADDRESS函数返回A1引用样式；如果参数为FALSE，则ADDRESS函数返回R1C1引用样式。

[sheet_text]：可选参数，表示用于指定作为外部引用的工作表的名称。忽略该参数则表示不使用任何工作表名称。

（4）实例
如图2.8.13所示，如果要在A1单元格中引用"B3"单元格地址，则在A1单元格中输入公式"=ADDRESS(3,2,1,1)"，输入完毕后按Enter键结束。此公式含义为引用第3行，第2列，绝对引用，A1引用样式。

图2.8.13　ADDRESS函数的应用

ADDRESS函数一般会与INDIRECT函数一起使用。

2.8.14　INDIRECT函数

（1）函数功能
INDIRECT函数用于返回由文本字符串指定的引用。

（2）语法格式
INDIRECT(ref_text,[a1])

（3）参数说明
ref_text：必需参数，表示对单元格的引用，可以包含A1或R1C1样式的引用，或直接使用文本字符串形式的单元格引用。

[a1]：可选参数，表示指明包含在ref_text参数中的引用类型，它是一个逻辑值。如果该参数为TRUE或省略，则ref_text参数使用A1引用样式；如果该参数为FALSE，则ref_text参数使用R1C1引用样式。

（4）注意事项

如果ref_text参数不是正确的单元格引用，或者ref_text参数是对另一个工作簿的外部引用，但该工作簿没有打开，或者ref_text参数使用的单元格区域超出了工作表的最大范围，则INDIRECT函数返回错误值"#REF!"。

如果ref_text参数为带双引号的单元格引用，如""A2""，那么INDIRECT函数返回的是A2单元格中的内容。如图2.8.14-1所示，单击选择C1单元格，输入公式"=INDIRECT("A2")"，输入完毕后按Enter键结束，则公式返回的是A2单元格中的内容"B3"。

如果ref_text参数中使用不带双引号的单元格引用，那么INDIRECT函数返回该引用中指向的单元格内容。例如，如图2.8.14-2所示，单击选择C1单元格，输入公式"=INDIRECT(A2)"，按Enter键结束，返回了A2单元格中所指向的B3单元格中的内容"我爱Excel"。

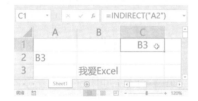
图2.8.14-1　带双引号的ref_text参数

图2.8.14-2　不带双引号的ref_text参数

（5）实例：二维数据转成一维数据

如图2.8.14-3所示，A1:E4内的姓名为一组二维数据，要求在G列中转成一列一维数据。

选择G1单元格，输入公式"=INDIRECT(ADDRESS(ROW(5:5)/5,MOD(ROW(5:5),5)+1))&""""，输入完毕后按Enter键结束并向下填充公式，即可完成转换，结果如图所示。

图2.8.14-3　INDIRECT+ADDRESS函数的应用

2.8.15　HYPERLINK函数

（1）函数功能

HYPERLINK函数用于创建超链接，可以打开储存在服务器、互联网或本地硬盘中的文件，还可以建立工作簿内部的跳转位置。

（2）**语法格式**

HYPERLINK(link_location,[friendly_name])

（3）**参数说明**

link_location：必需参数，表示目标文件的完整路径，必须是使用英文半角双引号括起来的文本。

[friendly_name]：可选参数，表示该超链接在此单元格中显示的值，形式可以是数值、文本字符串、名称或包含跳转文本或数值的单元格。如果忽略该参数，将默认显示为link_location参数的内容。该内容显示默认为蓝色带下划线样式。

（4）**注意事项**

如果在link_location参数中指定的目标文件位置不存在或无法访问，则在单击链接时会显示错误信息。

如果要选定一个包含超链接的单元格，并且不跳转到目标文件或位置，则需要点击链接单元格并按住鼠标左键，直到光标形状变为一个十字，然后释放鼠标即可。

（5）**实例：设置超链接**

如图2.8.15所示，A列为本工作簿中其他工作表名称，要求在B列批量设置可以快速打开各工作表的超链接。

选择B2单元格，输入公式"=HYPERLINK("#"&A2&"!b1","查看明细")"，输入完毕后按Enter键结束并向下填充公式，即可完成设置。单击B2:B5任意一个单元格，都会快速跳转到公式指定的目标工作表。

图2.8.15　HYPERLINK函数的应用

第
3
章

微信扫一扫
免费看课程

数据汇总、处理与分析

Excel为用户提供了很多处理数据的功能，如排序、筛选、分类汇总、合并计算等。面对复杂的数据，合理使用这些功能，可以大幅度提高工作效率，节约时间成本。

本章的学习要点：排序、筛选、数据验证和数据合并计算。

3.1 排序

使用排序功能可以将表格中的数据按照指定的顺序规律进行排列，从而更直观地显示数据，能够满足用户多角度浏览的需求。排序的方式有升序、降序、按笔划排序等。

3.1.1 单字段排序

单字段排序是指只按一个关键字进行排序，数据可以是数字和文本。数字可以直接按升序或降序排列，但带数字的文本则无法根据其中数字的大小进行排列。本节主要介绍数字和文本的排序方法。

（1）数字的排序

如图3.1.1–1所示，A列为商品名称，B列为单价，C列为数量，D列为金额，要求将表格根据B列单价按从小到大的升序顺序进行排列，操作方法如下：

用鼠标单击B1:B10单元格区域任意单元格，切换至“数据”选项卡，单击“排序和筛选”组中的“升序”按钮，操作完成后可以看到B列的单价已经按升序方式从小到大进行排列，如图3.1.1–2所示。

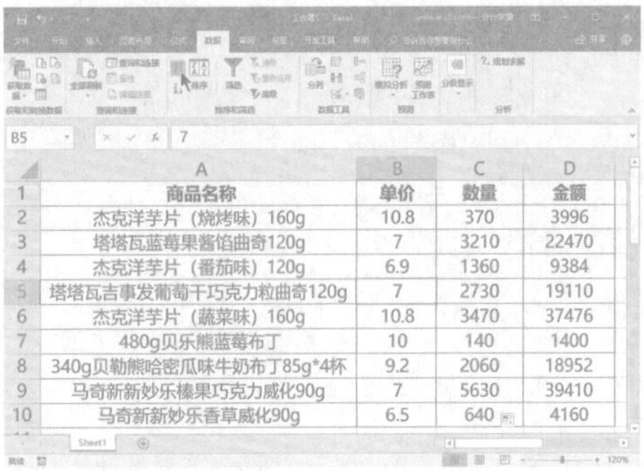

	A	B	C	D
1	商品名称	单价	数量	金额
2	杰克洋芋片（烧烤味）160g	10.8	370	3996
3	塔塔瓦蓝莓果酱馅曲奇120g	7	3210	22470
4	杰克洋芋片（番茄味）120g	6.9	1360	9384
5	塔塔瓦吉事发葡萄干巧克力粒曲奇120g	7	2730	19110
6	杰克洋芋片（蔬菜味）160g	10.8	3470	37476
7	480g贝乐熊蓝莓布丁	10	140	1400
8	340g贝勒熊哈密瓜味牛奶布丁85g*4杯	9.2	2060	18952
9	马奇新新妙乐榛果巧克力威化90g	7	5630	39410
10	马奇新新妙乐香草威化90g	6.5	640	4160

图3.1.1–1　单击“升序”按钮

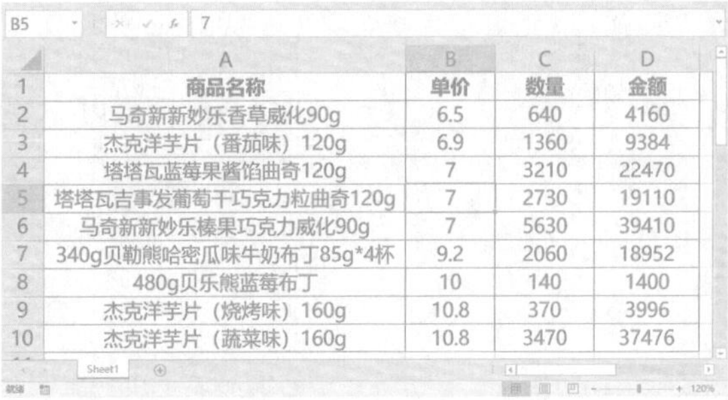

	A	B	C	D
1	商品名称	单价	数量	金额
2	马奇新新妙乐香草威化90g	6.5	640	4160
3	杰克洋芋片（番茄味）120g	6.9	1360	9384
4	塔塔瓦蓝莓果酱馅曲奇120g	7	3210	22470
5	塔塔瓦吉事发葡萄干巧克力粒曲奇120g	7	2730	19110
6	马奇新新妙乐榛果巧克力威化90g	7	5630	39410
7	340g贝勒熊哈密瓜味牛奶布丁85g*4杯	9.2	2060	18952
8	480g贝乐熊蓝莓布丁	10	140	1400
9	杰克洋芋片（烧烤味）160g	10.8	370	3996
10	杰克洋芋片（蔬菜味）160g	10.8	3470	37476

图3.1.1–2　“单价”按升序排列的结果

如果想对B列的单价进行从大到小的排序方式只需单击“升序”按钮下面的“降序”按钮即可。

（2）文本的排序

文本的排序方式有两种：一种是按字母排序，另一种是按笔划排序。Excel在默认情况下是按字母排序的。

按字母排序时直接点击“数据”选项卡“排序和筛选”组中的升序或降序按钮即可。

由于Excel对文本默认的排序方式是“字母排序”，因此，如果要对文本按笔划进行排序，需要先在“排序”对话框中进行设置。鼠标单击选择A1:D10单元格区域任意单元格，切换至“数据”选项卡，单击“排序和筛选”组中的“排序”按钮，在打开的“排序”对话框中，将主要关键字设置为“商品名称”，排序依据设置为“单元格值”，次序在这里设置为“降序”，然后单击“选项”按钮，操作如图3.1.1–3所示。接着如图3.1.1–4所示，在打开的“排序选项”对话框中，选择“笔划排序”单选框即可。

图3.1.1-3 单击"选项"按钮　　　　　图3.1.1-4 选择"笔划排序"单选框

3.1.2 多字段排序

多字段排序是指工作表中的数据按照两个或两个以上的关键字进行排序。参照图3.1.2-1所示，要求对"部门"和"实发工资"同时做升序排序。

选择A1:G10单元格区域的任意单元格，切换至"数据"选项卡，单击"排序和筛选"组中的"排序"按钮，如图3.1.2-2所示。

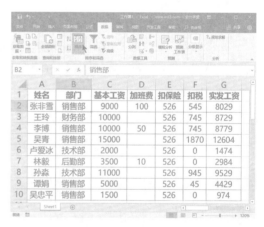

图3.1.2-1 要求对"部门"和"实发工资"字段同时排序　　　图3.1.2-2 单击"排序"按钮

接着如图3.1.2-3所示，在打开的"排序"对话框中，将关键字设置为"部门"，排序依据设置为"单元格值"，次序设置为"升序"，然后单击"复制条件"按钮，在复制出的条件中，将关键字"部门"更改为"实发工资"。操作完成后，单击"确定"按钮关闭对话框完成设置。

返回工作表后，即可发现数据内容已按要求做出了排序，结果如图3.1.2-4所示。

图3.1.2-3　多字段排序设置

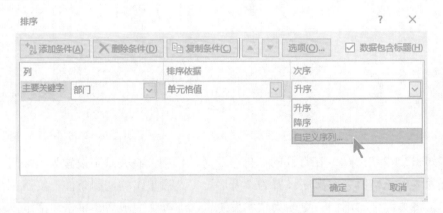

图3.1.2-4　"部门"和"实发工资"字段同时排序的结果

需要注意的一点是：在多字段排序中，条件之间具有优先级，上面的条件优先于下面的条件，如果要改变条件之间的优先级，可以在选中该条件后单击"复制条件"右侧的"上移"或"下移"按钮进行调整。

3.1.3　自定义排序

如果用户有按照个人意愿进行排序的需求，可以通过创建自定义序列进行设置。例如，在上节的实例中，要求对"部门"字段按特定的顺序进行排列，假设顺序为"销售部""技术部""财务部""后勤部"。

先参照第一章1.8.5小结中讲述的步骤将部门添加至自定义序列。然后打开"排序"对话框，设置主要关键字为"部门"，然后在"次序"下拉列表中选择"自定义序列"，如图3.1.3-1所示。

图3.1.3-1　选择"自定义序列"

接着如图3.1.3-2所示，在打开的"自定义序列"对话框中，选择刚才添加的序列，返回"排序"对话框中，单击"确定"按钮，即可发现部门已经按照该条自定义的序列进行了排序，结果如图3.1.3-3所示。

图3.1.3-2 选择要使用的自定义序列   图3.1.3-3 根据自定义列表排序后的结果图

3.2 筛选

数据筛选功能可以在复杂的数据中将符合条件的数据快速查找并使其显示出来，同时将不符合条件的数据进行隐藏。Excel筛选功能分为三种：自动筛选、自定义筛选和高级筛选，下面分别进行介绍。

3.2.1 自动筛选

在需要根据某个条件筛选出相关的数据时，可以使用自动筛选功能，该功能可以快速准确地查找和显示满足条件的数据。如图3.2.1-1所示，假设要对B列的"部门"字段进行筛选，筛选出"销售部"的工资记录。

单击选择数据区域的任意单元格，切换至"数据"选项卡，单击"排序和筛选"组中的"筛选"按钮，如图所示。也可直接按下Ctrl+Shift+L组合键，使用快捷键为工作表添加筛选按钮。工作表进入筛选模式后，单击"部门"字段上的筛选按钮，在展开的下拉列表中取消"全选"复选框，勾选"销售部"复选框即可得到筛选结果，操作如图3.2.1-2所示。

图3.2.1-1 为工作表添加"筛选"按钮   图3.2.1-2 勾选"销售部"复选框

3.2.2 自定义筛选

自定义筛选功能是指用户可以根据不同需求筛选出满足条件的内容，如果筛选的数据类型不同，那么筛选出现的条件也不一样。

（1）数字筛选

通常情况下筛选都是针对数字进行的，数字的筛选条件包括"等于""不等于""大于""大于或等于""小于""小于或等于""介于""前10项""高于平均值"和"低于平均值"，用户可以根据需要进行选择。

参照图3.2.2-1所示，要求在该工资表中筛选出G列"实发工资"字段大于等于5000元的记录。

在工作表进入筛选模式后，单击"实发工资"字段的筛选按钮，在下拉列表中依次单击"数字筛选""大于或等于"命令。

图3.2.2-1 选择"数字筛选"中的条件

接着如图3.2.2-2所示，在打开的"自定义自动筛选方式"对话框中，在"大于或等于"条件右侧的输入框中，输入"5000"，输入完成后单击"确定"按钮关闭对话框完成设置。

返回工作表中，即可看到"实发工资"大于等于5000元的数据记录已被筛选出来，结果如图3.2.2-3所示。

图3.2.2-2 输入条件值

图3.2.2-3 对数字筛选的结果

（2）日期筛选

当要进行筛选的字段为日期时，筛选条件为"日期筛选"，日期筛选的条件非常丰富，包括"等于""之前""之后""介于""明天""今天""昨天""下周""本周""上周""下月""本月""上月""下季度""本季度""上季度""明年""今年""去年"和"本年度截止到现在"，如图3.2.2-4所示，用户可以根据需要进行选择。

单击"出生日期"字段的筛选按钮，在下拉列表中依次单击"日期筛选""介于"命令。

图3.2.2-4　日期筛选的条件

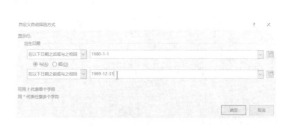

图3.2.2-5　填写条件值

接着如图3.2.2-5所示，在打开的"自定义自动筛选方式"对话框中，输入日期值"1980-1-1"和"1989-12-31"，输入完成后单击"确定"按钮即可筛选出出生日期在这两个日期之间的数据，不在此范围内的数据则被隐藏。

（3）文本筛选

在对文本进行筛选时，筛选条件设置为"文本筛选"，文本筛选的条件包括"等于""不等于""开头是""结尾是""包含"和"不包含"，如图3.2.2-6所示，用户可以根据需要进行选择。在文本筛选中，用户可以使用通配符进行模糊筛选，但是筛选的条件中必须有共同的字符。

单击"姓名"字段的筛选按钮，在下拉列表中依次单击"文本筛选""包含"命令。

图3.2.2-6　文本筛选的条件

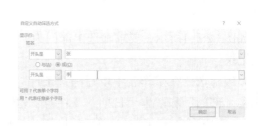

图3.2.2-7　输入条件值

接着如图3.2.2-7所示，在打开的"自定义自动筛选方式"对话框中，将"显示行"条件设为"开头是"，并在右侧的文本框中输入文字"张"和"李"，然后选择中间的"或"单选框，设置完成后单击"确定"按钮即可筛选出张姓和李姓的相关记录，其他姓氏的数据记录则被隐藏。

（4）按颜色筛选

使用筛选功能除了可以对单元格的数值进行筛选，还可以根据单元格的颜色进行筛选，筛选条件有"按单元格颜色筛选"和"按字体颜色筛选"两种。

参照图3.2.2-8所示，要求筛选出"姓名"字段中，单元格填充颜色为黄色的记录。

单击"姓名"字段的筛选按钮，在下拉列表中依次单击"按颜色筛选""按单元格颜色筛选"命令，操作如图所示。返回工作表，即可看到单元格颜色为黄色的相关记录全部显示出来，其他数据记录均被隐藏，结果如图3.2.2-9所示。

图3.2.2-8　按颜色筛选

图3.2.2-9　按颜色筛选的结果

3.2.3　高级筛选

用户如果需要进行多条件的筛选，就可以使用高级筛选功能。高级筛选的各个条件之间存在"与"和"或"两种关系："与"关系为需要同时满足多个条件，与AND函数近义；"或"关系为只要满足其中任意一个条件即可，与OR函数近义。下面分别进行介绍。

（1）"与"关系的筛选

高级筛选中的"与"关系，表示筛选出满足全部条件的记录，是同时满足多个条件的筛选。

如图3.2.3-1所示，要求筛选出部门为"销售部"，出生日期为"<1985-12-31"的全部相关记录。

高级筛选要在工作表中填写筛选条件。首先，在空白单元格区域输入要进行筛选的字段名称"部门"和"出生日期"（注意：输入的字段名称必须与数据列表中的字段名完全相同），这里输入到了E1:F1单元格区域。接着，要输入筛选条件，在E2:F2单元格区域中输入与字段名称对应的条件"销售部"和"<1985-12-31"（注意：在"与"关系下，需要将所有的条件输入到同一行，这就表示各条件之间是"与"的关系）。输入完成后，切换至"数据"选项卡，单击"排序与筛选"组中的"高级"按钮，操作如图3.2.3-1所示。

接着如图3.2.3-2所示，在打开的"高级筛选"对话框中，单击"列表区域"右侧折叠按钮，在工作表中选择A1:C20单元格区域；再单击"条件区域"右侧折叠按钮，在工作表中选择E1:F2单元格区域，操作完毕后单击"确定"按钮关闭对话框完成筛选，筛选的结果如图3.2.3-3所示。

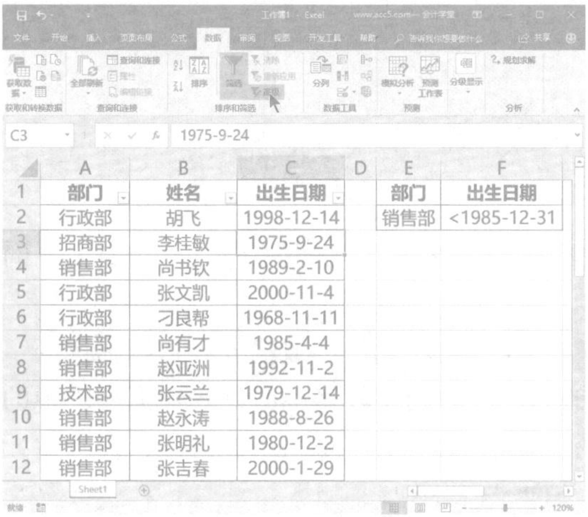

图3.2.3-1　输入"与"关系的筛选条件

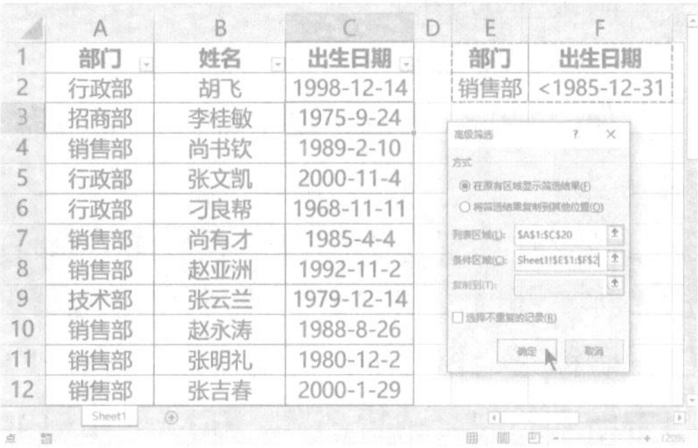

图3.2.3-2　设置"高级筛选"列表区域和条件区域

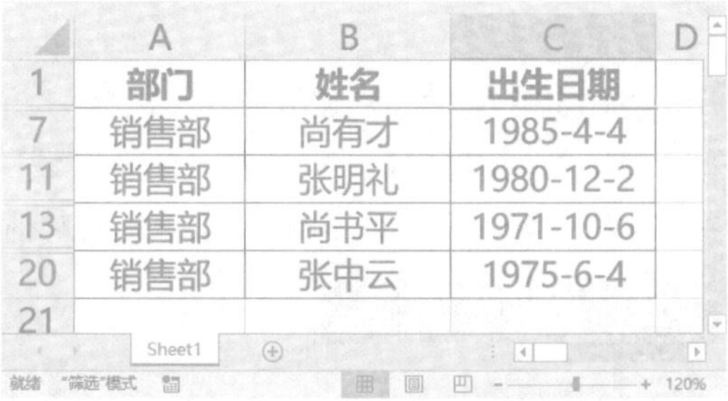

图3.2.3-3　"与"关系的筛选结果

除了在数据列表中直接筛选之外，高级筛选还可以将筛选的结果复制到指定位置：

打开"高级筛选"对话框后，选择"方式"下方的"将筛选结果复制到其他位置"单选框，然后分别选择列表区域和条件区域，并指定要将筛选的结果"复制到"的起始单元格，如图3.2.3-4所示，设置完成后单击"确定"按钮关闭对话框完成筛选。

返回工作表后，即可看到系统已经把符合条件的相关记录筛选出来并复制到指定位置，结果如图3.2.3-5所示。

	A	B	C	D	E	F
1	部门	姓名	出生日期		部门	出生日期
2	行政部	胡飞	1998-12-14		销售部	<1985-12-31
3	招商部	李桂敏	1975-9-24			
4	销售部	尚书钦	1989-2-10			
5	行政部	张文凯	2000-11-4			
6	行政部	刁良帮	1968-11-11			
7	销售部	尚有才	1985-4-4			
8	销售部	赵亚洲	1992-11-2			
9	技术部	张云兰	1979-12-14			
10	销售部	赵永涛	1988-8-26			

图3.2.3-4　将筛选结果复制到其他位置

	E	F	G
1	部门	出生日期	
2	销售部	<1985-12-31	
3			
4			
5	部门	姓名	出生日期
6	销售部	尚有才	1985-4-4
7	销售部	张明礼	1980-12-2
8	销售部	尚书平	1971-10-6
9	销售部	张中云	1975-6-4
10			

图3.2.3-5　被复制到其他位置的筛选结果

（2）"或"关系的筛选

高级筛选中的"或"关系，表示筛选出满足多个条件中任意条件的记录，是满足其中一个条件的筛选。

如图3.2.3-6所示，要求筛选出部门为"销售部"，或者出生日期为"<1985-12-31"的相关记录。

高级筛选要在工作表中填写筛选条件。首先，在空白单元格区域输入要进行筛选的字段名称"部门"和"出生日期"（注意：输入的条件区域的字段名称必须与数据列表中的字段名称完全相同），这里输入到了E1:F1单元格区域。接着，要输入筛选条件，在E2单元格中输入条件"销售部"，在F3单元格中输入条件"<1985-12-31"（注意：在"或"关系下，需要将所有的条件输入到不同的行，这就表示各条件之间是"或"的关系）。输入完成后，切换至"数据"选项卡，单击"排序与筛选"组中的"高级"按钮，如图3.2.3-6所示。

然后，如图3.2.3-7所示，在打开的"高级筛选"对话框中，单击"列表区域"右侧折叠按钮，在工作表中选择A1:C20单元格区域；再单击"条件区域"右侧折叠按钮，在工作表中选择E1:F3单元格区域，操作完毕后单击"确定"按钮关闭对话框即可完成筛选。

图3.2.3-6　输入"或"关系的筛选条件　　　　图3.2.3-7　设置"高级筛选"列表区域和条件区域

3.3　数据验证

用户在录入数据的过程中，可能会输入错误或不符合要求的数据，因此Excel提供了一个功能，可以对输入数据的准确性和规范性进行控制，这种功能在Excel 2013及后来的版本中被称为"数据验证"，而在比Excel 2013更早的版本中，叫作"数据有效性"，但其功能和内部结构实际上并没有发生改变。

3.3.1　输入时进行条件限制

如图3.3.1-1所示，切换至"数据"选项卡，单击"数据工具"组中的"数据验证"按钮，在打开的下拉列表中选择"数据验证"命令，即可打开数据验证对话框。

接着如图3.3.1-2所示，在打开的"数据验证"设置对话框中，可以看到"允许"下拉列表中包含了"任何值""整数""小数""序列""日期""时间""文本长度"和"自定义"等多种条件类型，用户可以根据实际需要进行设置。使用数据验证对单元格设置了限制条件后，用户在输入不符合条件的数据时，Excel在默认情况下会自动弹出警告窗口阻止用户输入。

图3.3.1-1　选择"数据验证"命令

图3.3.1-2　数据验证的允许类型

（1）任何值

允许用户输入任何数据，没有设置任何验证条件，这也是所有单元格的默认状态。

（2）整数

允许用户输入整数和日期，不允许输入小数、文本逻辑值等类型的数据。在选择使用"整数"作为允许条件后，还需要在"数据"下拉列表设置数值允许范围，数值的允许范围包含了"介于""未介于""等于""不等于""大于""小于""大于或等于"和"小于或等于"，如图3.3.1-3所示，用户可以根据需要进行选择。

图3.3.1-3　整数允许的范围

在设置具体的数据范围时，除了直接输入数值，还可以使用公式。例如，在A列设置允许整数的范围必须大于B列中的所有数值，可以在"数据"下拉列表中选择"大于"，然后在下面的文本输入框中输入公式"=MAX(B:B)"。

（3）小数

允许用户输入小数、时间、分数、百分比等数据，不允许输入整数、文本和逻辑值等类型的数据。与整数条件类似，在选择使用"小数"作为允许条件后，同样需要在"数据"下拉列表设置数值允许范围，数值的允许范围同样包含了"介于""未介于""等于""不等于""大于""小于""大于或等于"和"小于或等于"，用户可以根据需要进行选择。

在设置具体的数据范围时，除了直接输入数值，同样还可以使用公式。例如，在A列设置允许小数的范围必须小于B列中的平均值，可以在"数据"下拉列表中选择"小于"，然后在下面的文本框中输入公式"=AVERAGE(B:B)"。

（4）序列

使用序列作为允许条件，可以制作"下拉式菜单"，即由用户指定多个允许输入的项目，如只允许输入"销售部""技术部""财务部"三项信息。

打开"数据验证"对话框，在"来源"文本输入框中输入"销售部,技术部,财务部"（注意：项目与项目之间使用英文半角的逗号隔开），如图3.3.1-4所示，操作完成后单击"确定"按钮关闭对话框完成设置。

返回工作表中，在选中单元格的时候会出现一个下拉箭头，点击下拉箭头显示这些允许输入的项目，单击即可输入，如图3.3.1-5所示。

图3.3.1-4　设置下拉式菜单　　　　　　图3.3.1-5　使用下拉式菜单输入

该功能在Excel 2010之前的版本中，只能在文本输入框中直接输入项目而不能通过引用单元格区域来实现，而在Excel 2010及以后的版本中，改成了既可以输入又可以引用的方式。引用单元格区域的方法明显是更方便的：先把允许输入的项目输入到单元格区域，点击"来源"文本框右侧的折叠按钮，返回工作表中选取即可。（注意：输入到单元格中的项目不可以删除，删除后则下拉式菜单里的项目也不复存在，无法使用。）

（5）日期

允许用户输入日期，但由于日期型数据实际上也是数值的一部分，因此也允许输入设定范围内的数值，但不允许输入文本和逻辑值等数据类型。在选择使用"日期"作为允许条件后，同样需要在"数据"下拉列表中设置数值允许范围，数值的允许范围与整数和小数的数值允许范围一致。

在设置具体的数据范围时，除了直接输入数值，同样还可以使用公式，例如规定必须输入计算机系统当前日期之前的日期，可以在"数据"下拉列表中选择"小于"，然后在"结束日期"文本框中输入公式"=TODAY()"。

（6）时间

使用时间作为允许条件，与使用日期作为允许条件的使用方法一致。只是在设定时间范围时，只能输入不包含日期的时间值或0～1之间的小数，否则将会提示错误。

（7）文本长度

用户使用"文本长度"作为允许条件，可以根据输入数据的字符长度进行判断而不限定数据的类型。在选择使用"文本长度"作为允许条件后，同样需要在"数据"下拉列表中设置数值的允许范围，数值的允许范围与整数、小数、日期一致。例如，如果只允许输入18位的身份证号码，在"数据"下拉列表中选择"等于"，然后在下面的"长度"文本框中输入"18"即可。

（8）自定义

当上述七种内置的允许条件都不能满足需求时，用户可以选择"自定义"类型，然后通过使用公式来进行更具体的设定。例如，如果只允许输入偶数，则可以在"允许"类型中选择"自定义"选项，然后在下面的输入框中输入公式"=ISEVEN(A1)"，如图3.3.1-6所示。

设置完成后，如果在A1单元格中输入了奇数，则不符合设定条件，因此Excel会弹出警告窗口阻止此次输入，如图3.3.1-7所示。

图3.3.1-6　自定义允许条件　　　　　　　图3.3.1-7　输入了不符合允许条件的数据时

3.3.2　对已有内容圈释无效数据

使用数据验证设置允许条件，可以在输入的时候，对不符合条件的数据阻止输入。而面对已有的内容，则可以在设置允许条件后通过圈释无效数据，对不符合条件的记录进行圈释提醒。

如图3.3.2-1所示，A列已经输入了日期数据，先使用数据验证将允许条件设置为"日期"，日期的范围设置为介于"2018-1-1"和"2018-1-31"之间。

图3.3.2-1　设置的允许条件

如图3.3.2-2所示，选择A列的数据，切换至"数据"选项卡，单击"数据工具"组中的"数据验证"按钮，在打开的下拉列表中选择"圈释无效数据"命令。

接着如图3.3.2-3所示，可以看到无效数据已经被圈释出来。

如果要删掉红色的标识圈，如图3.3.2-4所示，选择"数据验证"下拉列表中的"清除验证标识圈"命令即可。

图3.3.2-2　"圈释无效数据"命令

图3.3.2-3　圈释无效数据

图3.3.2-4　"清除验证标识圈"命令

3.3.3　限制重复输入

用户如果需要在某一单元格区域内输入不重复的数据内容，可以通过数据验证中的自定义条件来设置约束。

如图3.3.3-1所示，要求设置为：A2:A10单元格区域中的姓名只能输入唯一值，不允许重复输入。选择A2:A10单元格区域，参照上述介绍的方法打开"数据验证"对话框，选择"允许"类型中的"自定义"选项，在公式下方的输入框中输入公式"=COUNTIF($A$2:$A$10,$A2)=1"，如图所示。

完成设置后，如果在A1:A10单元格区域输入了重复的姓名，Excel就会弹出错误警告窗口来阻止输入，结果如图3.3.3-2所示。

图3.3.3-1　设置不允许重复输入的公式

图3.3.3-2　重复输入时的错误警告

3.3.4　设置二级联动下拉菜单

所谓二级联动下拉菜单，就是可以根据前一级所选择的内容自动显示不同的下拉选项，前后级之间存在上下对应关系的菜单。例如要在前面的列显示省份，在后面的列显示城市，当前面的列为不同的省份时，后面的列能够自动显示该省份中的城市，而不显示其他省份的城市。

如图3.3.4-1所示，A1:E1单元格区域为省份名称，A2:E7单元格区域为对应的城市，要求根据这些数据制作二级联动下拉菜单。

在工作表中选择要输入省份名称的位置，在这里使用的是G2:G7单元格区域。选择G2:G7单元格区域，切换至"数据"选项卡，单击"数据工具"选项组中的"数据验证"命令。接着在打开的"数据验证"对话框中，将允许条件设置为"序列"，然后单击"来源"右侧的折叠按钮，返回工作表中选择A1:E1单元格区域，或在输入框中直接输入公式"=$A$1:$E$1"，如图3.3.4-2所示，操作完成后单击"确定"按钮关闭对话框完成设置。

图3.3.4-1　输入数据源　　　　　　　　图3.3.4-2　设置一级下拉菜单

单击H2单元格，切换至"数据"选项卡，使用上述介绍的方法打开"数据验证"对话框，在打开的"数据验证"对话框中，将允许条件设置为"序列"，在"来源"下方的输入框中输入公式"=OFFSET($A$1,1,MATCH($G2,A$1:E$1,)-1,COUNTA(OFFSET($A$1,1,MATCH($G2,A$1:E$1,)-1,100)))"，如图3.3.4-3所示（该图中的公式无法全部显示），输入完毕后单击"确定"按钮关闭对话框完成设置。

按以上步骤完成设置后，在G2单元格中通过下拉菜单选择省份名称后，H2单元格内的下拉式菜单中会自动显示与该省份相对应的城市名称，如图3.3.4-4所示。

图3.3.4-3　设置二级下拉菜单　　　　　图3.3.4-4　二级下拉菜单的输入效果

3.4　合并计算

用户如果要将结构相似或内容相同的多个数据表进行合并统计，可以使用"合并计算"功能。"合并计算"功能可以汇总或合并多个数据源区域中的数据，具体有按位置合并计算和按类别合并计算两种方式。其中数据区域可以是同一工作表，可以是同一工作簿中的不同工作表，也可以是不同工作簿中的表格。

3.4.1　按位置合并计算

按位置合并计算就是将多张工作表中相同位置的数值进行计算，如图3.4.1–1所示，A1:C6单元格区域为"北京"数据列表，E1:G6单元格区域为"上海"数据列表，I1:K6单元格区域为"汇总"数据表，三张数据表的结构和顺序完全一致，要求在汇总表的J2:K6单元格区域中计算出"北京"和"上海"数据表各产品总的数量和金额。

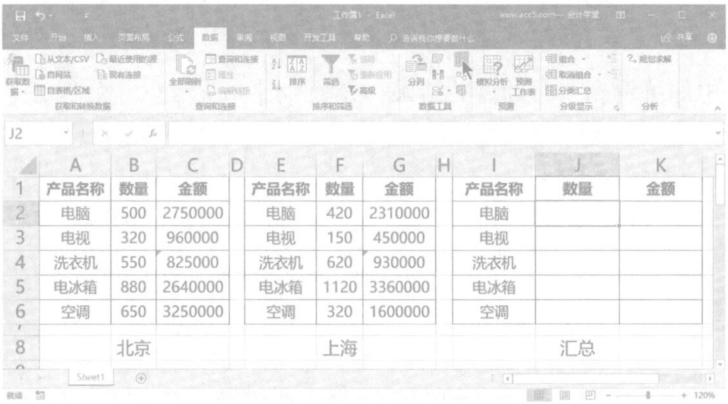

图3.4.1–1　选择"合并计算"命令

如图3.4.1–1所示，选择J2单元格，切换至"数据"选项卡，单击"数据工具"组中的"合并计算"命令。接着如图3.4.1–2所示，在打开的"合并计算"对话框中，单击"引用位置"右侧的折叠按钮。

返回工作表中，选择B2:C6单元格区域，再次单击折叠按钮，如图3.4.1–3所示。

图3.4.1–2　单击"引用位置"右侧的折叠按钮　　　图3.4.1–3　选择引用位置

返回"合并计算"对话框，即在"引用位置"文本输入框中显示引用的单元格区域，单击"添加"按钮，将引用区域添加至"所有引用位置"，操作如图3.4.1–4所示。

按照相同的方法，将F2:C6单元格区域也添加至"所有引用位置"，然后单击"确定"按钮，如图3.4.1–5所示。

图3.4.1-4　单击"添加"按钮　　　　图3.4.1-5　设置完成单击"确定"按钮

返回工作表中即可看到合并计算的结果，如图3.4.1-6所示。

	A	B	C	D	E	F	G	H	I	J	K
1	产品名称	数量	金额		产品名称	数量	金额		产品名称	数量	金额
2	电脑	500	2750000		电脑	420	2310000		电脑	920	5060000
3	电视	320	960000		电视	150	450000		电视	470	1410000
4	洗衣机	550	825000		洗衣机	620	930000		洗衣机	1170	1755000
5	电冰箱	880	2640000		电冰箱	1120	3360000		电冰箱	2000	6000000
6	空调	650	3250000		空调	320	1600000		空调	970	4850000
8		北京				上海				汇总	

图3.4.1-6　完成合并计算

3.4.2　按类别合并计算

如果要将多个位置不相同的数值进行计算，就要按类别合并计算，如图3.4.2-1所示，A1:C6单元格区域为"北京"数据表，E1:G6单元格区域为"上海"数据表，I1:K6单元格区域为"汇总"数据表，其中"北京"和"上海"两张数据表的结构并不完全一致，产品名称的排列顺序不同，要求在汇总表的I1:K6单元格区域中计算出"北京"和"上海"数据表各产品总的数量和金额。

图3.4.2-1　选择"合并计算"命令

单击选择I1单元格，切换至"数据"选项卡，选择"数据工具"组中的"合并计算"命令。在打开的"合并计算"对话框中，按照上述介绍的方法，将A1:C6和E1:G6单元格区域添加到"所有引用位置"，并勾选"标签位置"下方的"首行"和"最左列"复选框，如

图3.4.2-2所示，设置完毕后单击"确定"按钮。

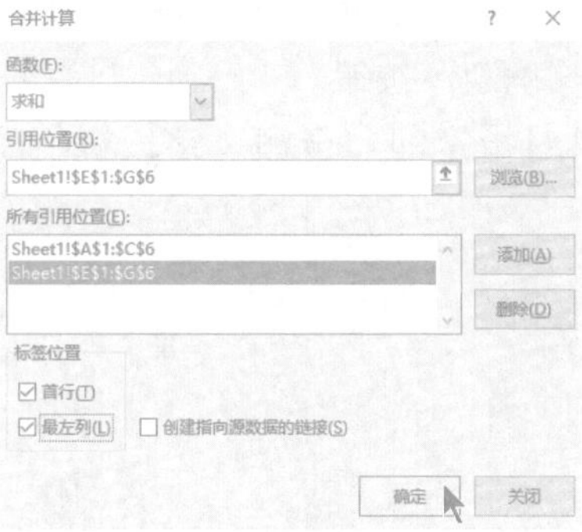

图3.4.2-2　"合并计算"对话框设置

返回工作表中即可看到，已经将这两个单元格区域内相同类型的数据进行了合并计算，结果如图3.4.2-3所示。

图3.4.2-3　完成合并计算

3.4.3　有选择的合并计算

使用合并计算功能，不仅可以对整个数据表进行合并计算，还可以对指定的字段合并计算。

如图3.4.3-1所示，本例要求只对各产品的金额进行汇总，而数量不需要汇总。在I1单元格和J1单元格，分别输入指定数据列表的字段名称"产品名称"和"金额"（注意：条件区域的字段名称必须要与列表区域的字段名称相同），然后切换至"数据"选项卡，单击"数据工具"组中的"合并计算"命令。

图3.4.3-1　选中字段名后选择"合并计算"命令

在打开的"合并计算"对话框中，依照上述方法将要进行合并计算的数据区域添加至"所有引用位置"，并勾选"标签位置"下方的"首行"和"最左列"复选框，如图3.4.3-2所示，设置完成后单击"确定"按钮。

返回工作表，即可看到只对指定的"金额"字段进行了合并计算，结果如图3.4.3-3所示。

图3.4.3-2 "合并计算"对话框设置　　　　图3.4.3-3 完成合并计算

3.4.4 指定顺序的合并计算

使用合并计算功能，除了允许用户对字段进行选择性计算，同时还允许按指定的项目顺序合并计算。

如图3.4.4-1所示，选择I1和J1单元格，分别输入指定数据列的字段名称"产品名称"和"金额"，然后在"产品名称"字段按指定的顺序输入各产品的名称。输入完毕后，选择I1:J6单元格区域，切换至"数据"选项卡，单击"数据工具"组中的"合并计算"命令。

图3.4.4-1 选择指定的数据项目和字段区域

在打开的"合并计算"对话框中，依照上述方法将要进行合并计算的数据区域添加至"所有引用位置"，并勾选"标签位置"下方的"首行"和"最左列"复选框，如图3.4.4-2所示，设置完成后单击"确定"按钮。

返回工作表，即可看到合并计算的结果，如图3.4.4-3所示。

图3.4.4-2　"合并计算"对话框设置

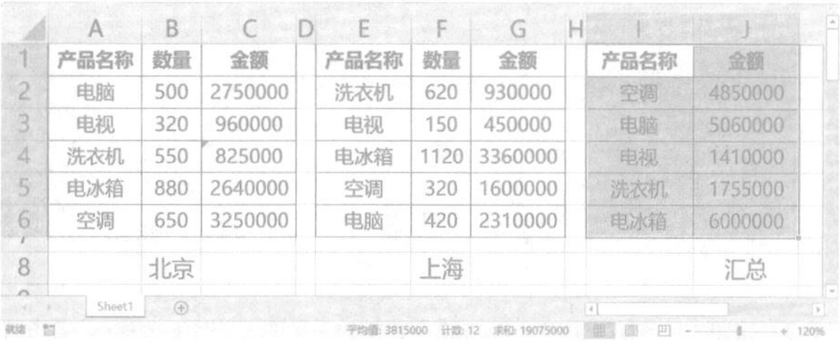

图3.4.4-3　完成合并计算

3.4.5　使用通配符的合并计算

合并计算功能允许用户在"首行"和"最左列"中使用通配符进行模糊条件的合并计算。

如图3.4.5-1所示，A1:B7单元格区域为"表一"数据表，D1:E7单元格区域为"表二"数据表，在本例中，两张表的"商品名称"字段内容是由详细的类别和口味组合而成的，没有明显一致的规律。要求对"饼干""饮料"和"薯片"的商品数量进行汇总。

如图所示，在模拟的"汇总"数据表中的"商品名称"字段下，输入"饼干""饮料"和"薯片"，并在各商品名称的前后加上通配符"*"，用于表示"包含"的模糊条件。选择G1:H4单元格区域，切换至"数据"选项卡，单击"数据工具"组中的"合并计算"命令，打开"合并计算"对话框。

图3.4.5-1　设置合并计算结果表的"首行"和"最左列"

在"合并计算"对话框中，将两个用于计算的数据区域添加至"所有引用位置"，并勾选"标签位置"下方的"首行"和"最左列"复选框，如图3.4.5-2所示，设置完成后单击"确定"按钮。

返回工作表，即可看到合并计算的结果，如图3.4.5-3所示。

169

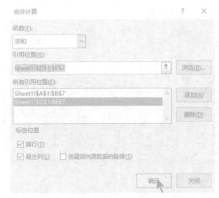

图3.4.5-2 “合并计算”对话框设置

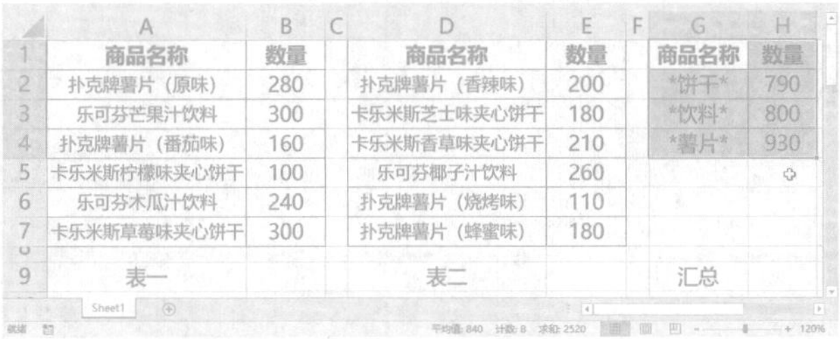

	A	B	C	D	E	F	G	H
1	商品名称	数量		商品名称	数量		商品名称	数量
2	扑克牌薯片（原味）	280		扑克牌薯片（香辣味）	200		*饼干*	790
3	乐可芬芒果汁饮料	300		卡乐米斯芝士味夹心饼干	180		*饮料*	800
4	扑克牌薯片（番茄味）	160		卡乐米斯香草味夹心饼干	210		*薯片*	930
5	卡乐米斯柠檬味夹心饼干	100		乐可芬椰子汁饮料	260			
6	乐可芬木瓜汁饮料	240		扑克牌薯片（烧烤味）	110			
7	卡乐米斯草莓味夹心饼干	300		扑克牌薯片（蜂蜜味）	180			
9	表一			表二			汇总	

图3.4.5-3 完成合并计算

3.4.6 设置合并计算的函数

用户在使用合并计算功能时，默认的函数是求和，系统提供的函数类型有“求和”“计数”“平均值”“最大值”“最小值”“乘积”“数值计数”“标准偏差”“总体标准偏差”“方差”和“总体方差”，如图3.4.6所示，用户可以根据需要进行设置。

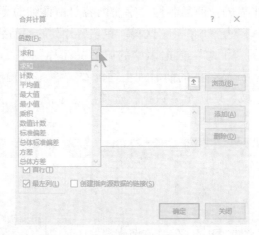

图3.4.6 合并计算的函数类型

第
4
章

微信扫一扫
免费看课程

条件格式

条件格式，就是根据用户设定的条件，对单元格中的数据进行判断，并为满足条件的单元格添加指定的格式，以更直观的方式来展现数据。用户可以通过设置条件格式更直观地突出某些需要特别强调的数据。

4.1 创建条件格式

创建条件格式，最好是先选中单元格区域，然后单击"开始"选项卡"样式"组中的"条件格式"下拉按钮，在打开的下拉列表中选择需要的条件格式。Excel提供的条件格式有"突出显示单元格规则""最前/最后规则""数据条""色阶"和"图标集"，如图4.1所示，用户可以根据需要进行选择。

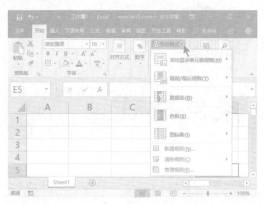

图4.1 条件格式的类型

4.1.1 突出显示单元格规则

用户在制作表格时，可以通过"突出显示单元格规则"来自动标识满足某些设定条件的单元格，让表格具备自动突出重点要点的效果。如图4.1.1-1所示，突出显示单元格规则的类型有"大于""小于""介于""等于"以及"文本包含""发生日期"和"重复值"。

图4.1.1-1 突出显示单元格规则的类型

（1）根据数值大小标识格式

如图4.1.1-2所示，在本例中，要求突出显示销售数量在200以上的记录。选择F2:F10单元格区域，单击"开始"选项卡"样式"组中的"条件格式"下拉按钮，在打开的下拉列表中依次单击"突出显示单元格规则""大于"命令。

接着如图4.1.1-3所示，打开"大于"对话框，在"为大于以下值的单元格设置格式"文本输入框中输入"200"，即可在数据区域看到预览效果，销售数量大于200的单元格均被填充了浅红色，单击"确定"按钮即可完成设置。

图4.1.1-2　选择突出显示单元格规则的类型①

图4.1.1-3　在"大于"对话框中设置大于的值

本例中填充的浅红色是条件格式的默认颜色，如果用户有其他需要，可以单击"设置为"右侧的下拉按钮，从下拉列表中选择需要的颜色，或者单击下拉列表中的"自定义格式"选项，自行设置需要的格式。

（2）根据文本包含标识格式

突出显示单元格规则不但可以根据数值大小进行标识，还可以对文本包含进行标识。如图4.1.1-4所示，在本例中，要求在"商品编码"中突出显示包含"I"的记录。选择D2:D10单元格区域，单击"开始"选项卡"样式"组中的"条件格式"下拉按钮，在打开的下拉列表中依次单击"突出显示单元格规则""文本包含"命令。

如图4.1.1-5所示，打开"文本中包含"对话框，在"为包含以下文本的单元格设置格式"文本输入框中输入"I"，即可在数据区域看到预览效果，包含"I"的单元格均被填充了浅红色，单击"确定"按钮即可完成设置。

图4.1.1-4　选择突出显示单元格规则的类型② 　　　图4.1.1-5　设置"文本包含"的字符

（3）对重复值标识格式

对重复值进行标识，可以标识数据区域内的重复项。如图4.1.1-6所示，要求标识"姓名"字段中重复出现的人员姓名。选择C2:C10单元格区域，单击"开始"选项卡"样式"组中的"条件格式"下拉按钮，在打开的下拉列表中依次单击"突出显示单元格规则""重复值"命令。

接着如图4.1.1-7所示，打开"重复值"对话框，在"为包含以下类型值的单元格设置格式"下拉列表中选择"重复"选项，即可在数据区域看到预览效果，重复出现的姓名所在的单元格均被填充了浅红色，单击"确定"按钮即可完成设置。

图4.1.1-6　选择突出显示单元格规则的类型③　　　图4.1.1-7　设置包含类型值为"重复值"

如果希望标识只出现一次的人员姓名，则在"为包含以下类型值的单元格设置格式"下拉列表中选择"唯一"选项。

4.1.2　最前/最后规则

最前/最后规则可以为前或后n项或n%项的单元格，以及高于或低于平均值的单元格设置单元格格式。如图4.1.2-1所示，在本例中，要求标识销售数量最高的前3条记录。

选择F2:F10单元格区域，单击"开始"选项卡"样式"组中的"条件格式"下拉按钮，在打开的下拉列表中依次单击"最前/最后规则""前10项"命令。

接着如图4.1.2-2所示，打开"前10项"对话框，在"为值最大的那些单元格设置格式"文本输入框中输入3，即可在数据区域看到预览效果，销量最高的前3条记录的单元格被填充了浅红色，单击"确定"按钮即可完成设置。

图4.1.2-1　选择"最前/最后规则"的类型

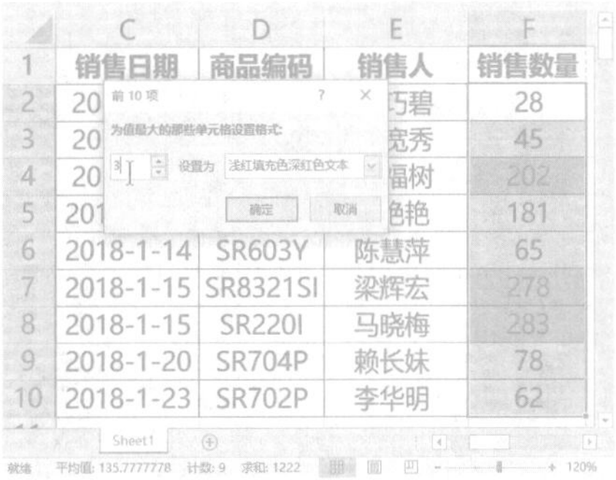

图4.1.2-2　设置前n项

　　与设置前10项不同，设置"前10%"是通过计数的方式计算的。参照图4.1.2-3所示，选择F2:F10单元格区域，单击"开始"选项卡"样式"组中的"条件格式"下拉按钮，在打开的下拉列表中依次单击"最前/最后规则""前10%"命令。

　　接着如图4.1.2-4所示，在打开的"前10%"对话框中，保持默认不变，可以看到工作表中的预览效果，对F8单元格填充了颜色，因为所选F2:F10单元格区域的数字个数为9个，9个的10%为0.9个，不足1个也看作1个。如果设置为20%，则仍然填充数字最大的一个单元格，因为9个的20%为1.8个，截尾取整为1个；如果设置为30%，则会填充数字最大的两个单元格，因为9个的30%为2.7个，截尾取整为2个。

图4.1.2-3　选择"前10%"命令

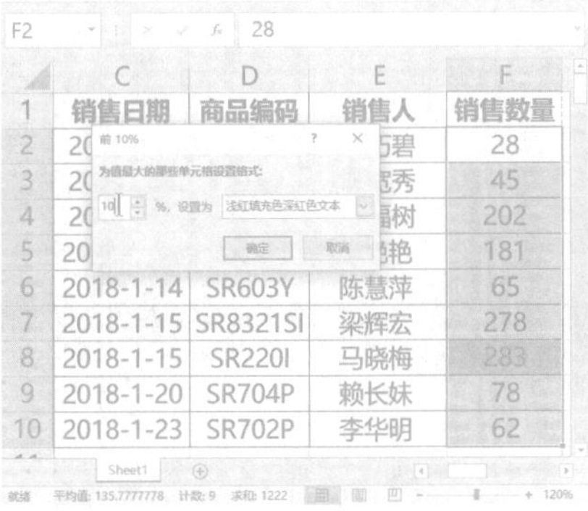

图4.1.2-4　设置"前n%"

　　如果用户需要重点突出高于或低于平均值的单元格，选择F2:F10单元格区域，单击"开始"选项卡"样式"组中的"条件格式"下拉按钮，在打开的下拉列表中依次单击"最前/最后规则""高于平均值"命令，操作如图4.1.2-5所示。

　　打开"高于平均值"对话框，即可在数据区域看到预览效果，如图4.1.2-6所示，高于平均值的记录均被填充了浅红色，单击"确定"按钮即可完成设置。

图4.1.2-5 选择"高于平均值"命令 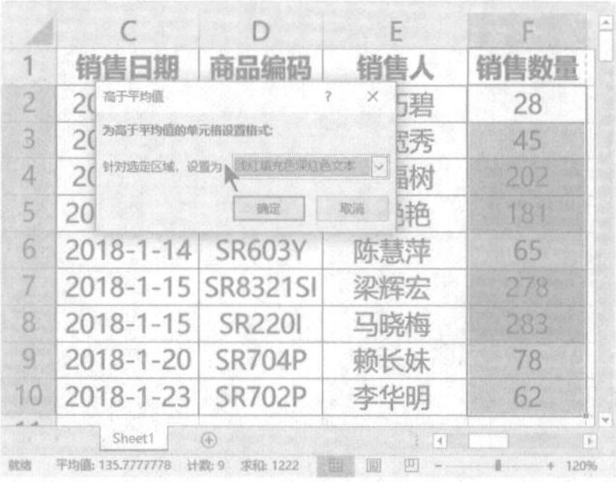　　　　图4.1.2-6 设置高于平均值

4.1.3 数据条

在包含大量数据的表格中，使用条件格式中的数据条可以在单元格中直观地展现数据的大小，数据条越长表示数值越大，数据条越小表示数据越小，一目了然、清晰可观，具体的设置方法如下。

参照图4.1.3-1所示，选择F2:F10单元格区域，单击"开始"选项卡"样式"组中的"条件格式"下拉按钮，在打开的下拉列表中单击"数据条"命令，在弹出的列表中用鼠标任意指向一个数据条图形，即可在工作表中看到预览效果，单击该数据条图形，即可完成设置。

图4.1.3-1 用数据条显示数值的大小

数据条功能还可以只显示数据条图形而不显示具体的数值，如图4.1.3-2所示，选择F2:F10单元格区域，单击"开始"选项卡"样式"组中的"条件格式"下拉按钮，在打开的下拉列表中单击"数据条"命令，然后单击"其他规则"。

接着如图4.1.3-3所示，在打开的"新建格式规则"对话框中，勾选"仅显示数据条"复选框，然后单击"确定"按钮关闭对话框完成设置。

返回工作表，即可看到F2:F10单元格区域中只显示数据条图形而不再显示具体的数值，如图4.1.3-4所示。

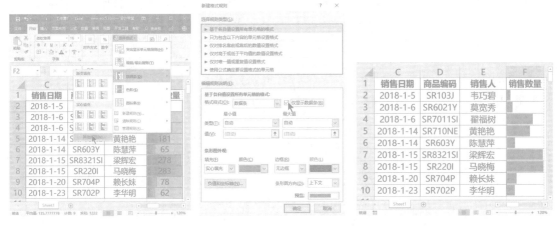

图4.1.3-2 单击"其他规则"按钮　　图4.1.3-3 勾选"仅显示数据条"复选框　　图4.1.3-4 单元格中不再显示具体数值

数据条的方向不只可以从左到右，也可以从右到左，用户可以根据需要更改数据条方向。

如图4.1.3-5所示，在打开的"新建格式规则"对话框中，单击"条形图方向"右侧的下拉按钮，在打开的下拉列表中，选择"从右到左"选项，然后单击"确定"按钮关闭对话框完成操作。

返回工作表，即可看到F2:F10单元格区域中的数据条图形的方向为从右到左，如图4.1.3-6所示。

	C	D	E	F
1	销售日期	商品编码	销售人	销售数量
2	2018-1-5	SR103J	韦巧碧	
3	2018-1-6	SR6021Y	莫宽秀	
4	2018-1-6	SR7011SI	翟福树	
5	2018-1-14	SR710NE	黄艳艳	
6	2018-1-14	SR603Y	陈慧萍	
7	2018-1-15	SR8321SI	梁辉宏	
8	2018-1-15	SR220I	马晓梅	
9	2018-1-20	SR704P	赖长妹	
10	2018-1-23	SR702P	李华明	

图4.1.3-5 设置条形图方向　　　　　　图4.1.3-6 更改数据条方向为从右到左

4.1.4 色阶

条件格式中的色阶是指根据单元格填充颜色的深浅展示数据的大小，使数据更加直观易读。用户可以使用系统提供的色阶类型，也可以自定义色阶的颜色。

参照图4.1.4-1所示，选择F2:F10单元格区域，单击"开始"选项卡"样式"组中的"条件格式"下拉按钮，在打开的下拉列表中单击"色阶"命令，在弹出的列表中用鼠标任意指向一个色阶类型，即可在工作表中看到预览效果，单击该色阶类型，即可立即使用。

图4.1.4-1　选择色阶的颜色类型

用户也可以根据需要自行设置色阶的颜色以及颜色的刻度。如图4.1.4-2所示，选择F2:F10单元格区域，单击"开始"选项卡"样式"组中的"条件格式"下拉按钮，在打开的下拉列表中单击"色阶"命令，然后单击"其他规则"。

接着如图4.1.4-3所示，在打开的"新建格式规则"对话框中，设置需要的颜色和刻度，单击"确定"按钮，即可完成设置。

图4.1.4-2　单击打开"新建格式规则"对话框

图4.1.4-3　设置色阶的颜色

4.1.5　图标集

条件格式中的图标集可以展现分段数据，根据不同的数值等级来显示不同的图标图案。

参照图4.1.5-1所示，选择F2:F10单元格区域，单击"开始"选项卡"样式"组中的"条件格式"下拉按钮，在打开的下拉列表中单击"图标集"命令，在打开的列表中用鼠标任意指向一个图标集类型，即可在工作表中看到预览效果，单击该图标集类型，即可立即使用。

图4.1.5-1　选择图标集类型

在默认情况下，图标集是以数值的百分比排名来决定不同的图形对应区间的，图标集的图形、值、类型也可以由用户根据需要进行更改。

如图4.1.5-2所示，选择F2:F10单元格区域，单击"开始"选项卡"样式"组中的"条件格式"下拉按钮，在打开的下拉列表中单击"图标集"命令，然后单击"其他规则"。

接着如图4.1.5-3所示，在打开的"新建格式规则"对话框中，根据需要选择设置"图标""值"和"类型"，单击"确定"按钮，即可完成设置。

图4.1.5-2　单击打开"新建格式规则"对话框

图4.1.5-3　设置图标集的格式规则

4.1.6　使用公式新建规则

用户不仅可以使用以上预置的规则设置条件格式，还可以通过使用公式来创建条件格式。

（1）自动隔行填色

如图4.1.6-1所示，要求对该工作表的数据区域设置隔行填色。选择C2:F10单元格区域，单击"开始"选项卡"样式"组中"条件格式"的下拉按钮，在打开的下拉列表中，选择"新建规则"命令。

图4.1.6-1　单击"新建规则"命令

在打开的"新建格式规则"对话框中，选择"使用公式确定要设置格式的单元格"选项，在下面的输入框中输入公式"=ISEVEN(ROW())"，然后单击"格式"按钮，如图4.1.6-2所示。

接着在打开的"设置单元格格式"对话框中，选择一种需要的颜色（如黄色），设置完成后，返回工作表中，即可看到行号为偶数的数据行都被填充了黄色，如图4.1.6-3所示。

	C	D	E	F
1	销售日期	商品编码	销售人	销售数量
2	2018-1-5	SR103J	韦巧碧	28
3	2018-1-6	SR6021Y	莫宽秀	45
4	2018-1-6	SR7011SI	翟福树	202
5	2018-1-14	SR710NE	黄艳艳	181
6	2018-1-14	SR603Y	陈慧萍	65
7	2018-1-15	SR8321SI	梁辉宏	278
8	2018-1-15	SR220I	马晓梅	283
9	2018-1-20	SR704P	赖长妹	78
10	2018-1-23	SR702P	李华明	62

图4.1.6-2　输入公式并单击"格式"按钮　　　　图4.1.6-3　完成隔行填色

隔行填色不仅可以隔一行进行填色，还可以指定间隔的行数。例如，在上例中，要求对C2:F10数据区域每隔4行进行一次填色。如图4.1.6-4所示，在打开的"新建格式规则"对话框中，选择"使用公式确定要设置格式的单元格"选项，在下面的输入框中输入公式"=MOD(ROW()+3,5)=4"，然后单击"格式"按钮设置颜色即可。

返回工作表，即可看到该数据区域中，每隔4行填充一次黄色，如图4.1.6-5所示。

图4.1.6-4　输入公式

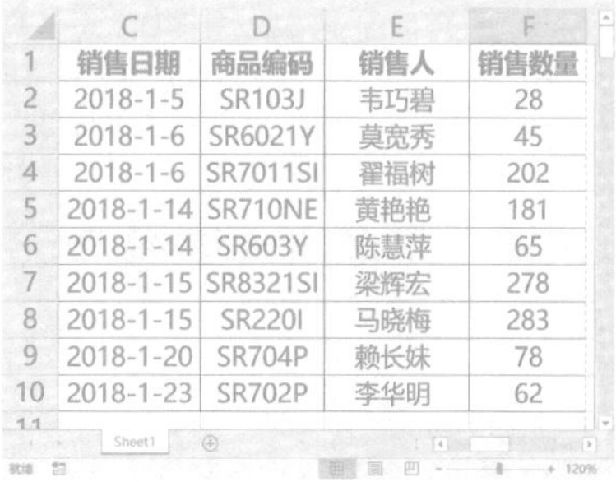

图4.1.6-5　完成隔4行填色

（2）自动添加边框

用户可以通过设置条件格式，为增加的数据记录自动添加边框。如图4.1.6-6所示，要求对C2:F12单元格区域进行设置，令其在C列不为空的情况下自动添加边框。

选择C2:F12单元格区域，单击"开始"选项卡"样式"组中"条件格式"的下拉按钮，在下拉列表中，选择"新建规则"命令。在打开的"新建格式规则"对话框中，选择"使用公式确定要设置格式的单元格"选项，在下面的输入框中输入公式"=$C1<>""""，输入完成后单击"格式"按钮，如图4.1.6-7所示。

图4.1.6-6　单击"新建规则"命令

图4.1.6-7　输入公式并单击"格式"按钮

接着如图4.1.6-8所示，在打开的"设置单元格格式"对话框中，为条件格式添加边框。

返回工作表，即可看到C2:F10数据区域中都已经添加了边框，如图4.1.6-9所示。

在C11单元格输入了新的日期内容后，则C11:F11单元格区域也自动添加边框，如图4.1.6-10所示。

图4.1.6-8　设置边框

图4.1.6-9　条件格式设置完成

图4.1.6-10　自动添加边框

4.2 管理条件格式

在条件格式创建后，用户可以通过"条件格式规则管理器"对话框对条件格式进行管理，如编辑规则、删除规则和复制规则等。

4.2.1 编辑条件格式规则

创建条件格式后，如果想更改，可以通过编辑条件格式进行重新编辑。再次参照上节图4.1.6-10所示的实例，如果要求将该实例中条件格式的应用范围扩大至2000行，那么如何快速更改呢？

如图4.2.1-1所示，单击"开始"选项卡"样式"组中的"条件格式"下拉按钮，在列表中选择"管理规则"命令。

接着如图4.2.1-2所示，在打开的"条件格式规则管理器"对话框中，选择该条规则，在"应用于"下方的输入框中，改成"=$C$1:$F$2000"，然后单击"确定"按钮即可完成设置。

图4.2.1-1　单击"管理规则"命令

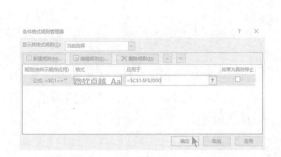
图4.2.1-2　更改"应用于"单元格区域

　　如果用户需要重新更改条件格式中所应用的公式或格式，在"条件格式规则管理器"里选择要更改的规则，然后单击"编辑规则"按钮，或者双击该规则，都可以进入"编辑格式规则"页面，操作如图4.2.1-3所示。

　　接着如图4.2.1-4所示，在打开的"编辑格式规则"对话框中，更改所设置的公式或者格式即可。

图4.2.1-3　选中要更改公式或者格式的规则，并单击"编辑规则"按钮

图4.2.1-4　在"编辑格式规则"对话框中更改公式或格式

4.2.2　删除条件格式规则

　　用户可以删除不需要的条件格式规则，操作方法非常简单。单击"开始"选项卡"样式"组中"条件格式"的下拉按钮，在列表中选择"管理规则"命令。接着，在打开的"条件格式规则管理器"对话框中，选择要删除的规则，单击"删除规则"按钮，然后单击"应用"或者"确定"按钮即可删除。

4.2.3　复制条件格式规则

　　如果要在多个区域中使用相同的条件格式规则，可以直接进行复制。如图4.2.3-1所示，要求对G列设置与前面的列一样的条件格式。

　　选择要参照其格式的单元格区域C1:C10，按下Ctrl+C组合键进行复制，然后选中G1单元格，单击鼠标右键，在打开的快捷菜单中的"粘贴选项"区域选择"格式"命令，如图4.2.3-2所示，单击该命令即可完成设置。

图4.2.3-1 复制参照的格式 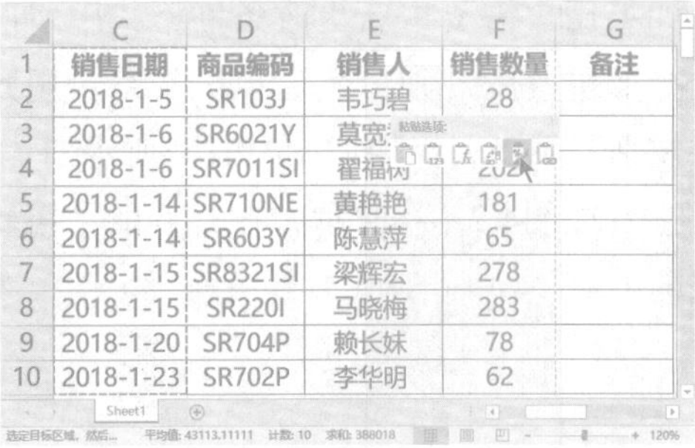　　　　　　　　图4.2.3-2 选择性粘贴——"格式"

除了上述复制粘贴的方法外，用户还可以使用"格式刷"功能。如图4.2.3-3所示，选中已设置完成条件格式的单元格区域C1:C10，然后单击"开始"选项卡"剪贴板"组中的"格式刷"按钮，使用格式刷单击G1单元格即可完成操作，效果如图4.2.3-4所示。

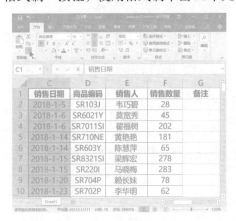

图4.2.3-3 选择参照的单元格区域并单击"格式刷"命令 　　　　图4.2.3-4 单击G1单元格刷取格式

4.3 清除条件格式

清除条件格式与删除条件格式规则不同，删除条件格式规则是将选中的规则从该工作表中删除，任何单元格不再具有该条规则，但不影响其他规则。清除条件格式分为"清除所选单元格的规则"和"清除整个工作表的规则"两种情况，是对所选择区域或整个工作表中的所有规则进行删除，使该区域或该工作表不再具有任何一条规则。

4.3.1 清除所选单元格的规则

如图4.3.1-1所示，在"条件格式规则管理器"对话框里可以看到该工作表有两条格式规则，一为自动添加边框，二为颜色提醒，现在要求删除C8:F10单元格区域内所有的条件格式规则。

图4.3.1-1　可以看到该工作表中共有两条格式规则

如图4.3.1-2所示，选择C8:F10单元格区域，单击"开始"选项卡"样式"组中"条件格式"命令的下拉按钮，在打开的下拉列表中，依次单击"清除规则""清除所选单元格的规则"命令。

返回工作表，即可看到C8:F10单元格区域的边框和颜色被同时清除，而其他单元格区域的边框和颜色则均未受影响，如图4.3.1-3所示。

	C	D	E	F
1	销售日期	商品编码	销售人	销售数量
2	2018-1-5	SR103J	韦巧碧	28
3	2018-1-6	SR6021Y	莫宽秀	45
4	2018-1-6	SR7011SI	翟福树	202
5	2018-1-14	SR710NE	黄艳艳	181
6	2018-1-14	SR603Y	陈慧萍	65
7	2018-1-15	SR8321SI	梁辉宏	278
8	2018-1-15	SR220I	马晓梅	283
9	2018-1-20	SR704P	赖长妹	78
10	2018-1-23	SR702P	李华明	62

图4.3.1-2　清除所选单元格的规则　　　　图4.3.1-3　完成清除所选单元格的规则

4.3.2　清除整个工作表的规则

继续参照上面的实例，如图4.3.1-1所示，该工作表中有两条格式规则，一为自动添加边框，二为颜色提醒，要求在全部单元格区域清除所有的条件格式。

如图4.3.2-1所示，选择任意单元格，单击"开始"选项卡"样式"组中"条件格式"命令的下拉按钮，在打开的下拉列表中，依次单击"清除规则""清除整个工作表的规则"命令。

返回工作表中，即可看到整个工作表的边框和颜色全都被清除，结果如图4.3.2-2所示。

图4.3.2-1　清除整个工作表的规则

图4.3.2-2　清除完成

4.4　条件格式的优先级

在同一个单元格区域可以设置多个条件格式，在管理这些格式规则时，其排列顺序不同，效果有时也就不同，条件格式跟排序功能一样具有优先级。如图4.4-1所示，可以看到在当前工作表中有三条格式规则，它们按照从上到下的顺序执行优先顺序，显示结果如图4.4-2所示。用户可以根据需要通过单击该对话框中的"上移"和"下移"按钮，改变条件格式的优先级。

图4.4-1　当前工作表的格式规则

图4.4-2　当前工作表的格式显示

第
5
章

微信扫一扫
免费看课程

数据透视表

数据透视表是一种具有数据交互功能的表，在对大量数据进行汇总和分析时，首选数据透视表。数据透视表的结构包括行区域、列区域、数值区域和报表筛选四个部分，通过将各个字段在不同的区域进行添加、删除和移动，可以实现动态地改变数据列表的版面布局和汇总分析方式的目标。本章主要介绍数据透视表的创建、编辑、设置，以及数据筛选器。

5.1 创建数据透视表

创建数据透视表可以通过"推荐的数据透视表"对话框进行，也可以先创建空白的数据透视表，再按需求添加字段内容。下面将对这两种方法分别进行介绍。

5.1.1 创建"推荐的数据透视表"

创建"推荐的数据透视表"可以快速地插入数据透视表，创建完成后也可以根据需要再对字段进行调整，具体的创建方法如下。

选择任意单元格，切换至"插入"选项卡，单击"表格"组中的"推荐的数据透视表"命令，如图5.1.1-1所示。

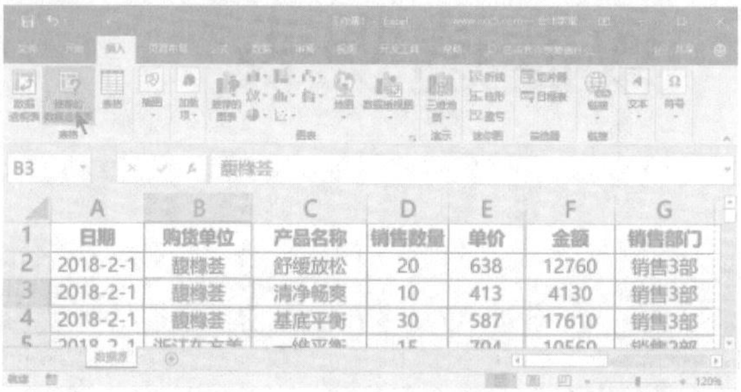

图5.1.1-1 单击"推荐的数据透视表"命令

接着如图5.1.1-2所示，在打开的"推荐的数据透视表"对话框中，在左侧选择合适的透视表类型，单击"确定"按钮。

使用该方法创建的透视表，Excel会自动创建一个新的工作表进行存放，并同时打开"数据透视表字段"导航窗格，如图5.1.1-3所示。

图5.1.1-2 创建推荐的数据透视表

图5.1.1-3 完成创建

5.1.2 创建空白的数据透视表

用户也可以先创建没有任何数据的空白透视表，然后根据需要自由添加数据。

切换至"插入"选项卡，单击"表格"组中的"数据透视表"命令，在打开的"创建数据透视表"对话框中，保持默认状态并单击"确定"按钮，如图5.1.2-1所示。默认情况下，Excel也会自动创建一个新的工作表进行存放，并同时打开"数据透视表字段"导航窗格，如图5.1.2-2所示。

图5.1.2-1　创建空白透视表　　　　　　　图5.1.2-2　完成创建

在图5.1.2-1"选择放置数据透视表的位置"下方，默认为选中"新工作表"单选框，表示将创建新的工作表用于存放新创建的数据透视表。如果用户希望将创建的数据透视表放在当前工作表或指定的工作表中，则单击"现有工作表"单选框，并通过"位置"右侧的折叠按钮选择具体的存放位置即可。

5.1.3　在透视表里添加字段

用户创建空白的数据透视表后，需要在其中添加字段，才能对数据进行汇总分析等操作。

鼠标选择空白数据透视表的内部任意单元格，即可打开"数据透视表字段"导航窗格，如果没有打开，切换至"分析"工具选项卡，单击"显示"组中的"字段列表"按钮即可打开。

在打开的"数据透视表字段"导航窗格的"选择要添加到报表的字段"区域中，选中"销售部门"字段然后按住鼠标左键，将该字段拖拽至报表"筛选"区域，如图5.1.3-1所示。

按照相同的方法，将"日期"和"产品名称"字段拖拽至"行"区域，将"销售数量"字段拖拽至"值"区域，设置结果如图5.1.3-2所示。

图5.1.3-1　拖拽字段到区域　　　　　　　图5.1.3-2　完成添加字段

在"数据透视表字段"导航窗格中，如果同一区域添加了多个字段，可以对该区域的字段做上下移动，从而改变数据汇总分析的视角。如图5.1.3-3所示，单击"行"区域中"产品名称"字段的下拉按钮，在打开的列表中选择"上移"命令，即可看到数据透视表的布局发生了变化，结果如图5.1.3-4所示。

图5.1.3-3　选择"上移"命令　　　　　　图5.1.3-4　上移字段位置的结果

改变各区域中字段的位置，同样可以使数据透视表的布局和透视视角发生改变。将"行"区域中的"日期"字段拖拽至"列"区域，即可看到数据透视表布局所发生的变化，结果如图5.1.3-5所示。

图5.1.3-5　移动字段区域的结果

点击"报表筛选"按钮，可以对数据透视表进行报表筛选。如图5.1.3-6所示，单击"报表筛选"按钮，即可打开"销售部门"字段下的所有部门，在列表中勾选"选择多项"复选框，再勾选"销售1部"复选框，然后单击"确定"按钮，即可筛选出"销售1部"的数据，其他部门的数据将不再显示。

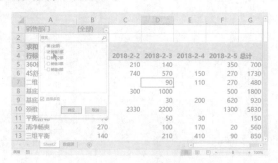

图5.1.3-6　报表筛选

5.2　编辑数据透视表

数据透视表创建完成之后，用户还可以根据需要对数据透视表进行编辑，比如刷新、移动、更改数据源、排序和筛选等。

5.2.1　刷新数据透视表

数据透视表是数据源数据的表现形式，当数据源发生变化，如增加、减少或者更改数据时，需要刷新数据透视表才能更新数据透视表中的数据，刷新数据透视表分为手动刷新和打开文件时刷新两种方法。

（1）手动刷新

手动刷新数据透视表，可以使用鼠标右键，也可以使用功能区命令，使用功能区命令还可以对整个工作簿的数据透视表进行刷新。

使用鼠标右键刷新：选择透视表内任意单元格，单击鼠标右键，在打开的快捷菜单中，选择"刷新"命令即可。

使用功能区命令刷新：如图5.2.1–1所示，选择数据透视表内任意单元格，切换至"分析"工具选项卡，单击"数据"组中的"刷新"命令。

刷新整个工作簿中的数据透视表：如图5.2.1–2所示，选择数据透视表内任意单元格，切换至"分析"工具选项卡，单击"数据"组中"刷新"下方的下拉按钮，在打开的列表中选择"全部刷新"命令。

图5.2.1–1　使用功能区命令刷新

图5.2.1–2　刷新整个工作簿中的数据透视表

（2）自动刷新

数据透视表的自动刷新，并不是说可以像自动重算模式下的公式一样，在数据源发生变化时，透视表即刻自行更新，而是在每次打开该工作簿时都自动刷新数据。

选择数据透视表内任意单元格，单击鼠标右键，在打开的快捷菜单中选择"数据透视表选项"命令；或者选择数据透视表内任意单元格，切换至"分析"工具选项卡，单击"数据透视表"组中的"选项"命令，如图5.2.1–3所示。接着如图5.2.1–4所示，在打开的

"数据透视表选项"对话框中，切换至"数据"选项卡，勾选"打开文件时刷新数据"复选框，然后单击"确定"按钮。

图5.2.1-3　使用功能区命令打开"数据透视表选项"

图5.2.1-4　勾选"打开文件时刷新数据"复选框

5.2.2　移动数据透视表

创建了数据透视表后，用户还可以根据需要将数据透视表移动至其他位置，可以是在同一工作簿中，也可以在不同的工作簿中。

鼠标单击Sheet2工作表中数据透视表内任意单元格，切换至"分析"工具选项卡，单击"操作"组中的"移动数据透视表"命令，如图5.2.2-1所示。

接着如图5.2.2-2所示，在打开的"移动数据透视表"对话框中，选择"现有工作表"单选框，单击"位置"右侧的折叠按钮，选择"数据源"工作表的H1单元格，然后再次单击折叠按钮返回"移动数据透视表"对话框，单击"确定"即可将数据透视表移动到"数据源"工作表中，放置的起始位置为H1单元格。

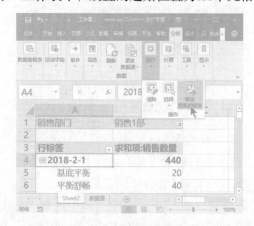

图5.2.2-1　单击"移动数据透视表"命令

图5.2.2-2　设置要移动到的位置

5.2.3　更改数据源

如果用户需要调整数据透视表中的数据源范围，可以通过"更改数据源"命令进行设置。

选择数据透视表中任意单元格，切换至"分析"工具选项卡，单击"数据"组中的"更改数据源"命令，如图5.2.3-1所示。

接着如图5.2.3-2所示，在打开的"更改数据透视表数据源"对话框中，单击"表/区域"右侧的折叠按钮返回到工作表重新选择区域即可，也可以直接使用键盘输入需要引用的单元格区域。

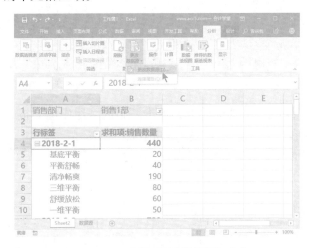

图5.2.3-1　选择"更改数据源"命令

图5.2.3-2　单击折叠按钮重新选择区域

5.3　设置数据透视表的布局

用户除了可以对数据透视表的内容进行编辑，还可以根据需要设置数据透视表的布局，比如"报表布局""分类汇总"和"总计"等。

5.3.1　报表布局

Excel为数据透视表提供了三种报表布局形式，分别是"以压缩形式显示""以大纲形式显示"和"以表格形式显示"。

（1）以压缩形式显示

在默认情况下，数据透视表的布局为"以压缩形式显示"，如图5.3.1-1所示，前面小节中的实例也均以该形式显示。它的设置命令在"设计"工具选项卡"布局"组中的"报表布局"中，如图5.3.1-2所示。

图5.3.1-1　以压缩形式显示的效果

图5.3.1-2　选择"以压缩形式显示"命令

（2）以大纲形式显示

选择透视表内任意单元格，切换至"设计"工具选项卡，单击"布局"组中的"报表布局"下拉按钮，在列表中选择"以大纲形式显示"命令，操作如图5.3.1-3所示。

返回数据透视表中，即可看到以大纲形式显示的布局效果，如图5.3.1-4所示。

图5.3.1-3　选择"以大纲形式显示"命令

图5.3.1-4　以大纲形式显示的效果

（3）以表格形式显示

选择透视表内任意单元格，切换至"设计"工具选项卡，单击"布局"组中的"报表布局"下拉按钮，在列表中选择"以表格形式显示"命令，操作如图5.3.1-5所示。

返回数据透视表，即可看到以表格形式显示的布局效果，如图5.3.1-6所示。

图5.3.1-5　选择"以表格形式显示"命令

图5.3.1-6　以表格形式显示的效果

在报表布局为"以表格形式显示"之下，用户还可以设置"重复所有项目标签"，操作如图5.3.1-7所示。

返回数据透视表，即可看到重复所有项目标签的布局效果，如图5.3.1-8所示，日期字段不再留有空白。

图5.3.1-7　选择"重复所有项目标签"命令

图5.3.1-8　"重复所有项目标签"的效果

如果用户不希望"+/-"按钮出现，也可以取消。切换至"分析"工具选项卡，单击"显示"组中的"+/-按钮"即可取消，该符号隐藏后，只需双击字段名称，即可展开或折叠下级数据。

5.3.2　分类汇总

数据透视表在创建完成后，默认会显示"分类汇总"。如果用户不希望显示，也可以取消。

选择数据透视表内任意单元格，切换至"设计"工具选项卡，单击"布局"组中"分类汇总"的下拉按钮，在列表中选择"不显示分类汇总"命令，操作如图5.3.2-1所示。

返回数据透视表，即可看到"不显示分类汇总"的效果，如图5.3.2-2所示。

图5.3.2-1　选择"不显示分类汇总"命令　　　图5.3.2-2　不显示分类汇总的效果

用户如果希望显示分类汇总，操作方法类似，选择图5.3.2-1中的"在组的底部显示所有分类汇总"或者"在组的顶部显示所有分类汇总"即可。当报表布局为"以表格形式显示"时，"分类汇总"只能在组的底部显示，而无法在组的顶部显示。当报表布局为"以压缩形式显示"和"以大纲形式显示"时，"分类汇总"既可以在组的底部显示，又可以在组的顶部显示。

5.3.3　总计

用户在创建数据透视表后，默认情况下会对数据透视表启用行总计和列总计，如果用户不希望数据透视表的行和列显示"总计"，可以将"总计"功能设置为"对行和列禁用"。切换至"设计"工具选项卡，单击"布局"组中"总计"的下拉按钮，在列表中选择"对行和列禁用"命令，操作如图5.3.3-1所示。（用户也可以根据实际需要，选择"仅对行启用"或者"仅对列启用"。）

返回数据透视表，即可看到设置的效果，如图5.3.3-2所示，行和列都不显示"总计"。

图5.3.3-1　选择"对行和列禁用"命令

图5.3.3-2　对行和列禁用总计的显示效果

5.4 设置数据透视表的字段

在数据透视表中，各字段可以直观显示数据含义，用户也可以通过对字段的设置满足数据透视表格式方面的更多需求。本节主要介绍数据透视表字段的重命名、展开折叠以及删除和汇总方式等。

5.4.1　自定义字段名称

用户创建数据透视表后，添加至"值"区域的字段的字段名前会自动加上"求和项："或"计数项："等文字信息，用户如不喜欢可以对其进行重命名。

选中单元格中需要重命名的字段名称，在编辑栏中选中"求和项："等文字内容并按Delete键进行删除。

接着按下Enter键确认更改，此时Excel会弹出提示对话框"已有相同数据透视表字段名存在"，并且不执行修改，如图5.4.1所示。这是因为在对字段进行重命名的时候，每个字段名称必须是唯一的，既不能与透视表中的其他字段重复，也不能与引用数据中的字段重复。

图5.4.1　弹出提示不能重命名的对话框

那么如何正确地进行重命名呢？为了区别于引用数据源中的字段名称，可以在进行重命名的时候添加"汇总""统计"等文字信息，或者直接添加一个空格，使字段名称有所区别不存在重复即可。

5.4.2 隐藏字段标题

在实际工作中，有时用户需要隐藏数据透视表中的字段标题。切换至"分析"工具选项卡，单击"显示"组中的"字段标题"命令，操作如图5.4.2-1所示。

返回数据透视表，即可看到隐藏字段标题的结果，如图5.4.2-2所示。再次单击该命令，即可显示字段标题。

图5.4.2-1 显示或隐藏"字段标题"命令

图5.4.2-2 隐藏字段标题

5.4.3 字段的展开和折叠

在数据透视表中，用户可以根据不同需要展开和折叠字段，从而显示或隐藏字段下的数据信息。

参照图5.4.3-1所示，可以看到各日期都展开了数据信息。选择日期字段任意单元格，如A4单元格，切换至"分析"工具选项卡，单击"活动字段"组中的"折叠字段"命令。

返回数据透视表，即可看到折叠字段后的结果，如图5.4.3-2所示，只显示各日期的分类汇总数据，而日期内的产品信息都被隐藏起来了。

图5.4.3-1 单击"折叠字段"命令

图5.4.3-2 折叠字段的结果

如果需要展开数据，与折叠数据的设置类似。选择图5.4.3-1中的"展开字段"即可。

使用上述方法可以为选中的字段统一设置展开或折叠。如果用户只希望展开或折叠部分字段，直接单击字段前面的"+/-"按钮即可。

5.4.4　删除字段

用户在使用数据透视表分析数据时，如果不需要某个字段，可以将其删除。数据透视表是一种交互式表格，是数据的展示形式，所以不可以直接选择数据然后按Delete键进行删除，那么应该如何删除不需要的字段呢？下面介绍两种不同的方法。

（1）使用鼠标右键删除

在数据透视表中选择需要删除的字段（如"产品名称"），单击鼠标右键，在打开的快捷菜单中选择"删除"产品名称""命令。

（2）使用"数据透视表字段"导航窗格删除

选择数据透视表内任意单元格，切换至"分析"工具选项卡，单击"显示"组中的"字段列表"命令。

接着如图5.4.4所示，在打开的"数据透视表字段"导航窗格中，单击需要删除的字段，例如"行"区域中的"产品名称"，在列表中选择"删除字段"命令，或者直接在"选择要添加到报表的字段"区域取消勾选"产品名称"复选框。

图5.4.4　使用"数据透视表字段"导航窗格删除

5.4.5　字段的汇总方式

数值字段被拖拽到"值"区域后，系统默认的计算类型是求和或计数。当数据透视表所引用数据源的数值字段中没有空白单元格或文本时，系统默认的计算类型为求和；相反，如果所引用数据源的数值字段中有空白单元格或文本时，系统就会默认计算类型为计数。系统提供的汇总方式有"求和""计数""平均值""最大值"和"最小值"等多种，用户可以根据需要进行设置。

选择需要修改汇总方式的字段任意单元格，切换至"分析"工具选项卡，单击"活动字段"组中的"字段设置"命令，如图5.4.5-1所示。

接着如图5.4.5-2所示，在打开的"值字段设置"对话框中，在"值汇总方式"选项卡下方的"计算类型"组合框中选择需要的方式即可。

图5.4.5-1　单击"字段设置"命令　　　　　图5.4.5-2　选择计算类型

5.4.6　计算字段

如果用户需要在数据透视表中添加一个崭新的字段，可以通过在数据透视表引用的数据源中添加辅助列的方法来完成，也可以通过直接在数据透视表中"插入计算字段"来完成。本节介绍"插入计算字段"的方法。

如图5.4.6-1所示，要求添加一个新字段"销售提成"，其计算条件为：金额*5%。

选择数据透视表内任意单元格，切换至"分析"工具选项卡，单击"计算"组中的"字段、项目和集"下拉按钮，在列表中选择"计算字段"命令。

接着如图5.4.6-2所示，打开"插入计算字段"对话框，在"名称"输入框中输入字段名称"销售提成"，在"公式"输入框中输入"=金额*5%"，输入完毕后单击右侧的"添加"按钮，然后单击"确定"按钮。

图5.4.6-1　单击"计算字段"命令　　　　图5.4.6-2　设置"插入计算字段"的名称和公式

返回数据透视表，即可看到插入的计算字段"销售提成"的结果，如图5.4.6-3所示。

	A	B	C	D
1	销售部门	（全部）		
2				
3	日期	产品名称	销售数量	求和项:销售提成
4	2018-2-2	基底部专用	300	7920
5	2018-2-2	腰椎部专用	1680	92736
6	2018-2-2	颈椎部专用	2330	104034.5
7	2018-2-2 求和		4310	
8	2018-2-2 平均值		165.7692308	
9	2018-2-3	基底部专用	1000	26400
10	2018-2-3	腰椎部专用	1230	67906

图5.4.6-3　插入的计算字段"销售提成"

5.5 数据透视表选项

借助数据透视表选项，可以对数据透视表进行基本的设置，如"布局和格式"，下面介绍一下常用的设置。

当数据透视表的报表布局为"以表格形式显示"时，可以对相同的字段内容设置合并且居中排列带标签的单元格。

选择数据透视表内任意单元格，单击鼠标右键，在打开的快捷菜单中选择"数据透视表选项"命令，或者选择数据透视表内任意单元格，切换至"分析"工具选项卡，单击"数据透视表"组中的"选项"命令，操作如图5.5-1所示。

接着如图5.5-2所示，在打开的"数据透视表选项"对话框中，切换至"布局和格式"选项卡，勾选"布局"下方的"合并且居中排列带标签的单元格"复选框，然后单击"确定"按钮。

图5.5-1　使用功能区命令打开
"数据透视表选项"对话框

图5.5-2　勾选"合并且居中排列带标签
的单元格"复选框

返回数据透视表，即可看到"合并且居中排列带标签的单元格"的显示结果，如图5.5-3所示。

当用户创建数据透视表后，手工设置的列宽在每次刷新数据透视表时都将还原，这是因为数据透视表默认勾选"更新时自动调整列宽"复选框。如果用户不希望每次刷新数据透视表都自动更新列宽，则在"数据透视表选项"对话框中，切换至"布局和格式"选项卡，取消勾选"更新时自动调整列宽"复选框即可，操作如图5.5-4所示。

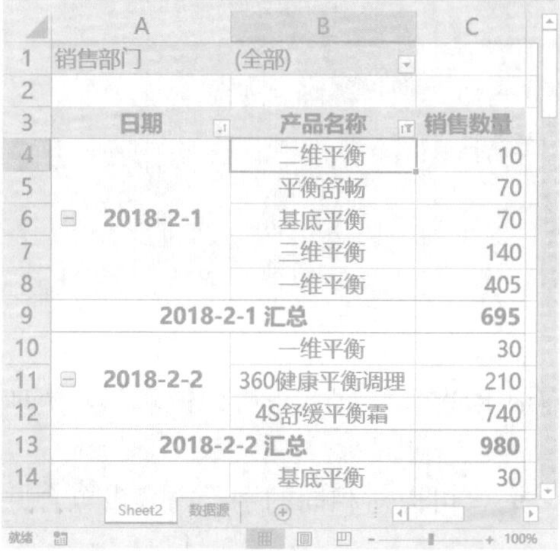

图5.5-3　设置"合并且居中排列带标签的
单元格"的结果

图5.5-4　取消勾选"更新时自动调整列宽"复选框

5.6 数据筛选器

在Excel 2010及以后的版本中，用户可以通过使用筛选器对数据透视表进行筛选，但是在更早的版本中无法使用该功能。数据筛选器包括切片器和日程表，下面将分别进行介绍。

5.6.1 切片器的使用

使用切片器能以一种直观的交互方式来实现数据透视表中数据的快速筛选和分析。

（1）插入切片器

在数据表中插入切片器，有两种途径。如图5.6.1-1所示，切换至"插入"选项卡，单击"筛选器"组中的"切片器"命令；或如图5.6.1-2所示，切换至"分析"选项卡，单击"筛选"组中的"插入切片器"命令。

图5.6.1-1　通过"插入"选项卡插入　　　　　图5.6.1-2　通过"分析"选项卡插入

接着如图5.6.1-3所示，在打开的"插入切片器"对话框中，勾选要插入切片器的字段复选框如"销售部门"，然后单击"确定"按钮。

返回数据透视表，即可看到已经插入"销售部门"字段的切片器，如图5.6.1-4所示。

图5.6.1-3　选择要插入切片器的字段

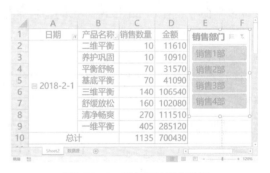

图5.6.1-4　插入切片器的结果

（2）筛选

使用切片器对数据进行筛选的操作非常简单，只需单击要筛选的项目按钮即可。

如图5.6.1-5所示，要求筛选出销售部门为"销售1部"的相关记录，只需单击切片器中的"销售1部"按钮即可。

图5.6.1-5　筛选"销售1部"的相关记录

如果要对"销售1部"和"销售2部"的记录进行多选，则在选择"销售1部"之后，再单击切片器中的"多选"按钮，操作如图5.6.1-6所示，然后再单击"销售2部"即可。也可以按住Ctrl键直接单击项目按钮进行多选。

如果用户要恢复全部的数据记录，可以取消筛选。单击切片器中的"清除筛选器"按钮即可，操作如图5.6.1-7所示。

图5.6.1-6　单击切片器中的"多选"按钮

图5.6.1-7　清除筛选

（3）排序

用户如果需要对切片器内的字段进行排序，可以通过两种方法进行。

选择"销售部门"切片器，切换至"选项"工具选项卡，单击"切片器"组中的"切片器设置"命令，操作如图5.6.1-8所示。

接着如图5.6.1-9所示，打开"切片器设置"对话框，在"项目排序和筛选"下方选择"降序"单选框，然后单击"确定"按钮。

返回数据透视表，即可看到"销售部门"切片器字段按降序排列，结果如图5.6.1-10所示。

图5.6.1-8　单击"切片器设置"命令

图5.6.1-9　设置排列方式

图5.6.1-10　降序排列的结果

除了上述介绍的方法，用户还可以通过鼠标右键进行设置。选择"销售部门"切片器，单击鼠标右键，在打开的快捷菜单中选择"降序"命令，同样可以对切片器进行降序排列。

（4）切片器的隐藏与显示

用户在使用切片器筛选数据后，可能会不想让切片器显示出来，但是又不能将它删除，因为删除切片器会清除数据的筛选状态，因此需要暂时隐藏切片器。

选中切片器，切换至"选项"工具选项卡，单击"排列"组中的"选择窗格"按钮，操作如图5.6.1-11所示。

接着如图5.6.1-12所示，在打开的"选择"窗格中，单击切片器右侧的眼睛形状图标即可隐藏或显示切片器，如果存在多个切片器，单击"全部隐藏"按钮即可将其全部隐藏。

图5.6.1-11　单击"选择窗格"命令　　　　　　图5.6.1-12　单击即可隐藏

切片器全部隐藏且"选择"窗格关闭后，要如何再次显示切片器呢？切换至"开始"选项卡，单击"编辑"组中的"查找和选择"下拉按钮，在列表中选择"选择窗格"命令，操作如图5.6.1-13所示。

接着如图5.6.1-14所示，在打开的"选择"窗格中，单击需要显示的切片器右侧呈关闭状态的眼睛形状图标即可，如果要显示全部切片器，单击"全部显示"按钮即可。

图5.6.1-13　选择"选择窗格"命令　　　　　　图5.6.1-14　单击即可显示

5.6.2　日程表

当用户需要在数据透视表中对日期格式的字段进行筛选时，可以在透视表中插入日程表。

（1）插入日程表

如图5.6.2-1所示，选择数据透视表内任意单元格，切换至"分析"工具选项卡，单击"筛选"组中的"插入日程表"命令。

在打开的"插入日程表"对话框中，勾选要插入日程表的字段（如"出生日期"复选框），然后单击"确定"按钮，如图5.6.2-2所示。

图5.6.2-1　单击"插入日程表"命令　　　　图5.6.2-2　选择要插入日程表的字段

返回数据透视表，即可看到插入的日程表，如图5.6.2-3所示。

图5.6.2-3　插入的日程表的效果

（2）筛选日程表

利用日程表可以快速准确地对日期进行筛选。单击日程表右上角的"月"下拉按钮，可以选择筛选的条件，条件包含"年""季度""月"和"日"，如图5.6.2-4所示，用户可根据需要进行设置。

当筛选条件设置为"年"时，单击某年份下方的按钮，即可完成对该年份相关记录的筛选，如图5.6.2-5所示。

图5.6.2-4　设置日期的筛选条件　　　　图5.6.2-5　单击"1997"下方的按钮进行筛选

如果需要在日程表中进行多选，则可以在按住Shift键的同时，单击开始年份和结束年份的按钮，即可筛选出两个年份之间的相关记录。

第
6
章

微信扫一扫
免费看课程

图表

图表是Excel的重要组成部分，它以图形的形式更直观地表达数据，是实现数据可视化的常用手段，也是传递数据信息最有效的方式。本章根据五大类数据关系介绍十几种图表类型，并对图表的创建、编辑和美化做出详细说明。

6.1 图表类型

用户在明确了想要表达的信息之后，需要分析这些信息所属的数据关系，然后根据不同的数据关系选择合适的图表类型。只有先确定了数据关系才能正确地选择图表类型。数据关系主要有项目比较、成分比较、趋势比较、相关性比较和频率分布五大类。

在数据透视表中可以插入数据透视图，图表与数据透视图最大的不同之处是，用于创建数据透视图的数据源可以是最原始的明细数据，在创建数据透视图后会通过透视表进行各种统计计算，最终以精简的数据信息展示，而用于创建图表的数据源则不能是明细数据，必须是根据数据关系经统计计算后的结果数据。

6.1.1 比较项目的图表

项目比较就是对数据大小的比较，它是最常见的一种数据关系，该种数据关系一般选择的图表类型为"柱形图"和"条形图"。

（1）簇状柱形图

图6.1.1-1所示为簇状柱形图，从中可以直观地看到四个销售部门1月份和2月份各自的销售额，其中2月份的销售额明显高于1月份。

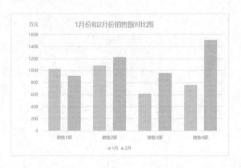

图6.1.1-1　簇状柱形图

（2）堆积柱形图

图6.1.1-2所示为堆积柱形图，从中可以直观地看到四个销售部门1月份和2月份各自的销售总额，其中销售2部的销售总额明显是最高的。

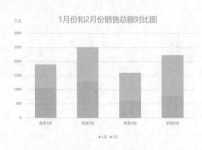

图6.1.1-2　堆积柱形图

（3）条形图

图6.1.1-3所示为条形图。条形图主要用于单个系列值的比较，通常需要在创建图表之前先将数据源进行排序从而达到直观比较的目的。

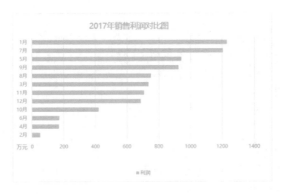

图6.1.1-3　条形图

6.1.2　比较成分的图表

所谓成分比较，就是局部与整体的比较，它反映局部占总体的百分比。比较成分的图表类型有饼图和圆环图等。为了让图表所表达的信息更加醒目和直观，还可以对图表的重点表达部分做强调设计。

（1）饼图

选择用饼图表达成分信息时，成分的数量不宜超过六种，如果数据源中的成分超过六种，应该选择六种最重要的成分，然后将未选中的成分列入"其他"范畴。

图6.1.2-1所示为饼图，可以明显看出各个部门的销售额占比，并以颜色突出强调销售额最高的部门。

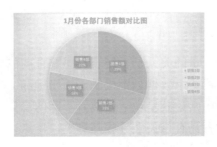

图6.1.2-1　饼图

（2）圆环图

上面的饼图实例，还可以通过圆环图来展示，圆环图也是非常常见的图表类型，如图6.1.2-2所示。

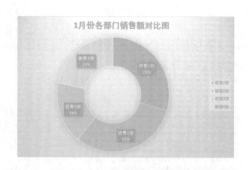

图6.1.2-2　圆环图

6.1.3　比较趋势的图表

比较趋势一般是以时间序列作为依据进行的比较，体现某一事物在时间序列上的发展趋势。表达趋势比较最常用的图表类型是折线图。

图6.1.3所示为折线图，可以明显地看出数据的趋势走向。

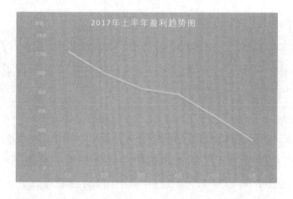

图6.1.3　折线图

6.1.4　比较相关性的图表

数据的相关性是指两个变量的关系是否符合所想要证明的模式。表达数据的相关性关系通常采用散点图。散点图将两组数据分别绘制于横坐标和纵坐标，在创建散点图之前最好先对其中一组数据进行排序，让其呈现上升或者下降的趋势。如果另一组数据也呈现上升或下降的趋势，则说明二者具有相关性且相互影响。反之，如果另一组数据不呈上升或下降的趋势，则说明二者之间没有明显关系。

图6.1.4-1所示为散点图。从该图表可以看出工作年限上升的同时，岗位测评并未呈现上升趋势，从而可以判断二者之间无明显关系。

图6.1.4-2所示为带直线和数据标记的散点图。从该图表中可以看出价格不断上升的同时，利润也呈不断上升的趋势，说明二者之间具有相关性且相互影响。

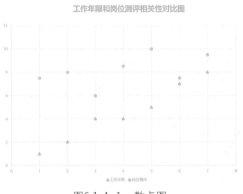

图6.1.4-1　散点图

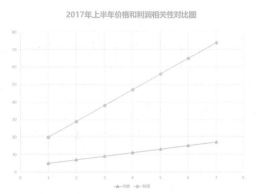

图6.1.4-2　带直线和数据标记的散点图

6.1.5　频率分布的图表

频率分布的图表主要用于在样本中进行归纳统计的应用，反映频率数据关系通常使用面积图。

图6.1.5所示为面积图。它可以对处于不同年限阶段的人数进行归纳统计和分析。

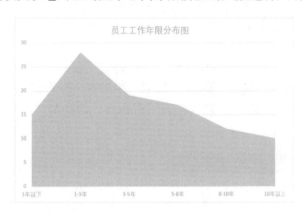

图6.1.5　面积图

6.2 创建图表

用户创建图表，通常有三种方法，分别是快速创建、使用功能区创建和使用对话框创建，下面分别进行介绍。

6.2.1　快速创建图表

使用组合键可快速创建图表，选择数据源区域，然后按下Alt+F1组合键即可快速创建一个类型为柱形图的图表。

6.2.2　使用功能区创建图表

如图6.2.2所示，选择数据源A2:E8单元格区域，切换至"插入"选项卡，单击"图表"组中的"插入柱形图或条形图"下拉按钮，在列表中选择合适的图表类型，如"二维簇状柱形图"。当鼠标指向一个图表类型的时候，就会在工作表中看到该图表类型的预览效果，单击即可立即应用。

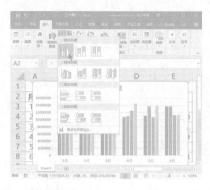

图6.2.2　在功能区选择合适的图表类型

6.2.3　使用对话框创建图表

如图6.2.3-1所示，选择数据源A2:E8单元格区域，切换至"插入"选项卡，单击"图表"组中的"推荐的图表"命令，或单击"图表"组的对话框启动器按钮。

接着如图6.2.3-2所示，打开"插入图表"对话框，切换至"所有图表"选项卡，从中选择合适的图表类型即可。

图6.2.3-1　单击"图表"选项组的对话框启动器按钮

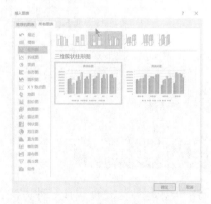

图6.2.3-2　选择合适的图表类型

6.3 编辑图表

用户在创建图表后，如果对默认情况不满意，还可以对图表进行编辑，如对图表的各项元素、图表布局、图表类型和格式、样式进行调整，使图表可以更明确有效地传递数据信息。

6.3.1　设置图表布局

一般情况下，图表的编辑操作是从设置图表元素的布局开始的。图表的组成元素有很多，有"图表区""绘图区""系列值""图表标题""坐标轴""数据标签""图例"和"网格线"等。默认情况下创建出的图表包含了常用的大部分元素，用户可以根据需要灵活地对元素进行添加、删除或更改，也可以对元素的位置、大小进行调整。

图表的主要组成元素如图6.3.1-1所示。

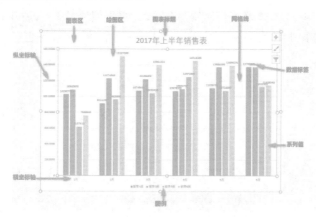

图6.3.1-1　图表的主要组成元素

（1）图表标题的编辑

在Excel图表中，用户可以根据需要添加标题或删除标题，以及更改和链接标题文字。

如果默认创建的图表中没有包含图表标题，那么需要用户自行添加。如图6.3.1-2所示，选中图表，切换至"设计"工具选项卡，单击"图表布局"组中的"添加图表元素"下拉按钮，在打开的列表中选择"图表标题"命令，并指定添加位置，其位置主要有"图表上方"和"居中覆盖"。

除了上述方法，还可以通过单击"图表元素"按钮，在展开的列表中勾选"图表标题"复选框，并选择合适的位置即可，操作如图6.3.1-3所示。

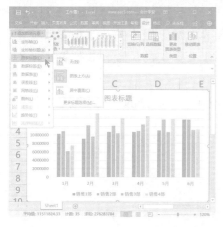

图6.3.1-2　通过功能区添加图表元素

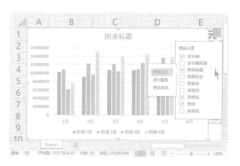

图6.3.1-3　通过"图表元素"按钮添加图表元素

图表标题默认为"图表标题"文字信息，更改的方式通常有两种——直接编辑文字和链接单元格，下面分别进行介绍。

选择图表标题，在虚线内单击进入编辑状态后即可对文字内容直接修改。

除了可以直接对图表标题进行编辑之外，还可以对图表标题创建链接，即在图表标题与单元格之间建立链接关系，从而实现当更改单元格中的内容时，图表标题会随之同步更改的效果。选中图表标题，在编辑栏中输入等号"="，然后选择要链接的单元格，在本例中为A1单元格，也可以直接在编辑栏中输入公式"=Sheet1!$A$1"，如图6.3.1-4所示。

建立链接后，当A1单元格中的内容发生改变时，图表标题也随之自动更改，如图6.3.1-5所示。

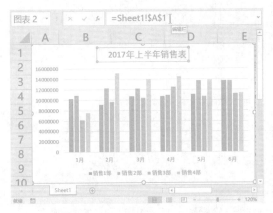

图6.3.1-4　链接单元格中的标题

图6.3.1-5　图表标题随链接的单元格同步更改

如果用户不需要显示图表标题，可以将其删除。选中要删除的图表标题，按下Delete键即可快速删除。

（2）图例的编辑

在Excel图表中，除单系列值的图表不需要通过图例进行系列区分外，几乎所有图表都需要用由文字和标识组成的图例对各系列值进行注释。

如果默认情况下创建的图表不包含图例，用户可以自行添加。如图6.3.1-6所示，选中图表，切换至"设计"工具选项卡，单击"图表布局"组中的"添加图表元素"下拉按钮，在打开的列表中选择"图例"命令，并指定要添加的位置，其位置主要有"右侧""顶部""左侧"和"底部"。

除了上述方法，还可以通过单击"图表元素"按钮，在展开的列表中勾选"图例"复选框，并选择想要添加的位置即可，如图6.3.1-7所示。

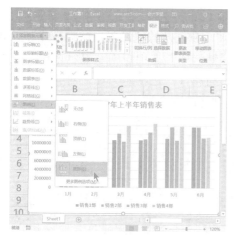

图6.3.1-6　通过功能区添加图例

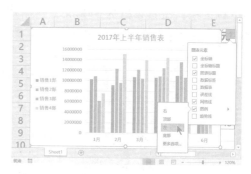

图6.3.1-7　通过"图表元素"按钮添加图例

（3）数据标签的编辑

图表的数据标签用于表示数据系列的实际数值，在Excel图表的各个元素中，数据标签一般不太常用，因此在创建图表时不会默认显示。如果用户需要在图表中显示数据标签，可以自行添加。

选中图表，切换至"设计"工具选项卡，单击"图表布局"组中的"添加图表元素"下拉按钮，在打开的列表中选择"数据标签"命令，在子菜单中即可显示可以添加的所有位置，有"居中""数据标签内""轴内侧""数据标签外"和"数据标注"，如图6.3.1-8所示。

除了上述方法，还可以通过单击"图表元素"按钮，在展开的图表元素列表中勾选"数据标签"复选框，并选择想要添加的位置即可，如图6.3.1-9所示。

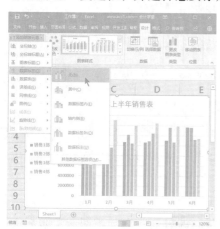

图6.3.1-8　通过功能区添加数据标签

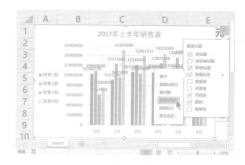

图6.3.1-9　通过"图表元素"按钮添加数据标签

（4）坐标轴的编辑

在Excel中，图表通常都拥有横坐标轴和纵坐标轴两个坐标轴，一般情况下两个轴向为默认设置，但用户也可以对坐标轴标题和单位进行重新设置。

如图6.3.1-10所示，双击该图表左侧的垂直坐标轴，在打开的"设置坐标轴格式"导航窗格中，切换至"坐标轴选项"选项卡，单击"坐标轴选项"选项组中"显示单位"右侧的下拉按钮，将其设置为100000，然后切换至"大小与属性"选项组，在"对齐方式"区域中将"文字方向"设置为"横排"，操作如图6.3.1-11所示。

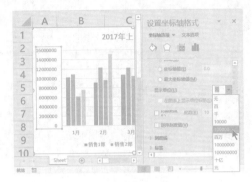
图6.3.1-10　设置坐标轴显示单位

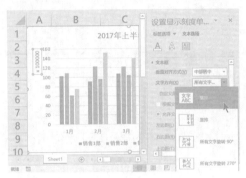
图6.3.1-11　设置文字方向为"横排"

返回图表中，将垂直轴标题移动到合适位置，并更改文字内容为"单位：万元"，结果如图6.3.1-12所示。

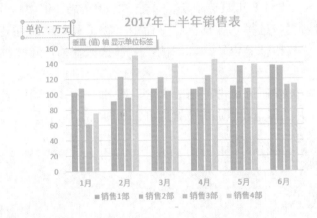
图6.3.1-12　更改坐标轴标题的内容

（5）使用快速布局编辑

Excel为图表提供了多种预置的布局，用户可以根据需要进行设置，从而对图表做出快速整体的布局。

如图6.3.1-13所示，选中图表，切换至"设计"工具选项卡，单击"图表"组中的"快速布局"命令下拉按钮，在打开的列表中选择合适的布局即可。当鼠标指向一个布局的时候，即在图表中显示该布局的预览效果，如图6.3.1-13所示，单击即可立即应用。

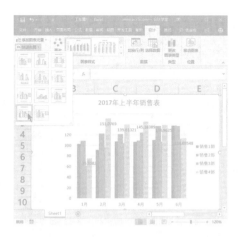

图6.3.1-13　在列表中选择合适的布局

6.3.2　更改图表类型

如果用户在创建图表时所选择的图表类型不能准确直观地传递数据信息，则需要对图表类型进行更改。

如图6.3.2-1所示，选择要更改图表类型的图表，切换至"设计"工具选项卡，单击"类型"组中的"更改图表类型"命令。

接着如图6.3.2-2所示，在打开的"更改图表类型"对话框中，选择更加合适的图表类型。

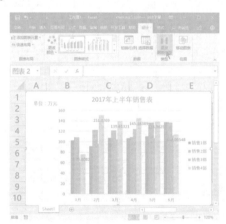

图6.3.2-1　单击"更改图表类型"命令

图6.3.2-2　选择合适的图表类型

6.3.3　图表的筛选

与普通工作表区域一样，图表也可以进行筛选。选中图表，单击"图表筛选器"按钮，如图6.3.3-1所示。在打开的列表中取消"类别"下方的"全选"复选框，然后勾选"1月"复选框，设置完毕后，单击"应用"按钮完成筛选。

操作完成后，即可在图表中看到筛选出了1月份的相关记录，结果如图6.3.3-2所示。

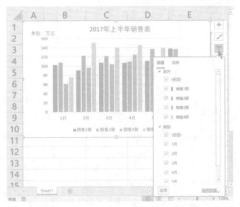

图6.3.3-1　在图表筛选器中进行筛选

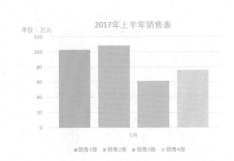

图6.3.3-2　筛选的结果

6.3.4　更改图表数据源

如果用于创建图表的数据源被修改，那么图表形态也会随之更改。而有时用户不仅会对数据源进行修改，还可能会添加或者删减数据，此时需要对图表所引用的数据源范围做出更改。

选择需要更改数据源的图表，切换至"设计"工具选项卡，选择"数据"组中的"选择数据"命令，如图6.3.4-1所示。

或者单击鼠标右键，在打开的快捷菜单中选择"选择数据"命令，如图6.3.4-2所示。

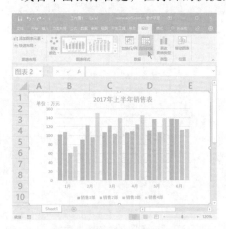

图6.3.4-1　通过功能区选择

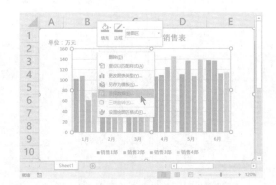

图6.3.4-2　通过鼠标右键快捷菜单选择

接着如图6.3.4-3所示，在打开的"选择数据源"对话框中，单击"图表数据区域"右侧的折叠按钮进入工作表重新选择引用区域。

图6.3.4-3　单击折叠按钮重新选择引用区域

6.4　迷你图

迷你图是一种特殊的微型图表，可以在单元格中显示数据之间的关系和变化的趋势。迷你图的类型有"折线图""柱形图"和"盈亏"三种。本节主要介绍迷你图的创建和样式设计等内容。

6.4.1　创建单个迷你图

如图6.4.1-1所示，选择F3单元格，切换至"插入"选项卡，在"迷你图"组中选择折线图。

图6.4.1-1　选择迷你图的类型

接着如图6.4.1-2所示，打开"创建迷你图"对话框，在"选择所需的数据"的"数据范围"中输入要引用的单元格区域，或者单击右侧的折叠按钮返回工作表中选取数据范围，设置完毕后单击"确定"按钮。

返回工作表中，即可看到在F3单元格创建了类型为"折线图"的迷你图，如图6.4.1-3所示。

图6.4.1-2 设置迷你图的数据范围

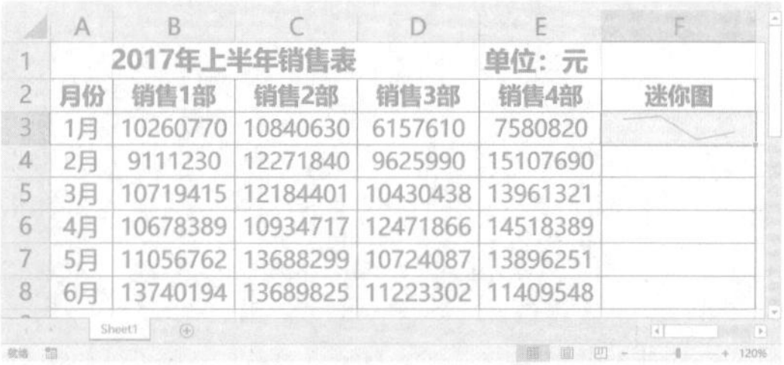

图6.4.1-3 类型为"折线图"的迷你图

在创建完迷你图后，如果用户不再需要该迷你图，可以将其删除。选择插入迷你图的单元格，切换至"设计"工具选项卡，单击"组合"组中的"清除"命令即可。

6.4.2 创建一组迷你图

除了可以创建单个的迷你图，用户还可以为多行或多列的数据创建一组迷你图，通常使用填充法和插入法两种方法进行创建。

填充法就是先创建一个迷你图，然后选择该单元格后向下拖拽填充柄，或者选择单元格区域后按下Ctrl+D组合键进行填充。

除了填充的方法，还可以使用插入法。如图6.4.2-1所示，选中要创建一组迷你图的单元格区域，切换至"插入"选项卡，在"迷你图"组中选择合适的迷你图类型，在这里仍然使用折线图。

图6.4.2-1 选择迷你图的类型

接着如图6.4.2-2所示，打开"创建迷你图"对话框，在"选择所需的数据"下方的"数据范围"中输入要引用的单元格区域，或者单击右侧的折叠按钮返回工作表中选取数据范围，设置完毕后单击"确定"按钮。

返回工作表中，即可看到在F3:F8单元格区域插入了一组迷你图，如图6.4.2-3所示。

图6.4.2-2 设置迷你图的数据范围

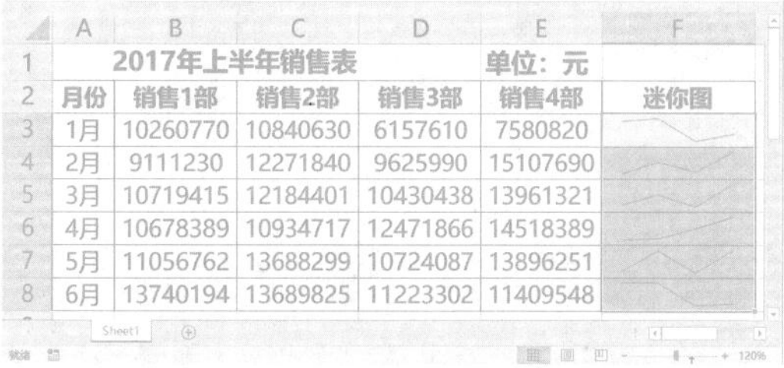

图6.4.2-3 插入了一组迷你图

6.4.3 更改迷你图类型

用户在创建完迷你图之后，如果发现该迷你图整体形态不够理想，可以更改迷你图类型。更改迷你图类型又分为更改一整组迷你图类型和更改一组中的单个迷你图类型两种情况。

（1）更改一整组迷你图的类型

如图6.4.3-1所示，选择一组迷你图中的任意单元格，切换至"设计"工具选项卡，单击"类型"组中的其他类型命令，比如柱形图。

设置完毕后，即可看到原来的折线迷你图改成了柱形迷你图，结果如图6.4.3-2所示。

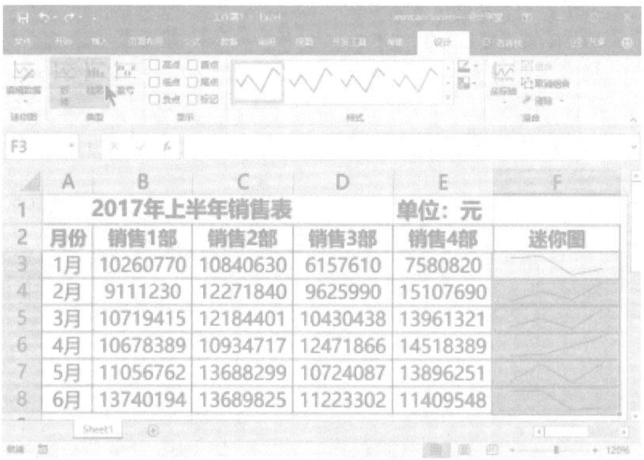

图6.4.3-1 选择迷你图的类型

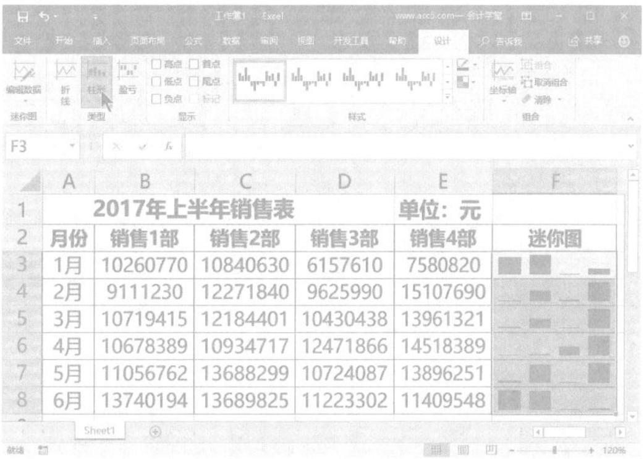

图6.4.3-2 改为柱形迷你图

（2）更改一组中单个迷你图的类型

Excel把一组迷你图看成一个组合的对象，因此如果要将一组迷你图组合中的单个迷你图更改为其他类型，首先需要把该迷你图从迷你图组合中分离出来，成为单个迷你图对象，然后才能进行下一步设置。

如图6.4.3-3所示，要求将F7单元格中的迷你图类型改为柱形图，先选择F7单元格，切换至"设计"工具选项卡，单击"组合"组中的"取消组合"命令。

然后选中F7单元格，单击"类型"组中的"柱形"命令，如图6.4.3-4所示。

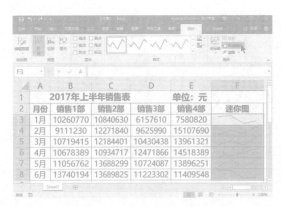

图6.4.3-3 单击"取消组合"命令   图6.4.3-4 选择要更改的类型

返回工作表中，即可看到F7单元格中原来的折线迷你图改成了柱形迷你图，结果如图6.4.3-5所示。

图6.4.3-5 更改单个的迷你图类型

第 7 章

微信扫一扫
免费看课程

Excel在人事工作中的应用

用户在使用Excel进行人事管理时，经常会在员工信息管理、考勤统计和合同管理等工作中大量应用Excel表格。Excel表格在人事管理工作中起到很大的作用。本章主要介绍Excel在人事管理实际工作中的常规应用。

7.1 统计各部门的员工人数

如图7.1-1所示，A列为编号，B列为公司部门，C列为员工姓名，要求统计出各部门的员工人数。下面介绍三种不同的方法，用户可根据实际情况和个人习惯选择使用。

图7.1-1　要求统计各部门的人数

方法1：使用"删除重复项"功能获取"部门"字段的唯一值

如图7.1-2所示，复制"部门"字段B2:B11单元格区域，粘贴至E2:E11单元格区域，并切换至"数据"选项卡，单击"数据工具"组中的"删除重复项"命令对其删除重复的部门。

选择F2单元格，输入公式"=COUNTIF(B:B,E2)"，输入完毕后按Enter键结束并拖拽填充柄将公式填充至F6单元格，即可完成计数，结果如图7.1-3所示。然后选择E2:F6单元格区域，设置对齐方式为"水平居中"并添加边框，使显示效果更加理想。

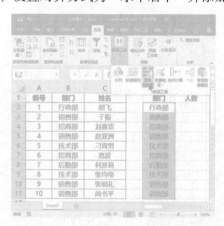

图7.1-2　复制"部门"字段并删除重复项 　　　　图7.1-3　输入条件计数公式

方法2：使用函数公式获取"部门"字段的唯一值

单击选择E2单元格，输入数组公式"=IFERROR(INDEX(B$2:B$11,SMALL(IF(MATCH(B$2:B$11,B$2:B$11,)=ROW($1:$10),ROW($1:$10)),ROW(A1))),"")"，输入完毕后按Ctrl+Shift+Enter组合键结束，并将公式向下填充，即可提取出"部门"字段的唯一值，结果如图7.1-4所示。

然后选择F2单元格，输入公式"=IF(E2="","",COUNTIF(B:B,E2))"，输入完成后按Enter键结束并将公式向下填充，即可完成条件计数，结果如图7.1-5所示。

图7.1-4　使用数组公式提取唯一值　　　　图7.1-5　输入条件计数公式

方法3：使用数据透视表进行统计

选择数据区域内的任意单元格，切换至"插入"选项卡，单击"表格"组中的"数据透视表"命令。

如图7.1-6所示，在打开的"数据透视表字段"导航窗格中，将"部门"字段分别拖拽至"行"区域和"值"区域。

关闭"数据透视表字段"导航窗格，返回工作表中即可看到数据透视表对各部门的人数进行了统计。此时还可以更改数据透视表字段名称，将E1单元格内容更改为"部门"，将F1单元格内容更改为"人数"，使整体效果更加直观，结果如图7.1-7所示。

图7.1-6　为数据透视表添加字段　　　　图7.1-7　更改数据透视表字段名称

7.2　验证身份证号码输入是否正确

用户在往Excel表格中输入大量的身份证号码的时候，由于位数较多，很容易在输入的过程中出错，需要反复地核对，非常浪费时间。此时，可以通过设置公式，让电脑代替人脑进行判断。

如图7.2-1所示，选择E2单元格，输入公式 "=IF(D2="","",IF(MID("10X98765432",MOD(SUMPRODUCT(MID(D2,ROW($1:$17),1)*{7;9;10;5;8;4;2;1;6;3;7;9;10;5;8;4;2}),11)+1,1)=RIGHT(D2),"正确","错误"))"，输入完毕后按Enter键结束，并将公式向下填充，即可完成对D列身份证号码是否输入正确的检验。

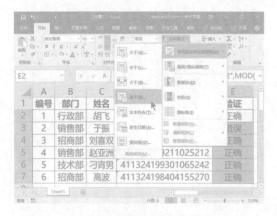

图7.2-1 输入检验对错的公式

如果只通过文本信息进行验证，还不够理想和直观，还可以借助于条件格式。选择E2:E7单元格区域，切换至"开始"选项卡，在"样式"组中单击"条件格式"命令下拉按钮，在打开的列表中选择"突出显示单元格规则"选项，在子列表中选择"等于"选项，操作如图7.2-2所示。

接着如图7.2-3所示，在打开的"等于"对话框中，在"为等于以下值的单元格设置格式"下方的输入框中输入"错误"，操作完毕后单击"确定"按钮关闭对话框完成设置。

图7.2-2 设置E列的条件格式　　　　图7.2-3 输入设置的条件

选择D2:D7单元格区域，切换至"开始"选项卡，在"样式"组中单击"条件格式"命令下拉按钮，在打开的列表中选择"新建规则"选项，如图7.2-4所示。

接着如图7.2-5所示，在打开的"新建格式规则"对话框中，选择"使用公式确定要设置格式的单元格"选项，然后在"编辑规则说明"下方的输入框中输入公式 "=$E2="错误""，并单击"格式"按钮设置格式。

图7.2-4 设置D列的条件格式

图7.2-5 使用公式设置条件

继续如图7.2-6所示，在打开的"设置单元格格式"对话框中，切换至"字体"选项卡，将颜色设置为"红色"，勾选"特殊效果"区域的"删除线"复选框，设置完毕后单击"确定"按钮关闭对话框完成设置。

返回工作表中，可以看到上述设置的结果如图7.2-7所示。

图7.2-6 为满足条件的单元格设置格式

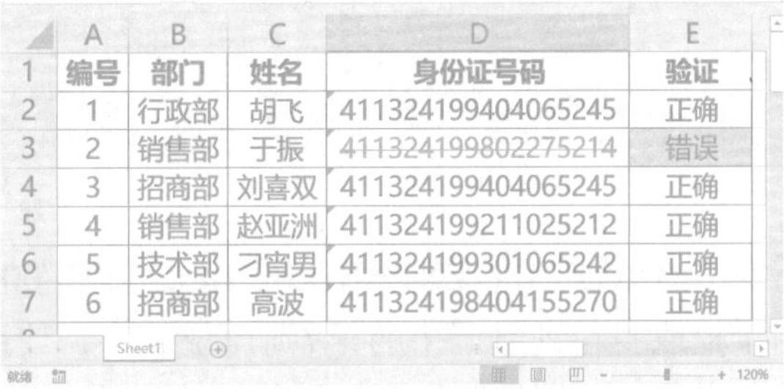

图7.2-7 设置完成的效果展示

关于公式 "=IF(D2="","",IF(MID("10X98765432",MOD(SUMPRODUCT(MID(D2,ROW($1:$17),1)*{7;9;10;5;8;4;2;1;6;3;7;9;10;5;8;4;2}),11)+1,1)=RIGHT(D2),"正确","错误"))"，在此做一下说明。

二代身份证是由18位数字组成的，判断一个身份证号码对错的校验方法为：将前17位数字进行一种特定的计算，然后看计算的结果是否等于身份证号码的最后一位数字。如果相等，说明正确，否则说明错误。

这种特定的计算方法如下：

1. 身份证号码有一组固定的17位系数，分别对应身份证号码的前17位数字。这组固定的系数为：7、9、10、5、8、4、2、1、6、3、7、9、10、5、8、4、2。

2．将该系数分别与身份证号码的前17位数字相乘，再把相乘的结果相加。

3．相加的结果除以11，看余数是多少。

4．身份证号码还有一组固定的11位校验码：1、0、X、9、8、7、6、5、4、3、2。

5．前三步的计算完成后，余数是几，因为除以11的余数只可能是0~10这11个数字，而我们需要让它从1开始，所以需要在余数后面+1，得出的是几，就取第四步中校验码的第几位。所取出的校验码，与身份证号码的第18位做比较，如果相等，则说明符合校验规则，号码输入正确。

通过该公式的验证，可以提高用户在输入身份证号码时的工作效率和输入的正确率，不必再反复核对校验证件号码。

7.3 计算员工年龄

如图7.3所示，A列为员工姓名，B列为身份证号码，要求在C列计算出员工的年龄。

选择C2单元格，输入公式“=DATEDIF(TEXT(MID(B2,7,8),"0000-00-00"),NOW(),"y")”，输入完毕后按Enter键结束，并将公式向下填充，即可计算出全部员工的年龄。

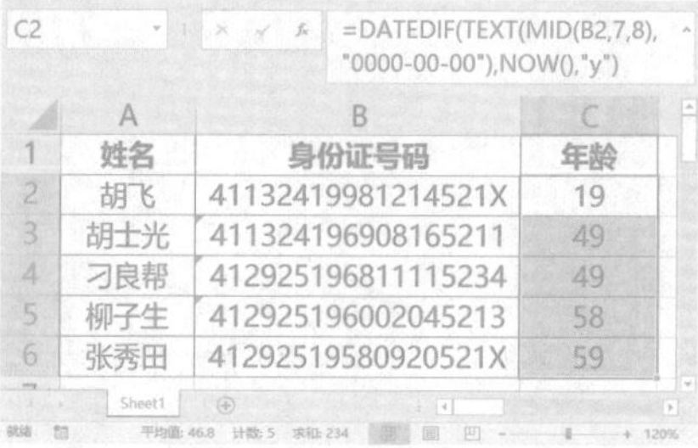

C2 =DATEDIF(TEXT(MID(B2,7,8),"0000-00-00"),NOW(),"y")

	A	B	C
1	姓名	身份证号码	年龄
2	胡飞	41132419981214521X	19
3	胡士光	411324196908165211	49
4	刁良帮	412925196811115234	49
5	柳子生	412925196002045213	58
6	张秀田	41292519580920521X	59

图7.3　输入计算年龄的公式

在“=DATEDIF(TEXT(MID(B2,7,8),"0000-00-00"),NOW(),"y")”公式中，MID(B2,7,8)部分用于提取身份证号码中的第7到14位数字，使用TEXT函数转换为日期格式（公式里面的"0000-00-00"分别指四位数的年份、两位数的月份和两位数的日数值。也可以简写为“00-00-00"，其计算结果不变），最后用DATEDIF函数计算出与计算机系统当前的日期之间相隔的整年数。

7.4 根据年龄段统计员工人数

用户在人事管理的过程中，经常需要统计各个年龄阶段的员工人数，本节对此介绍两种不同的方法。

方法一：函数公式法

如图7.4-1所示，A列为员工姓名，B列为年龄，要求根据D2:D6单元格区域中的年龄段，在E列统计出相应的人数。

为了方便填充公式，先将D2:D6单元格区域的年龄段拆分为两列，输入到空白单元格中（见图中F2:G6区域所示）。然后选择E2单元格，输入公式"=COUNTIFS(B:B,">="&F2,B:B,"<="&G2)"，输入完毕后按Enter键结束，并将公式填充至E6单元格，即可计算出每个年龄段的人数，计算结果如图所示。

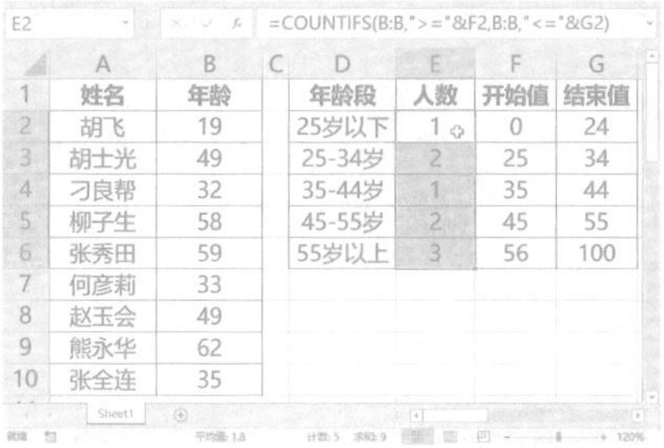

图7.4-1　输入多条件计数公式

方法二：数据透视表法

选择数据区域内的任意单元格，切换至"插入"选项卡，在"表格"组中单击"数据透视表"命令创建数据透视表。

如图7.4-2所示，在打开的"数据透视表字段"导航窗格中，将"年龄"字段拖放至"行"区域，将"姓名"字段拖放至"值"区域。

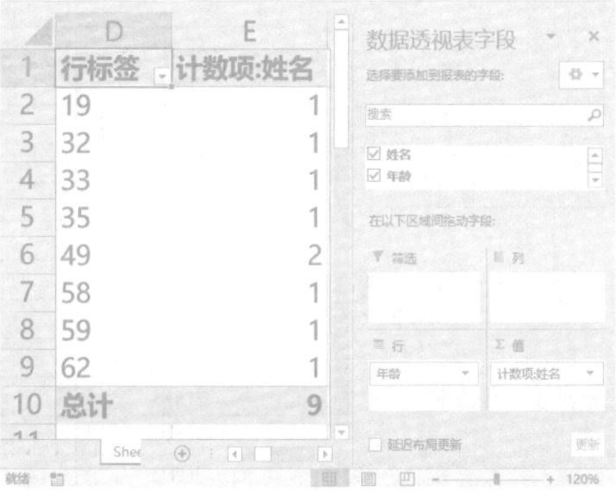

图7.4-2　为数据透视表添加字段

返回数据透视表中，使用鼠标右键单击"行标签"字段任意单元格，在打开的快捷菜单中选择"组合"命令，操作如图7.4-3所示。

接着如图7.4-4所示，在打开的"组合"对话框中，将起始值设置为"25"，终止值设置为"55"，步长值设置为"10"，操作完毕后单击"确定"按钮关闭对话框完成设置。

返回工作表中，查看对数据透视表进行分组的结果，如图7.4-5所示。

图7.4-3　通过鼠标右键选择"组合"命令　图7.4-4　设置自动分组的各项数值　图7.4-5　创建分组的结果

7.5　计算员工的生肖

如图7.5-1所示，A列为员工姓名，B列为身份证号码，要求在C列计算出员工的生肖。

选择C2单元格，输入公式"=MID("猴鸡狗猪鼠牛虎兔龙蛇马羊",MOD(MID(B2,7,4),12)+1,1)"，输入完毕后按Enter键结束，并将公式向下填充，即可计算出全部员工的生肖，结果如图所示。

公式"=MID("猴鸡狗猪鼠牛虎兔龙蛇马羊",MOD(MID(B2,7,4),12)+1,1)"中，MID函数第一参数"猴鸡狗猪鼠牛虎兔龙蛇马羊"规律的由来，参照图7.5-2所示。

年份	生肖	除以12的余数
2000	龙	8
2001	蛇	9
2002	马	10
2003	羊	11
2004	猴	0
2005	鸡	1
2006	狗	2
2007	猪	3
2008	鼠	4
2009	牛	5
2010	虎	6
2011	兔	7
2012	龙	8
2013	蛇	9
2014	马	10
2015	羊	11
2016	猴	0

图7.5-1　输入计算生肖的公式

图7.5-2　生肖排序规律的由来

7.6　判断员工的性别

利用身份证号码的第17位数字可以判断人的性别，奇数为男性，偶数为女性。如图7.6-1所示，A列为员工姓名，B列为员工的身份证号码，要求在C列判断出员工的性别。

选择C2单元格，输入公式"=IF(MOD(MID(B2,17,1),2),"男","女")"，输入完毕后按Enter键结束，并将公式向下填充，即可判断出全部员工的性别，结果如图所示。

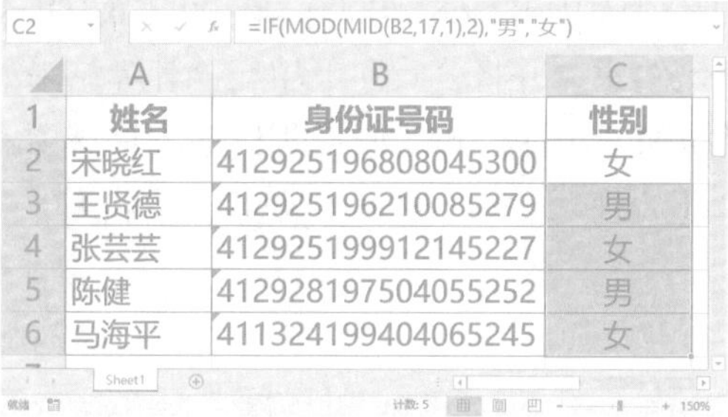

图7.6-1　输入计算性别的公式

用户还可以根据性别为员工信息记录表设置不同的填充颜色，使相关记录更加突出。

选择A2:C6单元格区域，切换至"开始"选项卡，在"样式"组中单击"条件格式"命令下拉按钮，在打开的列表中选择"新建规则"。

接着如图7.6-2所示，在打开的"新建格式规则"对话框中，选择"使用公式确定要设置格式的单元格"选项，在"编辑规则说明"区域的输入框中输入公式"=$C2="男""，然后单击"格式"按钮设置填充颜色为"浅蓝色"，操作完毕后单击"确定"按钮关闭对话框完成设置。使用相同的方法，在"编辑规则说明"区域的输入框中输入公式"=$C2="女""，然后单击"格式"按钮设置填充颜色为"粉红色"，操作完毕后单击"确定"按钮完成设置。

返回工作表中，即可查看上述设置的结果，如图7.6-3所示。

图7.6-2　输入公式并设置格式 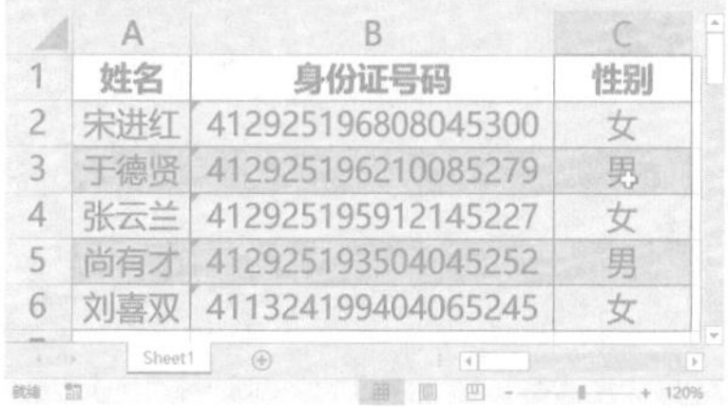　　　图7.6-3　设置条件格式的结果

7.7 设置员工生日提醒

如图7.7-1所示，A列为员工姓名，B列为身份证号码，要求在C列设置员工生日提醒，设置条件为生日前7天之内，提示"n天后生日"信息，距离生日的天数大于7天，则显示空文本。（系统当前日期为2018-02-18。）

选择C2单元格，输入公式"=IF(DATEDIF(TEXT(MID(B2,7,8),"0000-00-00")-6,TODAY(),"yd")<7,ABS(DATEDIF(TEXT(MID(B2,7,8),"0000-00-00")-6,TODAY(),"yd")-6)&"天后生日","")"，输入完成后按Enter键结束，并将公式向下填充，计算结果如图所示。

在本例中，同样可以添加"条件格式"使提醒更加醒目易读。选择A2:C6单元格区域，切换至"开始"选项卡，在"样式"组中单击"条件格式"命令下拉按钮，在打开的列表中选择"新建规则"。

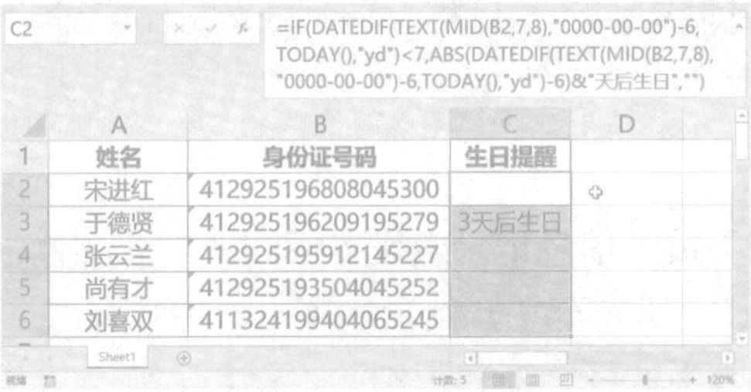

图7.7-1　输入计算生日提醒的公式

接着如图7.7-2所示，在打开的"新建格式规则"对话框中，选择"使用公式确定要设置格式的单元格"选项，在"编辑规则说明"区域的输入框中输入公式"=$C2<>"""，然后单击"格式"按钮设置填充颜色，在这里填充了"草绿色"，操作完毕后单击"确定"按钮关闭对话框完成设置。

返回工作表中，即可查看上述设置条件格式的显示结果，如图7.7-3所示。

图7.7-2　输入公式并设置格式 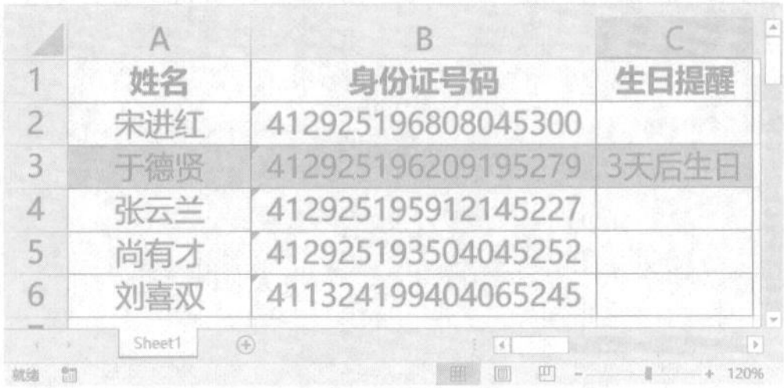　　　　图7.7-3　设置条件格式的效果显示

7.8 计算员工工龄

如图7.8-1所示，A列为员工姓名，B列为入职日期，要求根据B列的入职日期，计算出员工在本公司的工龄已满几年零几月几天。

选择C3单元格，输入公式“=DATEDIF(B3,NOW(),"y")”，输入完毕后按Enter键结束，并将公式向下填充，即可计算出员工已在本公司工作满几年，计算结果如图所示。

选择D3单元格，输入公式“=DATEDIF(B3,NOW(),"ym")”，输入完毕后按Enter键结束，并将公式向下填充，即可计算出员工已在本公司工作不满整年的剩余整月数，计算结果如图7.8-2所示。

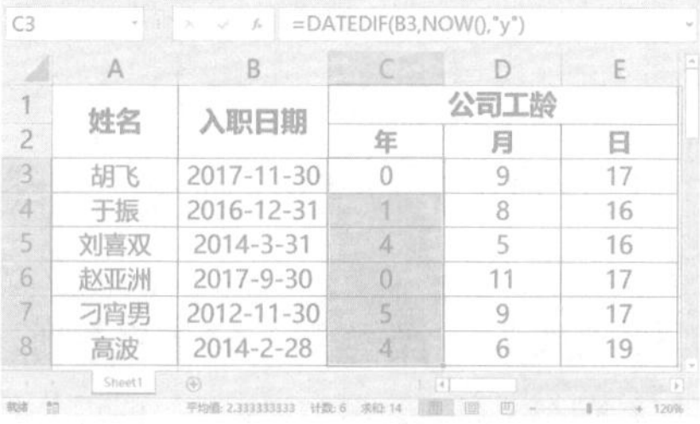
C3 =DATEDIF(B3,NOW(),"y")

姓名	入职日期	公司工龄		
		年	月	日
胡飞	2017-11-30	0	9	17
于振	2016-12-31	1	8	16
刘喜双	2014-3-31	4	5	16
赵亚洲	2017-9-30	0	11	17
刁宵男	2012-11-30	5	9	17
高波	2014-2-28	4	6	19

图7.8-1　输入计算已满几年的公式

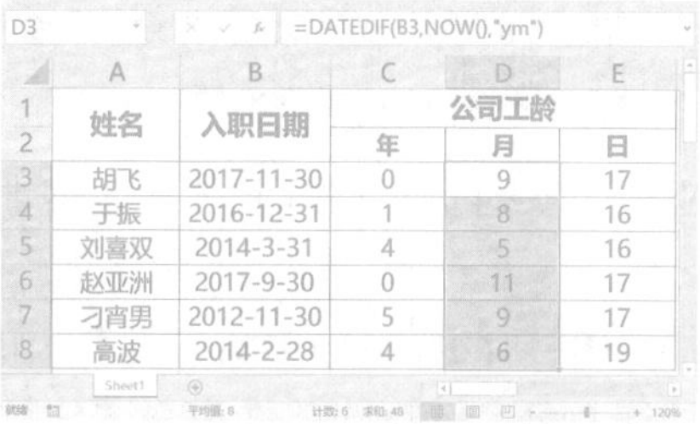
D3 =DATEDIF(B3,NOW(),"ym")

姓名	入职日期	公司工龄		
		年	月	日
胡飞	2017-11-30	0	9	17
于振	2016-12-31	1	8	16
刘喜双	2014-3-31	4	5	16
赵亚洲	2017-9-30	0	11	17
刁宵男	2012-11-30	5	9	17
高波	2014-2-28	4	6	19

图7.8-2　输入计算不满整年的剩余整月数公式

选择E3单元格，输入公式“=DATEDIF(B3,NOW(),"md")”，输入完毕后按Enter键结束，并将公式向下填充，即可计算出员工已在本公司工作不满整月的剩余天数，计算结果如图7.8-3所示。

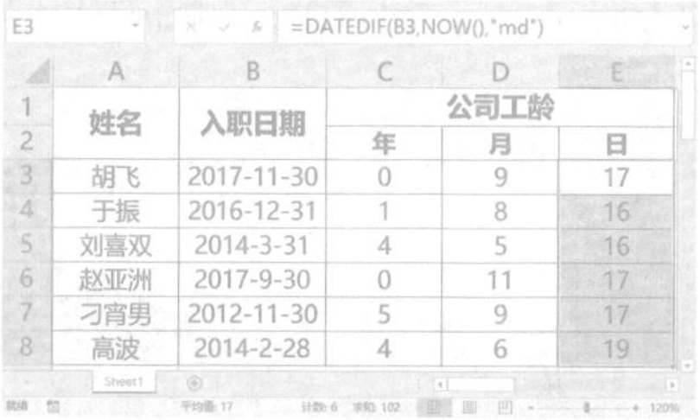
E3 =DATEDIF(B3,NOW(),"md")

姓名	入职日期	公司工龄		
		年	月	日
胡飞	2017-11-30	0	9	17
于振	2016-12-31	1	8	16
刘喜双	2014-3-31	4	5	16
赵亚洲	2017-9-30	0	11	17
刁宵男	2012-11-30	5	9	17
高波	2014-2-28	4	6	19

图7.8-3　输入计算不满整月的剩余天数公式

7.9 计算退休日期

如图7.9所示，A列为员工姓名，B列为身份证号码，要求在C列根据B列的身份证号码（其中的出生日期）计算出员工的退休日期，假设男性的退休年龄为60周岁，女性为55周岁。

选择C2单元格，输入公式“=IF(MOD(MID(B2,17,1),2),EDATE(TEXT(MID(B2,7,8),"0000-00-00"),60*12),EDATE(TEXT(MID(B2,7,8),"0000-00-00"),55*12))+1”，输入完成后按Enter键结束并将公式向下填充，即可完成计算，计算结果如图所示。

图7.9　输入计算退休日期的公式

7.10　分析员工测评成绩

企业经常会对员工进行业务技能培训并做出考核，要求对考核成绩进行计算、排名和分析。

如图7.10-1所示，A列为员工姓名，B列为笔试得分，C列为实操得分，要求在D列计算出员工所得总分，计算的条件为笔试分数权重占30%，实操分数权重占70%；在E列分析成绩是否合格，判断的标准为总分大于等于80分为合格；在F列进行美式排名；在G列进行中式排名。（共四个要求。）

（1）计算总分

选择D2单元格，输入公式"=B2*0.3+C2*0.7"，输入完毕后按Enter键结束，并将公式向下填充，即可计算出全部员工的总分，计算结果如图7.10-1所示。

	A	B	C	D
1	姓名	笔试得分	实操得分	总分
2	张均帝	97	98	97.7
3	张明礼	93	95	94.4
4	尚书平	89	81	83.4
5	李芝润	83	73	76
6	赵玉会	81	83	82.4
7	胡士光	94	94	94
8	尚书钦	90	89	89.3
9	刁良帮	97	98	97.7
10	赵永涛	84	93	90.3

图7.10-1　输入计算总分的公式

（2）分析成绩是否合格

选择E2单元格，输入公式"=IF(D2>=80,"合格","不合格")"，输入完毕后按Enter键结束，并将公式向下填充，即可得出全部成绩的分析结果，如图7.10-2所示。

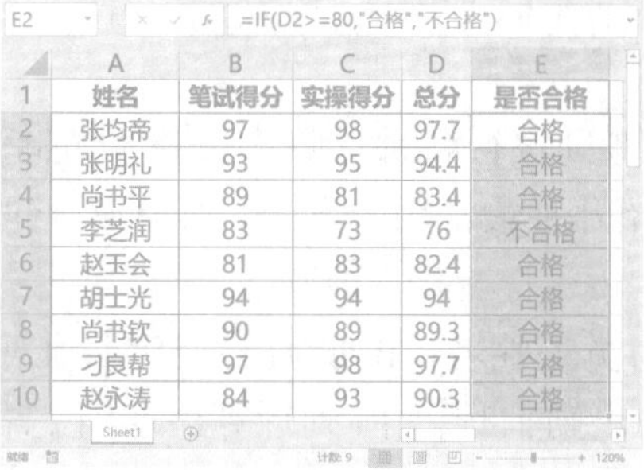

E2 =IF(D2>=80,"合格","不合格")

	A	B	C	D	E
1	姓名	笔试得分	实操得分	总分	是否合格
2	张均帝	97	98	97.7	合格
3	张明礼	93	95	94.4	合格
4	尚书平	89	81	83.4	合格
5	李芝润	83	73	76	不合格
6	赵玉会	81	83	82.4	合格
7	胡士光	94	94	94	合格
8	尚书钦	90	89	89.3	合格
9	刁良帮	97	98	97.7	合格
10	赵永涛	84	93	90.3	合格

图7.10-2 输入分析成绩的公式

（3）美式排名

选择F2单元格，输入公式“=RANK(D2,D$2:D$10)”，输入完毕后按Enter键结束，并将公式向下填充，即可得到美式排名的计算结果，如图7.10-3所示。

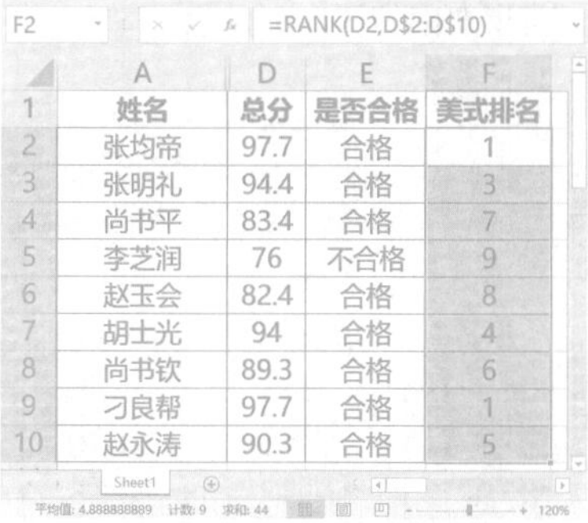

F2 =RANK(D2,D$2:D$10)

	A	D	E	F
1	姓名	总分	是否合格	美式排名
2	张均帝	97.7	合格	1
3	张明礼	94.4	合格	3
4	尚书平	83.4	合格	7
5	李芝润	76	不合格	9
6	赵玉会	82.4	合格	8
7	胡士光	94	合格	4
8	尚书钦	89.3	合格	6
9	刁良帮	97.7	合格	1
10	赵永涛	90.3	合格	5

图7.10-3 输入计算美式排名的公式

（4）中式排名

选择G2单元格，输入公式“=SUMPRODUCT((D$2:D$10>=D2)*(1/COUNTIF(D$2:D$10, D$2:D$10)))”，输入完毕后按Enter键结束，并将公式向下填充，即可得到中式排名的计算结果，如图7.10-4所示。

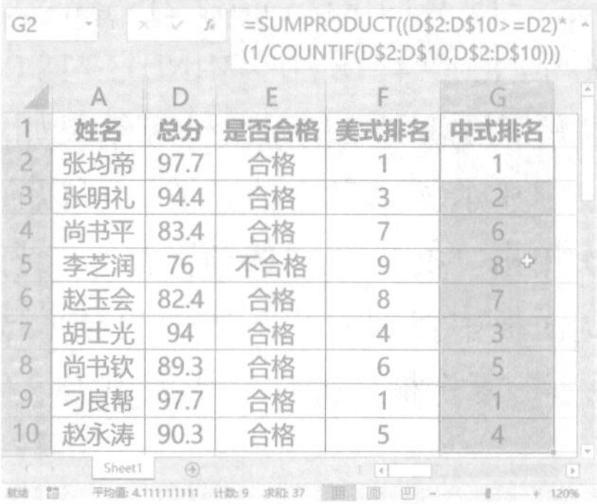

G2 =SUMPRODUCT((D$2:D$10>=D2)*(1/COUNTIF(D$2:D$10,D$2:D$10)))

	A	D	E	F	G
1	姓名	总分	是否合格	美式排名	中式排名
2	张均帝	97.7	合格	1	1
3	张明礼	94.4	合格	3	2
4	尚书平	83.4	合格	7	6
5	李芝润	76	不合格	9	8
6	赵玉会	82.4	合格	8	7
7	胡士光	94	合格	4	3
8	尚书钦	89.3	合格	6	5
9	刁良帮	97.7	合格	1	1
10	赵永涛	90.3	合格	5	4

图7.10-4 输入计算中式排名的公式

7.11 计算出勤工时和迟到/早退

人事工作中需要对员工考勤进行各种计算、分析和处理，所遇到的问题非常灵活多变，不胜枚举，本节主要介绍几种最常用的方法，如计算工时、统计出勤天数、分析出勤率等。

如图7.11-1所示，A列为员工姓名，B列为出勤日期，C列为上班时间，D列为下班时间。要求在E列计算出员工的出勤工时，在F列计算出迟到／早退的时长。计算条件为：星期一到星期五早8:00上班、晚18:00下班；星期六和星期日早8:30上班、晚17:30下班。出勤工时的计算应扣除迟到和早退的时间，但超出规定上、下班时间的时长不予计算在内。

（1）计算出勤工时

选择E2单元格，输入公式"=IF(WEEKDAY(B2,2)>5,MIN(D2,"17:30")–MAX(C2,"8:30"),MIN(D2,"18:00")–MAX(C2,"8:00"))*24"，输入完毕后按Enter键结束，并将公式向下填充，即可计算出员工每天出勤的工时，结果如图7.11-1所示。

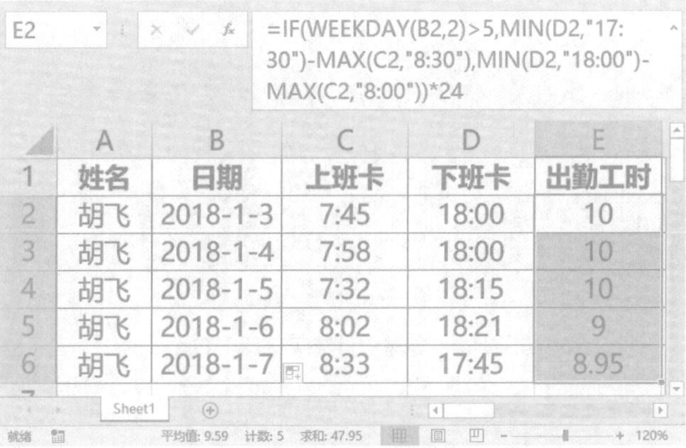

图7.11-1　输入计算出勤工时的公式

（2）计算迟到／早退的时长

选择F2单元格，输入公式"=IF(WEEKDAY(B2,2)>5,MAX(C2,"8:30")–"8:30"+"17:30"–MIN(D2,"17:30"),MAX(C2,"8:00")–"8:00"+"18:00"–MIN(D2,"18:00"))*24*60"，输入完毕后按Enter键结束，并将公式向下填充至最后一条记录，计算结果如图7.11-2所示。

如果用户不喜欢在工作表中显示无意义零值，除了可以在公式上规避零值之外，还可以设置Excel不显示零值。依次单击"文件""选项"命令，打开"Excel选项"对话框，切换至"高级"选项卡，在右侧面板中找到"此工作表的显示选项"区域，取消勾选下方的"在具有零值的单元格中显示零"复选框，操作完毕后单击"确定"按钮关闭对话框完成设置，操作如图7.11-3所示。

	B	C	D	E	F
	日期	上班卡	下班卡	出勤工时	迟到/早退
2	2018-1-3	7:45	18:00	10	0
3	2018-1-4	7:58	18:00	10	0
4	2018-1-5	7:32	18:15	10	0
5	2018-1-6	8:02	18:21	9	0
6	2018-1-7	8:33	17:45	8.95	3

F2 =IF(WEEKDAY(B2,2)>5,MAX(C2,"8:30")-"8:30"+"17:30"-MIN(D2,"17:30"),MAX(C2,"8:00")-"8:00"+"18:00"-MIN(D2,"18:00"))*24*60

图7.11-2　输入计算迟到／早退时长的公式

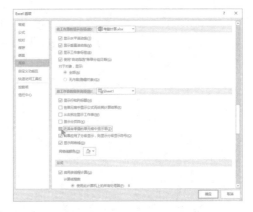

图7.11-3　设置不显示零值

完成设置后，即可看到工作表中已经不再显示无意义零值，结果如图7.11-4所示。

	B	C	D	E	F
1	日期	上班卡	下班卡	出勤工时	迟到/早退
2	2018-1-3	7:45	18:00	10	
3	2018-1-4	7:58	18:00	10	
4	2018-1-5	7:32	18:15	10	
5	2018-1-6	8:02	18:21	9	
6	2018-1-7	8:33	17:45	8.95	3

图7.11-4　不显示无意义的零值

7.12　制作工资条

掌握工资条的制作方法，是每个HR和财务人员的必备技能。本节介绍两种不同的制作方法，分别为"分类汇总法"和"公式法"，其中"公式法"主要用于制作有合并标题的工资条。

7.12.1　分类汇总法

选择数据区域任意单元格，切换至"数据"选项卡，在"分级显示"组中单击"分类汇总"命令，如图7.12.1-1所示。

接着如图7.12.1-2所示，打开"分类汇总"对话框，将"分类字段"设置为"姓名"，其他保持默认项，然后单击"确定"按钮。

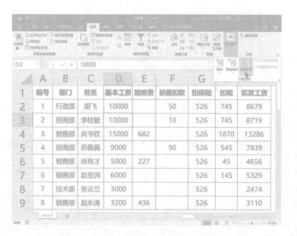

图7.12.1-1　单击"分类汇总"命令　　　　　图7.12.1-2　设置分类字段

返回工作表中，可以看到设置分类汇总的结果。选择A1:I1表头区域，按Ctrl+C组合键复制，复制完毕后选择A列，按下F5功能键（或者Ctrl+G组合键）打开"定位条件"对话框，在该对话框中选择"空值"单选框，如图7.12.1-3所示，操作完毕后单击"确定"按钮关闭对话框完成定位。

接着如图7.12.1-4所示，在工作表中可以看到A列的空白单元格已经处于被选中状态，此时切不可用鼠标乱点，否则会取消之前的选择，这时候只需按下Ctrl+V组合键即可粘贴已经复制到剪贴板中的标题行。

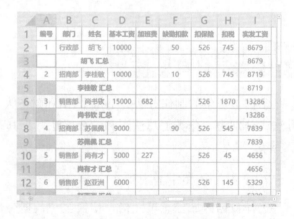

图7.12.1-3　定位空值　　　　　　　　　　图7.12.1-4　此时按Ctrl+V组合键

粘贴完成后，可以看到每一条工资记录之前都插入了标题行，工资条制作完成，结果如图7.12.1-5所示。

最后将分类汇总删除即可：切换至"数据"选项卡，在"分级显示"组中选择"分类汇总"命令，再次打开"分类汇总"对话框，单击"全部删除"按钮，如图7.12.1-6所示。

	编号	部门	姓名	基本工资	加班费	缺勤扣款	扣保险	扣税	实发工资
1	编号	部门	姓名	基本工资	加班费	缺勤扣款	扣保险	扣税	实发工资
2	1	行政部	胡飞	10000		50	526	745	8679
3	编号	部门	姓名	基本工资	加班费	缺勤扣款	扣保险	扣税	实发工资
4	2	招商部	李桂敏	10000		10	526	745	8719
5	编号	部门	姓名	基本工资	加班费	缺勤扣款	扣保险	扣税	实发工资
6	3	销售部	尚书钦	15000	682		526	1870	13286
7	编号	部门	姓名	基本工资	加班费	缺勤扣款	扣保险	扣税	实发工资
8	4	招商部	苏佩佩	9000		90	526	545	7839
9	编号	部门	姓名	基本工资	加班费	缺勤扣款	扣保险	扣税	实发工资
10	5	销售部	尚有才	5000	227		526	45	4656
11	编号	部门	姓名	基本工资	加班费	缺勤扣款	扣保险	扣税	实发工资
12	6	销售部	赵亚洲	6000			526	145	5329

图7.12.1-5　粘贴标题行

图7.12.1-6　删除分类汇总

7.12.2　公式法

本小节主要介绍如何制作有合并标题的工资条，参照图7.12.2-1所示。

复制A1:I2的标题行，粘贴至空白工作表，如图7.12.2-2所示。

	编号	部门	姓名	基本工资	加班费	扣款/代扣代缴			实发工资
1 2	编号	部门	姓名	基本工资	加班费	缺勤	保险	个税	实发工资
3	1	行政部	胡飞	10000		50	526	745	8679
4	2	招商部	李桂敏	10000		10	526	745	8719
5	3	销售部	尚书钦	15000	682		526	1870	13286
6	4	行政部	刁良帮	9000		90	526	545	7839
7	5	销售部	尚有才	5000	227		526	45	4656
8	6	销售部	赵亚洲	6000			526	145	5329
9	7	技术部	张云兰	3000			526		2474
10	8	销售部	赵永涛	3200	436		526		3110

图7.12.2-1　有合并标题的工资条

图7.12.2-2　复制粘贴合并标题行

选择A3单元格，输入公式"=VLOOKUP(ROW()/3,Sheet1!$A:$I,COLUMN(A1),0)"，输入完毕后按Enter键结束，并将公式向右填充至I3单元格，结果如图7.12.2-3所示。

图7.12.2-3　输入查找引用公式

为A3:I3单元格区域添加边框，然后选择A1:I3单元格区域（两行标题行+公式，共三行），拖拽填充柄向下填充，填充的结果如图7.12.2-4所示。

图7.12.2-4　选择A1:I3单元格区域向下填充的结果

　　如果用户希望在每条工资记录之间插入一个空白行，那么就要重新写公式，重新进行填充。选择A3单元格，输入公式"=VLOOKUP(ROW(A4)/4,Sheet1!$A:$I,COLUMN (A1),0)"，输入完毕后按Enter键结束，并将公式向右填充至I3单元格，结果如图7.12.2-5所示。

　　接着如图7.12.2-6所示，选择A1:I4单元格区域（两行标题行+公式+空白行，共四行），然后拖拽填充柄向下填充。

	图7.12.2-5　输入查找引用公式		图7.12.2-6　选择A1:I4单元格区域向下填充

图7.12.2-5　输入查找引用公式　　　　　　　图7.12.2-6　选择A1:I4单元格区域向下填充

　　填充完毕后，工资条就制作完成了，结果如图7.12.2-7所示。

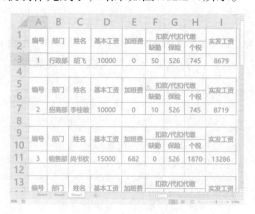

图7.12.2-7　工资条制作完成

第
8
章

微信扫一扫
免费看课程

Excel在销售工作中的应用

企业销售产品，要记录销售台账，并开具销售清单。
本章主要介绍制作销售台账和动态查询的销售清单，以及
如何在期末对销售数据进行计算分析、核算销售人员提成
奖励等。

8.1 制作销售台账

销售台账主要用于记录企业的销售产品情况，一般情况下，企业以流水的形式记录销售情况。制作销售台账要绘制美观的表格，设置合理的格式和使用公式进行自动的计算。

8.1.1 设置格式

首先，在空白工作表中利用"设置单元格格式"对话框中的"字体""对齐"和"边框"等功能，绘制好台账表格的框架，并填写表头文字，如图8.1.1-1所示。

图8.1.1-1　绘制台账表格

然后如图8.1.1-2所示，在名称框中输入A3:N5000，按下Enter键可快速选中A3:N5000单元格区域。

图8.1.1-2　在名称框中输入选择范围

选好单元格区域后，切换至"开始"选项卡，在"样式"组中单击"条件格式"命令下拉按钮，在列表中选择"新建规则"选项，如图8.1.1-3所示。

图8.1.1-3　新建条件格式

接着如图8.1.1-4所示，在打开的"新建格式规则"对话框中，选择"选择规则类型"下方组合框中的"使用公式确定要设置格式的单元格"选项，在"编辑规则说明"下方的输入框中输入公式"=AND($A3<>"",A$2<>"")"，然后单击"格式"按钮设置一种颜色的边框（如粉色），操作完毕后单击"确定"按钮关闭对话框完成设置。

继续选中A3:A5000单元格区域，按下Ctrl+1组合键，打开"设置单元格格式"对话框，在"数字"选项卡"分类"列表中，选中"自定义"选项，在右侧的"类型"输入框中输入"00000"，如图8.1.1-5所示，操作完毕后单击"确定"按钮关闭对话框完成设置。

图8.1.1-4　输入公式并设置格式　　　　图8.1.1-5　设置A列的数字格式

8.1.2　设置公式

（1）计算销售单号

单击A3单元格输入数字1，再在A4单元格输入公式"=IF(B4="","",IF(B4&C4=B3&C3,A3,A3+1))"，输入完毕后按Enter键结束，或者直接在A3单元格输入公式"=IF(B3="","",IF(B3&C3=B2&C2,A2,N(A2)+1))"，输入完毕后按Enter键结束，并将公式向下填充，如图8.1.2-1所示。

图8.1.2-1　输入计算销售单号的公式

（2）计算销售金额

选择I3单元格，输入公式"=IF(D3="","",H3*G3)"，输入完毕后按Enter键结束，并将公式向下填充，如图8.1.2-2所示。

图8.1.2-2　输入计算销售金额的公式

（3）计算销售利润

选择M3单元格，输入公式"=IFERROR(I3-G3*L3,"")"，输入完毕后按Enter键结束，并将公式向下填充，如图8.1.2-3所示。

图8.1.2-3　输入计算销售利润的公式

（4）计算会员积分

会员积分的计算条件是：销售金额5000元以下，为100积分；销售金额在5000～10000元之间，为200积分；销售金额在10000～20000元之间，为300积分；销售金额50000元，为1000积分；销售金额100000元，为2200积分；销售金额150000元，为2600积分；销售金额200000元以上，为3000积分，区间规则为包含下限不含上限，单项产品单独计算。

选择N3单元格，输入公式"=IFERROR(VLOOKUP(I3*0.001,{0,1;5,2;10,3;20,4.5;50,10;100,22;150,26;200,30},2)*100,"")"，输入完毕后按Enter键结束，并将公式向下填充，如图8.1.2-4所示。

图8.1.2-4　输入计算会员积分的公式

至此，销售台账的公式编写完成，根据销售情况录入销售产品的明细数据即可，如图8.1.2-5所示。

图8.1.2-5　录入销售产品的明细数据

8.2　制作销售清单

销售产品，就要给客户开具销售清单，但销售清单不是只能另外填写，本节介绍如何利用销售台账自动获取销售清单数据，内容包括绘制销售清单格式和设置自动提取数据的公式两部分。

8.2.1　设置格式

新建空白工作表，将其重命名为"销售单"，利用"设置单元格格式"对话框中的"字体""对齐""边框"和"填充"颜色等功能，绘制销售清单的基本表格，如图8.2.1-1所示。

切换至"开发工具"选项卡，在"控件"组中，单击"插入"命令下拉按钮，在打开的列表中选择"数值调节钮（窗体控件）"按钮，如图8.2.1-2所示。

图8.2.1-1　绘制基本表格

图8.2.1-2　插入"数值调节钮"控件

如果在功能区没有看到"开发工具"选项卡，可以手动开启。依次单击"文件""选项"命令打开"Excel选项"对话框，切换至"自定义功能区"选项卡，勾选最右侧"主选项卡"下方组合框内的"开发工具"复选框，然后单击"确定"按钮，操作如图8.2.1-3所示。

参照图8.2.1-2选择"数值调节钮（窗体控件）"按钮后，按住鼠标左键在工作表中绘制出控件，如图8.2.1-4所示。

图8.2.1-3　开启"开发工具"选项卡

图8.2.1-4　按住鼠标左键绘制控件

　　绘制出"数值调节钮"控件后，拖拽周围的八个控制点可以调节大小，将其调整到合适大小并移动至K5单元格的右侧，然后单击鼠标右键，在打开的快捷菜单中，选择"设置控件格式"命令，操作如图8.2.1-5所示。

　　接着如图8.2.1-6所示，在打开的"设置对象格式"对话框中，切换至"控制"选项卡，将单元格链接设置为K5单元格，其他项目保持默认不变，操作完毕后单击"确定"按钮关闭对话框完成设置。

图8.2.1-5　通过鼠标右键选择"设置控件格式"命令　　　　图8.2.1-6　设置"单元格链接"

8.2.2　设置公式

（1）查找引用客户名称

　　选择F5单元格，输入公式"=VLOOKUP(K5,Sheet1!A:C,3,0)"，输入完毕后按Enter键结束，即可自Sheet1工作表中查找引用出销售单号为1的客户名称，如图8.2.2-1所示。

图8.2.2-1　输入查找引用客户名称的公式

（2）查找引用销售日期

　　选择I5单元格，输入公式"=VLOOKUP(K5,Sheet1!A:B,2,0)"，输入完毕后按Enter键结束，即可自Sheet1工作表中查找引用出销售单号为1的销售日期，如图8.2.2-2所示。

图8.2.2-2　输入查找引用销售日期的公式

（3）统计行号

选择D7单元格，输入公式"=IF(E7="","",SUBTOTAL(3,E\$7:E7))"，输入完毕后按Enter键结束，并将公式向下填充至D10单元格，如图8.2.2-3所示。

图8.2.2-3　输入统计行号的公式

（4）查找引用明细记录

选择E7单元格，输入公式"=IF(COUNTIF(Sheet1!\$A:\$A,\$K\$5)<ROW(1:1),"",INDEX(Sheet1!D:D,MATCH(\$K\$5,Sheet1!\$A:\$A,)+ROW(1:1)−1))"，输入完毕后按Enter键结束，并将公式向右、向下填充至K10单元格，即可自Sheet1工作表中查找引用出销售单号为1的相关明细记录，如图8.2.2-4所示。

图8.2.2-4　输入查找引用明细记录的公式

（5）计算总金额

选择J11单元格，输入公式"=SUM(J7:J10)"，输入完毕后按Enter键结束，即可计算出J7:J10单元格区域的求和结果，如图8.2.2-5所示。

选择F11单元格，输入公式"=IF(ROUND(J11,2)=0,"",IF(J11<0,"负","")&IF(ABS(J11)>=1,TEXT(INT(ROUND(ABS(J11),2)),"[dbnum2]")&"元","")&SUBSTITUTE(SUBSTITUTE(TEXT(RIGHT(RMB(J11),2),2),"[dbnum2]0角0分;;整"),"零角",IF(J11^2<1,,"零")),"零分","整"))"，输入完毕后按Enter键结束，即可以人民币大写的形式显示总金额，如图8.2.2-6所示。

图8.2.2-5　输入计算小写总金额的公式　　　　图8.2.2-6　输入计算大写总金额的公式

（6）查找引用销售员姓名

选择K13单元格，输入公式"=VLOOKUP(K5,Sheet1!A:K,COLUMN(K:K),)"，输入完毕后按Enter键结束，即可自Sheet1工作表中查找引用出销售单号为1的销售员姓名，如图8.2.2-7所示。

公式全部设置完毕，通过单击"数值调节钮"控件的上下按钮对单号进行选择，清单中的内容便会随之更新变化。如图8.2.2-8所示。

图8.2.2-7　输入查找引用销售员姓名的公式　　　　图8.2.2-8　点击控件按钮选择销售单号

8.3　销售提成计算

用户可以使用Excel表格计算员工的销售提成。销售提成一般分为两种情况，第一种是按常规区间进行计算，第二种是按累加区间进行计算。本节将对这两种提成的计算方法分别进行介绍。

8.3.1　常规区间的计算

参照图8.3.1-1所示，该工资表为某公司2018年1月份的业绩统计分析表，A列为员工姓名，B列为职工级别，C列为销售额，要求在D列计算出销售提成，在E列判断是否达标，在F列计算奖/罚金额，在G列根据销售额进行排名，在H列计算提成工资。

	A	B	C	D	E	F	G	H
1	2018年01月份销售一部业绩统计分析表							
2	姓名	职工级别	销售额	销售提成	是否达标	奖/罚金	排名	提成工资
3	乔新娜	A	65360					
4	秦子蒙	B	32500					
5	刘丹丹	A	52080					
6	陈潇潇	B	45290					
7	陈东	D	32135					
8	杨轻连	D	25475					

图8.3.1-1　业绩计算分析实例

（1）计算销售提成

销售提成的计算规则如下：销售额1万元以下，提成为销售额的0.5%；销售额1万～3万元，提成为销售额的1%；销售额3万～5万元，提成为销售额的1.5%；销售额5万～7万元，提成为销售额的2%；销售额7万～9万元，提成为销售额的2.5%；销售额9万～10万元，提成为销售额的3%；销售额10万元以上，提成为销售额的3.5%。数据区间规则为包含下限，不包含上限。

单击D3单元格，输入公式“=ROUND(VLOOKUP(C3,{0,0.005;10000,0.01;30000,0.015;50000,0.02;70000,0.025;90000,0.03;100000,0.035},2)*C3,)”，输入完毕后按Enter键结束，并将公式向下填充，即可按要求计算出销售提成，结果如图8.3.1-2所示。

D3　=ROUND(VLOOKUP(C3,{0,0.005;10000,0.01;30000,0.015;50000,0.02;70000,0.025;90000,0.03;100000,0.035},2)*C3,)

	A	B	C	D	E
1	2018年01月份销售一部				
2	姓名	职工级别	销售额	销售提成	是否达
3	乔新娜	A	65360	1307	
4	秦子蒙	B	32500	488	
5	刘丹丹	A	52080	1042	
6	陈潇潇	B	45290	679	
7	陈东	D	32135	482	
8	杨轻连	D	25475	255	

图8.3.1-2　输入计算销售提成的公式

（2）判断是否达标

判断是否达标的标准如下：A级员工，销售额达到5万元为达标；B级员工，销售额达到

4万元为达标；C级员工，销售额达到3万元为达标；D级员工，销售额达到2万元为达标。

单击E3单元格，输入公式"=IF(C3>VLOOKUP(B3,{"A",50000;"B",40000;"C",30000;"D",20000},2,),"达标","不达标")"，输入完毕后按Enter键结束，并将公式向下填充，即可按要求完成全部分析判断，结果如图8.3.1-3所示。

图8.3.1-3　输入判断是否达标的公式

（3）计算奖/罚金额

计算奖/罚金额的条件如下：取实际销售额与规定的职工级别所对应的标准金额之间差额的3%。例如，A级员工规定的标准金额为50000元，实际的销售额为65360元，则为奖励（65360-50000）*3%=460.8元；如果实际销售额为49527元，则为处罚（49527-50000）*3%=-14.19元。达标为奖励，不达标为处罚。

单击F3单元格，输入公式"=ROUND((C3-VLOOKUP(B3,{"A",50000;"B",40000;"C",30000;"D",20000},2))*0.03,)"，输入完毕后按Enter键结束，并将公式向下填充，即可按要求计算出奖、罚的金额，结果如图8.3.1-4所示，奖以正数体现，罚以负数体现。

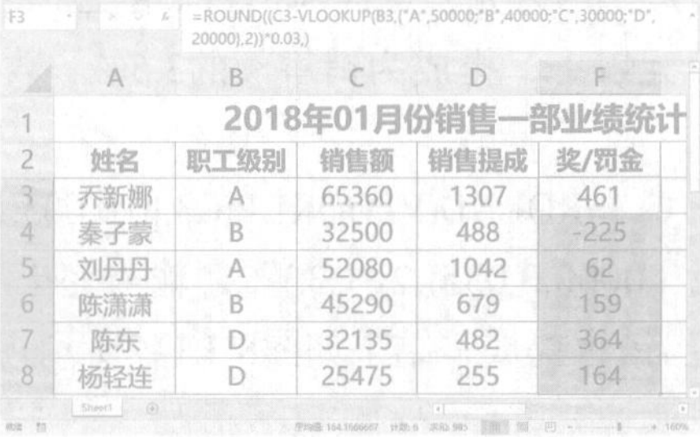

图8.3.1-4　输入计算奖、罚金额的公式

（4）计算排名

要求根据销售额按中式排名方法进行排名。

单击G3单元格，输入数组公式"=SUM(($C$3:$C$8>=C3)*(1/COUNTIF($C$3:$C$8,$C$3:$C$8)))"，输入完毕后按Ctrl+Shift+Enter组合键结束，并将公式向下填充，即可得到销售额的中式排名，结果如图8.3.1-5所示。

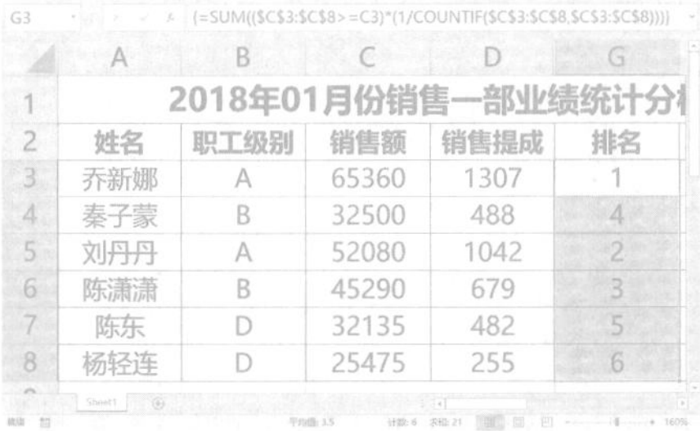

G3　{=SUM(($C$3:$C$8>=C3)*(1/COUNTIF($C$3:$C$8,$C$3:$C$8)))}

2018年01月份销售一部业绩统计分析				
姓名	职工级别	销售额	销售提成	排名
乔新娜	A	65360	1307	1
秦子蒙	B	32500	488	4
刘丹丹	A	52080	1042	2
陈潇潇	B	45290	679	3
陈东	D	32135	482	5
杨轻连	D	25475	255	6

图8.3.1−5　输入计算排名的公式

（5）计算提成工资

总的提成工资的计算方法为：销售提成±奖/罚金+奖励金200（排名前三者）。

单击H3单元格，输入公式“=D3+F3+(G3<4)*200”，输入完毕后按Enter键结束，并将公式向下填充，即可算出员工的提成工资，计算结果如图8.3.1−6所示。

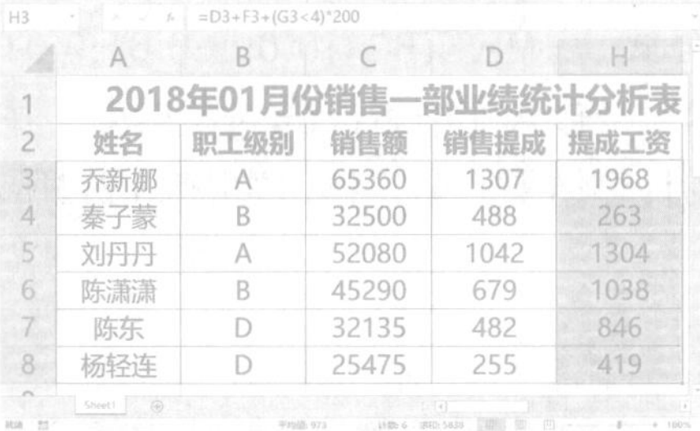

H3　=D3+F3+(G3<4)*200

2018年01月份销售一部业绩统计分析表				
姓名	职工级别	销售额	销售提成	提成工资
乔新娜	A	65360	1307	1968
秦子蒙	B	32500	488	263
刘丹丹	A	52080	1042	1304
陈潇潇	B	45290	679	1038
陈东	D	32135	482	846
杨轻连	D	25475	255	419

图8.3.1−6　输入计算提成工资的公式

8.3.2　累加区间的计算

继续参照8.3.1小节的实例，要求按累加区间的方法对销售提成做出计算。累加区间的计算条件如下：销售额1万元以下的部分，提成比例按0.5%计算；销售额1万～3万元的部分，提成比例按1%计算；销售额3万～5万元的部分，提成比例按1.5%计算；销售额5万～7万元的部分，提成比例按2%计算；销售额7万～9万元的部分，提成比例按2.5%计算；销售额9万～10万元的部分，提成比例按3%计算；销售额10万元以上的部分，提成比例按3.5%计算。区间规则包含下限，不包含上限。例如，销售额85360元，销售提成为10000*0.5%+20000*1%+20000*1.5%+20000*2%+15360*2.5%=1334（元）。

选择C2单元格，输入公式“=SUM(IF(B2−{0;10000;30000;50000;70000;90000;100000}>0,(B2−{0;10000;30000;50000;70000;90000;100000})*{0.005;0.005;0.005;0.005;0.005;0.005;0.005}))”，输入完毕后按Enter键结束，并将公式向下填充，即可按要求计算出累加区间的销售提成，结果如图8.3.2−1所示。

在理解的基础上，公式还可以进一步优化，将公式优化为“=SUM(IF(B2*1%%−{0;1;3;5;7;9;10}>0,(B2*1%%−{0;1;3;5;7;9;10})/1%%*{0.005;0.005;0.005;0.005;0.005;0.005;0.005}))”，同样可以得到相同的计算结果，如图8.3.2−2所示。

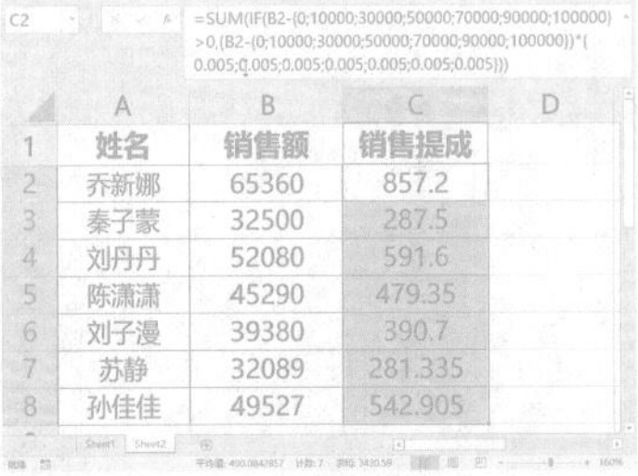

C2 =SUM(IF(B2-{0;10000;30000;50000;70000;90000;100000}>0,(B2-{0;10000;30000;50000;70000;90000;100000})*{0.005;0.005;0.005;0.005;0.005;0.005;0.005}))

	A	B	C	D
1	姓名	销售额	销售提成	
2	乔新娜	65360	857.2	
3	秦子蒙	32500	287.5	
4	刘丹丹	52080	591.6	
5	陈潇潇	45290	479.35	
6	刘子漫	39380	390.7	
7	苏静	32089	281.335	
8	孙佳佳	49527	542.905	

图8.3.2-1 输入计算提成的公式（方法1）

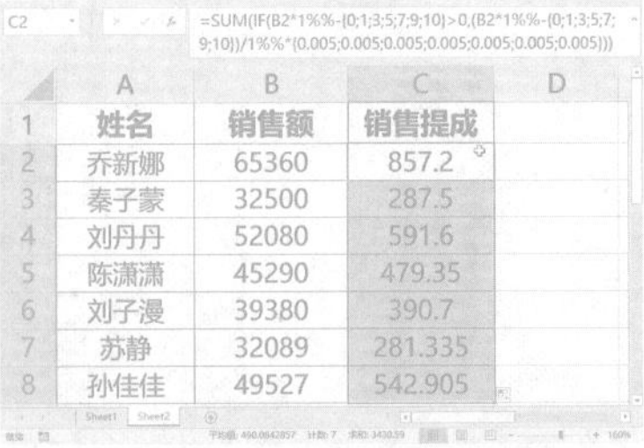

C2 =SUM(IF(B2*1%%-{0;1;3;5;7;9;10}>0,(B2*1%%-{0;1;3;5;7;9;10})/1%%*{0.005;0.005;0.005;0.005;0.005;0.005;0.005}))

	A	B	C	D
1	姓名	销售额	销售提成	
2	乔新娜	65360	857.2	
3	秦子蒙	32500	287.5	
4	刘丹丹	52080	591.6	
5	陈潇潇	45290	479.35	
6	刘子漫	39380	390.7	
7	苏静	32089	281.335	
8	孙佳佳	49527	542.905	

图8.3.2-2 优化后的公式

此公式利用销售额减去计算条件中的全部区间的起始值，结果为一个数组，数组中大于0的，返回其差额分别乘以0.5%，最后使用SUM函数对数组进行求和，乘以0.5%是因为需要补充前面计算所缺少的部分。例如，首先(65360–0=65360)*0.5%，在计算下一个区间(65360–10000=55360)*0.5%时，因为55360已经在上一个区间乘以0.5%了，因此只需要补充前面计算缺少的部分1%–0.5%=0.5%即可。

选择D2单元格，输入公式“=MAX(B2*{0.005;0.01;0.015;0.02;0.025;0.03;0.035}–{0;50;200;450;800;1250;1750})”，输入完毕后按Enter键结束，并将公式向下填充，计算的结果如图8.3.2–3所示，与C列的计算结果完全一致，如图8.3.2–3所示。

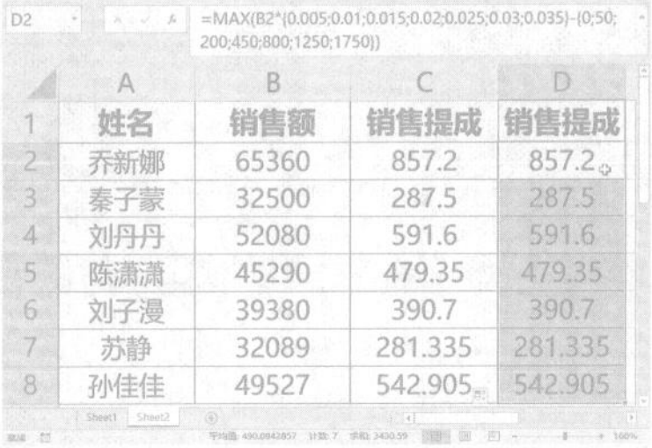

D2 =MAX(B2*{0.005;0.01;0.015;0.02;0.025;0.03;0.035}-{0;50;200;450;800;1250;1750})

	A	B	C	D
1	姓名	销售额	销售提成	销售提成
2	乔新娜	65360	857.2	857.2
3	秦子蒙	32500	287.5	287.5
4	刘丹丹	52080	591.6	591.6
5	陈潇潇	45290	479.35	479.35
6	刘子漫	39380	390.7	390.7
7	苏静	32089	281.335	281.335
8	孙佳佳	49527	542.905	542.905

图8.3.2-3 输入计算提成的公式（方法2）

此方法的思路是将销售额分别乘以全部的区间比例，然后减去相应的速算扣除数，在得到的数值中取最大值，即是我们需要的结果。此方法与方法1的思路相反，其中速算扣除数是减去上一步多算的部分。

8.4 销售数据分析

对历史销售数据进行科学合理的分析，能够为决策者提供分析报告，从而多角度剖析营销体系中可能存在的问题，为制定有针对性和便于实施的营销战略奠定良好的基础。本节主要介绍年终销售数据分析报告和动态数据分析两个部分。

8.4.1 年终分析报告

销售数据年终分析，包括整体分析、区域分析和个人分析等，主要对销售额、销售数量、价格趋势、销售排名等元素进行分析，效果图参照图8.4.1–1所示。

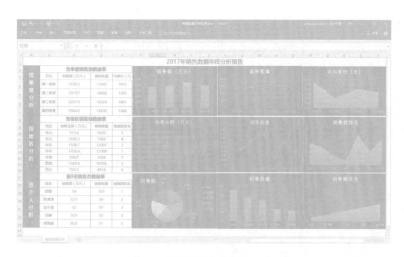

图8.4.1-1　销售数据年终分析报告效果图

（1）按季度分析

按季度分析，通常情况下为整体性分析，首先将搜集整理好的季度销售数据，如"销售额""销售数量"和"平均单价"等，填入空白工作表中，并利用"设置单元格格式"对话框中的各项命令设置好格式。

然后，选择"月份"和"销售额"字段B3:C7单元格区域，切换至"插入"选项卡，在"图表"组中单击"插入柱形图或条形图"命令下拉按钮，在列表中选择"二维簇状柱形图"图表类型创建图表。

将插入的图表移动到"平均单价"字段的右侧，并调整为合适的大小，然后切换至"设计"工具选项卡设置颜色和样式，在"图表样式"组中单击"更改颜色"命令下拉按钮，在列表中选择"单色调色板2"选项，将颜色设置为"橙色渐变"，然后单击"图表样式"组中的"其他"按钮，在样式库中选择"样式9"，设置为黑色背景、白色字体。设置的结果如图8.4.1-2所示。

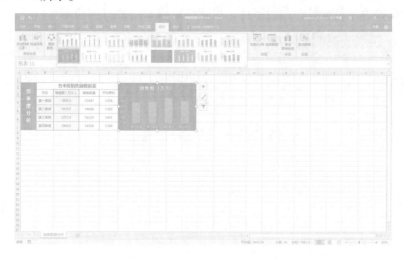

图8.4.1-2　按季度分析的柱形图

按住Ctrl键选择"月份"字段B3:B7和"销售数量"字段D3:D7单元格区域，切换至"插入"选项卡，在"图表"组中单击"插入折线图或面积图"命令下拉按钮，在列表中选择"二维折线图"图表类型创建图表。

将新建的"销售数量"图表移动至"销售额"图表的右侧，并调整到与"销售额"图表大小一致，然后切换至"设计"工具选项卡，在"图表样式"组中单击"样式库"中的"样式7"选项，设置为黑色背景、白色字体，如图8.4.1-3所示。

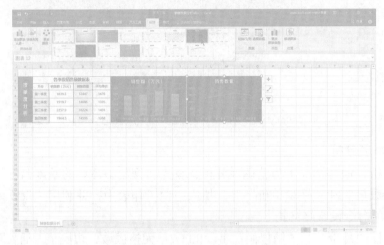

图8.4.1-3　按季度分析的折线图

按住Ctrl键，选择"月份"字段B3:B7和"平均单价"字段E3:E7单元格区域，切换至"插入"选项卡，在"图表"组中单击"插入折线图或面积图"命令下拉按钮，在列表中选择"二维面积图"，插入新图表。

然后将新建的"平均单价"图表移动至"销售数量"图表的右侧，调整到与其大小一致，再切换至"设计"选项卡，在"图表样式"组中单击"更改颜色"命令下拉按钮，在类别中选择"单色调色板6"选项，将颜色设置为"绿色渐变"，最后在样式库中单击"样式8"选项，设置为黑色背景、白色字体，设置的结果如图8.4.1-4所示。

图8.4.1-4　按季度分析的面积图

通过以上三个图表，我们按季度对销售数据进行了可视化分析，分别使用了"二维簇状柱形图""二维折线图"和"二维面积图"对"销售额""销售数量"和"平均单价"展开了分析。

（2）按地区分析

与按季度分析相反，按地区分析为区域性分析。首先将搜集整理的有关地区的销售数据，如"销售额""销售数量"和"销售额排名"等，录入到销售数据分析工作表中，并设置格式。

接着，选择"地区"和"销售金额"字段B9:C16单元格区域，切换至"插入"选项卡，在"图表"组中单击"插入柱形图或条形图"命令下拉按钮，在列表中选择"二维条形图"图表类型，插入新图表。

然后，将新建的"销售金额"图表移动至"销售额排名"字段的右侧，调整到与其他图表大小一致，再切换至"设计"工具选项卡，在"图表样式"组中单击"更改颜色"命令下拉按钮，在列表中选择"单色调色板2"选项，将颜色设置为"橙色渐变"。

最后，在"设计"选项卡中，单击"图表样式"组中的"其他"按钮，在样式库中选择"样式11"，设置为黑色背景、白色字体，系列值无填充颜色，再单击"图表元素"按钮，在列表中勾选"数据标签"复选框，为图表添加数据标签，设置的结果如图8.4.1-5所示。

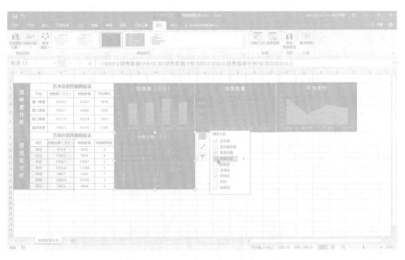

图8.4.1-5　按地区分析的条形图

按住Ctrl键，选择B9:B16和D9:D16单元格区域，切换至"插入"选项卡，在"图表"组中选择"插入折线图或面积图"命令下拉按钮，在列表中选择"二维折线图"图表类型，插入新图表。

然后将新建的"销售数量"图表移动至"销售金额"图表的右侧，调整其大小，然后在"设置"选项卡中，单击"图表样式"组中的"样式7"选项，设置为黑色背景、白色字体，再双击"销售数量"系列值折线，打开"设置数据系列格式"导航窗格，勾选"填充与线条"选项组中的"平滑线"复选框,为数据系列添加平滑线,设置的结果如图8.4.1-6所示。

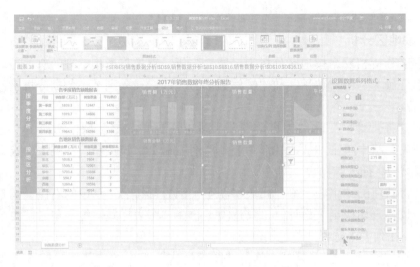

图8.4.1-6 按地区分析的折线图(带平滑线)

按住Ctrl键,选择B9:B16和E9:E16单元格区域,切换至"插入"选项卡,在"图表"组中选择"插入折线图或面积图"命令下拉按钮,在列表中选择"二维面积图"图表类型,插入新图表。

然后将"销售额排名"图表移动至"销售数量"图表的右侧,调整到大小一致,然后切换至"设计"选项卡,在"图表样式"组中单击"更改颜色"命令下拉按钮,在列表中选择"单色调色板6"选项,将颜色设置为"绿色渐变",再在"设计"选项卡中,单击"图表样式"组中的"样式8",设置为黑色背景、白色字体,设置的结果如图8.4.1-7所示。

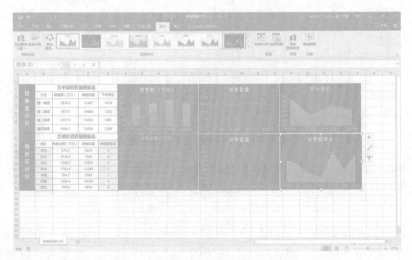

图8.4.1-7 按地区分析的面积图

通过以上三个图表，我们按地区对销售数据进行了可视化分析，分别使用了"二维条形图""二维折线图"和"二维面积图"对"销售金额""销售数量"和"销售额排名"展开了分析。

（3）按个人分析

按个人分析，是一种抽样分析。首先将搜集整理的样本数据，如"销售额""销售数量"和"销售额排名"等，录入到"销售数据分析"工作表中，并设置格式。

接着，选择B18:C23单元格区域，切换至"插入"选项卡，在"图表"组中单击"插入饼图或圆环图"命令下拉按钮，在列表中选择"二维饼图"图表类型，插入新图表。

然后，将新建的饼图移动至"按个人分析—销售额排名"字段的右侧，调整为大小一致，接着切换至"设计"选项卡，在"图表样式"组中单击"样式7"选项，设置为黑色背景、白色字体，再在"设计"选项卡中，单击"图表布局"组中的"添加图表元素"命令下拉按钮，在打开的列表中选择"图例""右侧"选项。

最后，单击"添加图表元素"命令下拉按钮，在列表中选择"数据标签"，在子列表中选择"其他数据标签选项"，打开"设置数据标签格式"导航窗格中的"标签选项"选项组，在"标签包括"区域勾选"类别名称""百分比"和"显示引导线"复选框，取消勾选"值"复选框；在"标签位置"区域勾选"数据标签外"复选框（在图表中选择单个数据标签，移动至稍远一点的位置，即可显示引导线），如图8.4.1-8所示。

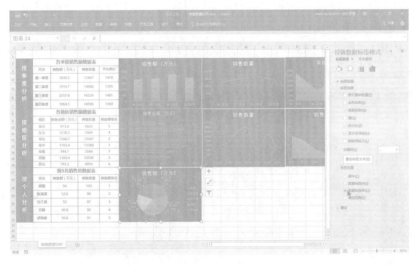

图8.4.1-8　按个人分析的饼图

按住Ctrl键，选择B18:B23和D18:D23单元格区域，切换至"插入"选项卡，在"图表"组中单击"插入柱形图或条形图"命令下拉按钮，在列表中选择"二维簇状柱形图"图表类型，插入新的图表。

然后将新插入的"销售数量"图表移动至"销售额"图表的右侧，调整到与其大小一致，接着切换至"设计"工具选项卡，在"图表样式"组中单击"其他"按钮，在样式库中选择"样式9"样式，设置为黑色背景、白色字体，设置的结果如图8.4.1-9所示。

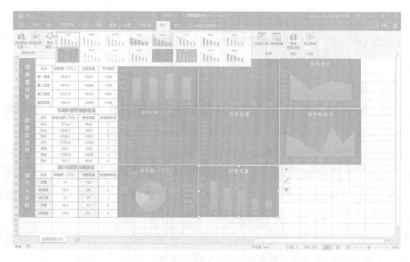

图8.4.1-9　按个人分析的柱形图

　　按住Ctrl键，选择B18:B23和E18:E23单元格区域，切换至"插入"选项卡，在"图表"组中单击"插入折线图或面积图"命令下拉按钮，在列表中选择"二维面积图"图表类型，插入新的图表。

　　然后将新插入的"销售额排名"图表移动至"销售数量"图表的右侧，调整到与其大小一致，接着切换至"设计"选项卡，在"图表样式"组中单击"更改颜色"命令下拉按钮，在列表中选择"单色调色板6"，将颜色设置为"绿色渐变"，再在"图表样式"组中单击样式库中的"样式8"样式，设置为黑色背景、白色字体，设置的结果如图8.4.1-10所示。

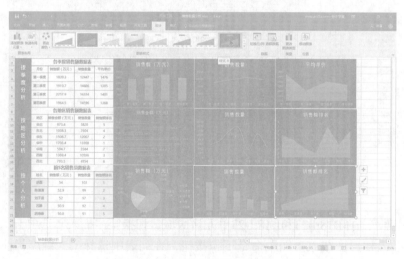

图8.4.1-10　按个人分析的面积图

　　通过以上三个图表，我们按个人对销售数据进行了可视化分析，分别使用了"二维饼图""二维簇状柱形图"和"二维面积图"对"销售额""销售数量"和"销售额排名"展开了分析。

8.4.2　动态分析

Excel图表结合函数和控件同时使用，能够对数据进行动态分析。如图8.4.2-1所示，通过数据源表可以看出该表的数据内容包含了日期、平台和数值。用户可以对每个数据项目进行单项分析、按时间序列进行季度分析、对合计数据进行总量分析（按项目分析），以及全年利润分析。

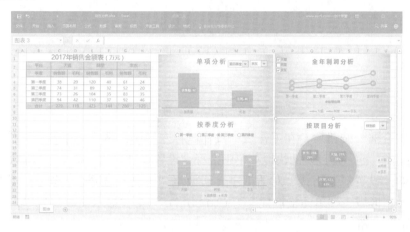

图8.4.2-1　动态分析图表的效果图展示

（1）单项分析

首先将搜集整理来的数据以易读的方式录入到空白工作表，并通过"设置单元格格式"命令设置基础格式，如图8.4.2-1左侧部分所示。

将A列设为辅助列，自A4单元格开始，分别输入数字序号1、2、3、4，以及季度信息和平台名称，如图8.4.2-2所示。

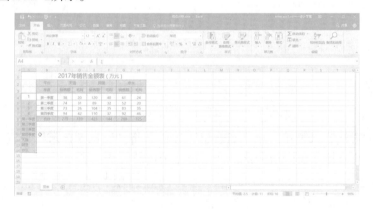

图8.4.2-2　输入辅助列内容

切换至"开发工具"选项卡，在"控件"组中单击"插入"命令下拉按钮，在列表中选择"表单控件"区域中的"组合框"按钮，如图8.4.2-3所示。

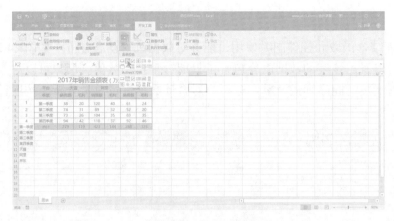

图8.4.2-3　插入"组合框"控件

　　单击"组合框"按钮后，在工作表中按住鼠标左键画出两个"组合框"控件。选择第一个，单击鼠标右键，在打开的快捷菜单中选择"设置控件格式"命令，接着如图8.4.2-4所示，在打开的"设置对象格式"对话框中，切换至"控制"选项卡，设置"数据源区域"为A8:A11单元格区域，"单元格链接"为K3单元格，"下拉显示项数"为"4"，设置完毕后单击"确定"按钮。

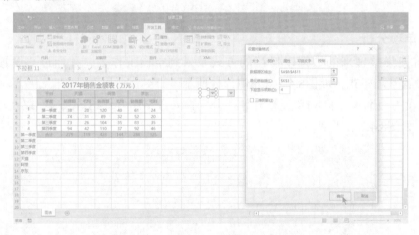

图8.4.2-4　设置第一个控件的控制项目

　　使用相同的方法，选择第二个"组合框"控件，将"数据源区域"设置为A12:A14单元格区域，"单元格链接"为L3单元格，"下拉显示项数"为"3"。

　　单击"组合框"控件的下拉按钮，选择任意选项，然后将控件根据文本内容调整至合适大小。在J4单元格中输入文本信息"销售额"，然后选择K4单元格，输入公式"=VLOOKUP(K3, A4:H7,L3*2+1,)"，此公式根据"季度"和"销售平台"查找引用销售额数据，如图8.4.2-5所示。

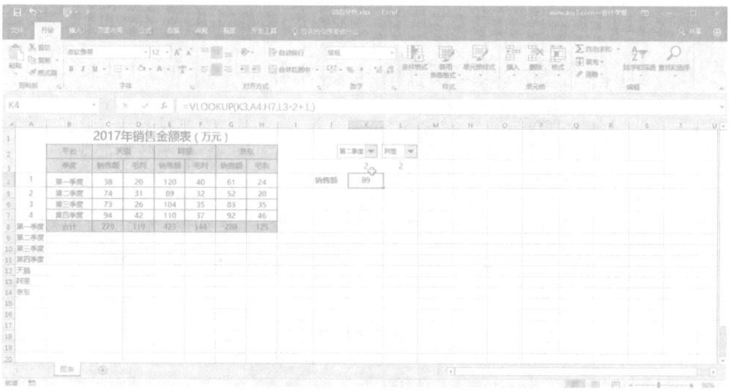

图8.4.2-5　输入查找引用"销售额"的公式

在J5单元格输入文本信息"毛利"，然后选择K5单元格，输入公式"=VLOOKUP(K3,A4:H7, L3*2+2,)"，此公式根据"季度"和"销售平台"查找引用毛利数据，如图8.4.2-6所示。

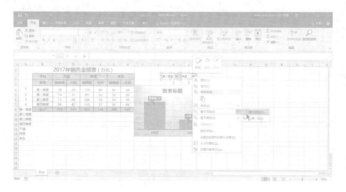

图8.4.2-6　输入查找引用"毛利"的公式

选择J4:K5单元格区域，切换至"插入"选项卡，在"图表"组中单击"插入柱形图或条形图"命令下拉按钮，在列表中选择"二维簇状柱形图"图表类型创建图表。

将图表调整到合适大小，切换至"设计"选项卡，在"图表样式"组中选择一种样式，如"样式5"样式，并为图表添加"数据标注"图表元素。

选中两个"组合框"控件，单击鼠标右键，在列表中选择"置于顶层"命令，如图8.4.2-7所示。

图8.4.2-7　将"组合框"控件置于顶层

将"组合框"控件移动至图表的右上角，按Ctrl键同时选中图表和控件，单击鼠标右键，在快捷菜单中选择"组合"命令，如图8.4.2-8所示。

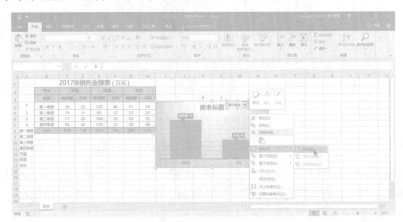

图8.4.2-8　组合图表和控件

向上移动图表，将辅助内容遮盖，设置"图表标题"为"单项分析"。双击任意系列值，打开"设置数据系列格式"导航窗格，在"系列选项"选项组中，将"系列重叠"设置为-100%，"分类间距"设置为150%，即可完成创建"单项分析"动态图表的最后一个步骤，结果如图8.4.2-9所示，用户通过单击两个控件的下拉按钮，选择不同的季度和销售平台，可以使图表动态显示不同的数据。

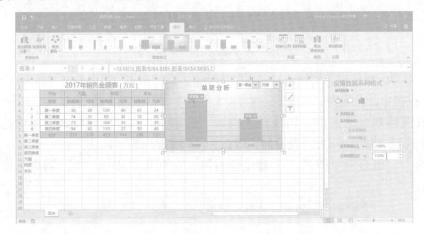

图8.4.2-9　设置"系列选项"

（2）按季度分析

切换至"开发工具"选项卡，在"控件"组中单击"插入"命令下拉按钮，在列表中选择"表单控件"区域的"选项按钮"，如图8.4.2-10所示。

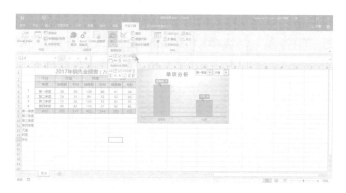

图8.4.2-10 插入"选项按钮"控件

然后按住鼠标左键在工作表中画出控件，将控件名称更改为"第一季度"，再按住Ctrl+Shift，向右侧拖拽复制该控件，复制出四个相同的控件，将名称分别更改为"第一季度""第二季度""第三季度"和"第四季度"，如图8.4.2-11所示。

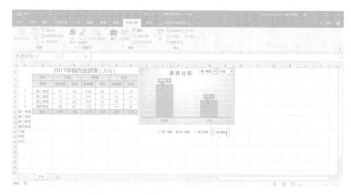

图8.4.2-11 插入四个"选项按钮"控件并更改控件名称

按住Ctrl键，选择全部"选项按钮"控件，切换至"格式"绘图工具选项卡，在"排列"组中单击"对齐"命令下拉按钮，在打开的列表中选择"横向分布"选项，使每个控件之间的距离保持一致，操作如图8.4.2-12所示。

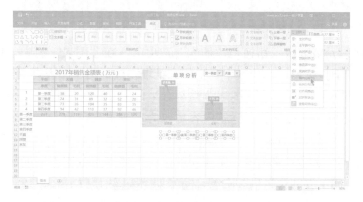

图8.4.2-12 对全部"选项按钮"控件设置"横向分布"

将全部"选项按钮"控件组合并置于顶层，再将其"单元格链接"的单元格设置为

I12。然后在J14:J16单元格区域分别输入销售平台名称"天猫""阿里"和"京东",在K13单元格输入文本信息"销售额",选择K14单元格输入公式"=VLOOKUP($I$12,A$4:H$7,ROW(A1)*2+1,)",并将公式向下填充至K16单元格,如图8.4.2-13所示。

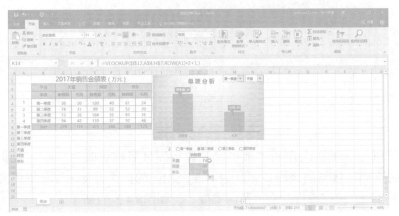

图8.4.2-13　输入查找引用"销售额"的公式

在L13单元格输入文本信息"毛利",选择L14单元格,输入公式"=VLOOKUP($I$12,A$4:H$7,ROW(A2)*2,)",并将公式填充至L16单元格,如图8.4.2-14所示。

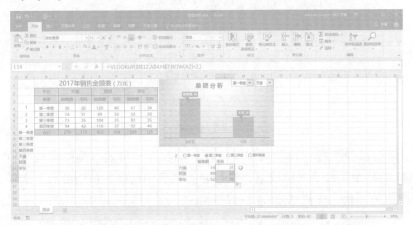

图8.4.2-14　输入查找引用"毛利"的公式

选择J13:L16单元格区域,切换至"插入"选项卡,在"图表"组中,单击"插入柱形图或条形图"命令下拉按钮,在列表中选择"二维堆积柱形图"图表类型创建图表。

拖动图表周围的控制点,将新图表调整至合适的大小,并合理移动图表和控件组合的位置,使之协调美观,然后将图表标题内容更改为"按季度分析"。然后切换至"设计"图表工具选项卡,在"图表样式"组中选择"样式4"样式,设置为与单项分析图表同系列样式。至此"按季度分析"动态图表创建完成,单击控件组合中不同的单选框,可以动态显示各销售平台不同季度的销售额和毛利,结果如图8.4.2-15所示。

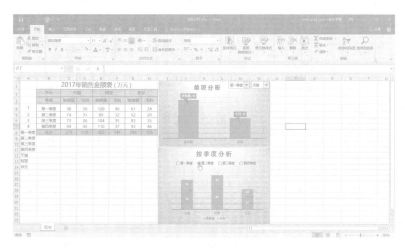

图8.4.2-15　按季度分析动态图表

（3）按项目分析

在Q2:Q3单元格区域分别输入文本信息"销售额"和"毛利"，然后切换至"开发工具"选项卡，在"控件"组中单击"插入"命令下拉按钮，在列表中选择"表单控件"区域中的"组合框"按钮，如图8.4.2-16所示。

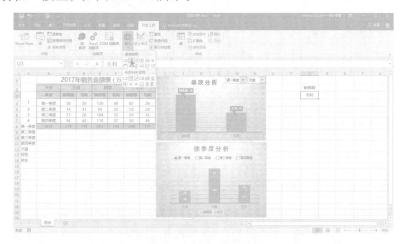

图8.4.2-16　输入文本信息并插入"组合框"控件

插入"组合框"控件后，按住鼠标左键在工作表中画出控件，然后打开"设置控件格式"对话框，在"控制"选项卡下，将"数据源区域"设置为Q2:Q3，"单元格链接"设置为Q4单元格，"下拉显示项数"设置为2。

单击"组合框"控件按钮，在列表中选择"销售额"，并根据文本长度调整控件大小，然后选择Q5单元格，输入公式"=IF(Q4=1,"销售额","毛利")"，如图8.4.2-17所示。

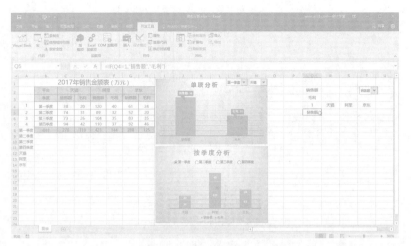

图8.4.2-17　根据文本内容调整控件大小、输入公式

选择R5单元格，输入公式"=IF($Q4=1,VLOOKUP("合计",$B8:$H8,COLUMN(A1)*2,),VLOOKUP("合计",$B8:$H8,COLUMN(A1)*2+1,))"，并将公式向右填充至T5单元格，此公式根据Q5单元格内容选择引用的数据项目，如图8.4.2-18所示。

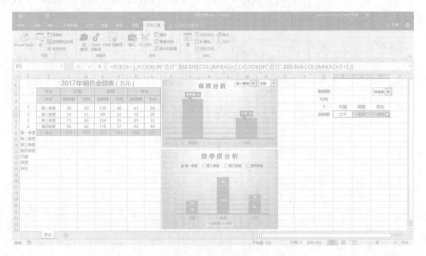

图8.4.2-18　输入查找引用公式

将"组合框"控件置于顶层，然后选择Q4:T5单元格区域，切换至"插入"选项卡，在"图表"组中单击"插入饼图或面积图"命令下拉按钮，在列表中选择"二维饼图"图表类型创建图表。

插入饼图后，拖动图表周围的控制点，调整其大小，移动图表至工作表的右上方，将数据源完全覆盖，然后切换至"设计"图表工具选项卡，在"图表样式"组中单击"样式3"样式，将图表设置为统一样式。双击图表中的数据标签，打开"设置数据标签格式"导航窗格，在"标签包括"区域，勾选"值"和"类别名称"复选框。最后将图表标题内容更改为"按项目分析"，该"按项目分析"的动态图表即已创建完成。用户通过单击组合框控件下拉按钮，可以选择不同的分析项目，图表将自动根据所选项目显示其数据内容，结果如图8.4.2-19所示。

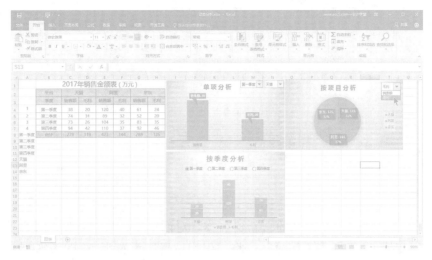

图8.4.2-19　按项目分析的动态图表

（4）全年利润分析

全年利润分析与上述三个动态分析有所不同，上述动态分析图表均为使用公式辅助完成，本小节则介绍一种新形式的动态分析图表：使用"定义名称"功能辅助完成。

在P13:P16单元格区域分别输入季度名称，在Q12:S12单元格区域分别输入销售平台名称，然后选择Q13单元格，输入公式"=VLOOKUP(ROW(A1),$A$4:$H$7,COLUMN(B1)*2,)"，并将公式向右、向下填充至S16单元格。在T12单元格输入文本"空白"，选择T13单元格，输入公式"=NA()"，并将公式向下填充至T16单元格。然后选择Q12:T16单元格区域，切换至"公式"选项卡，在"定义的名称"选项组中，选择"根据所选内容创建"命令，如图8.4.2-20所示。

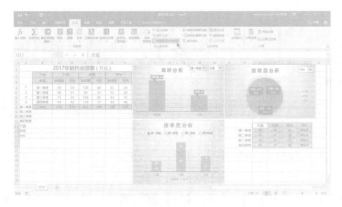

图8.4.2-20　根据所选内容创建名称

切换至"公式"选项卡，在"定义的名称"组中单击"名称管理器"命令按钮，打开"名称管理器"对话框，即可查看根据所选内容自动创建的四个名称，如图8.4.2-21所示。

图8.4.2-21 "名称管理器"对话框

　　单击"新建"按钮，在打开的"新建名称"对话框中，将"名称"设置为"引用天猫"，将"范围"设置为"工作簿"，将"引用位置"设置为"=图表!$Q$17"，设置完毕后，单击"确定"按钮关闭对话框完成操作。根据相同的方法，再次新建"引用阿里""引用京东"和"勾选天猫""勾选阿里""勾选京东"的名称，如图8.4.2-22所示。

图8.4.2-22 新建名称

　　设置完毕后单击"关闭"按钮关闭"名称管理器"对话框，返回工作表中切换至"开发工具"选项卡，在"控件"组中单击"插入"命令下拉按钮，在列表中选择"表单控件"区间的"复选框"按钮。然后按住鼠标左键在工作表中画出三个复选框控件，或者在画出一个后，按住Ctrl+Shift键使用鼠标左键向下拖拽该复选框控件两次，即可复制出另外的两个，然后分别将其显示名称改为"天猫""阿里"和"京东"，如图8.4.2-23所示。

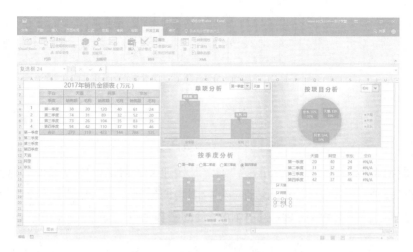

图8.4.2-23　插入三个复选框控件

选择"天猫"复选框控件，打开"设置对象格式"对话框，在"控制"选项卡下，将"单元格链接"设置为Q17单元格，然后按照相同的方法，将"阿里"复选框控件的单元格链接设置为R17单元格，"京东"复选框控件的单元格链接设置为S17单元格。

将三个复选框进行组合并置于顶层，然后选择P12:S16单元格区域，切换至"插入"选项卡，在"图表"组中选择"插入折线图或面积图"命令下拉按钮，在列表中选择"二维带数据标记的折线图"图表类型创建图表。

通过图表周围的控制点将新建的折线图表调整至合适的大小，并移动到合适位置，然后切换至"设计"图表工具选项卡，在"图表样式"组中单击"样式2"样式，为全部图表统一样式。

在"设计"图表工具选项卡下，单击"数据"组中的"选择数据"命令，打开"选择数据源"对话框，选择"天猫"数据系列，单击"编辑"命令按钮，如图8.4.2-24所示。

图8.4.2-24　"编辑"数据系列值

接着如图8.4.2-25所示，打开"编辑数据系列"对话框，将"系列值"下方的引用区域改为"=图表!勾选天猫"，然后单击"确定"按钮，并按照相同的方法，对"阿里"数据系列和"京东"数据系列进行编辑。

图8.4.2-25　编辑数据系列值

对全部数据系列编辑完毕后，单击"确定"按钮关闭对话框完成操作。返回图表中，将图表标题更改为"利润分析"，该动态分析图表即创建完成，用户通过勾选或取消勾选"复选框"控件，可以显示或隐藏不同销售平台的销售毛利，如图8.4.2-26所示。

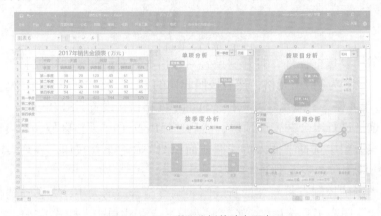

图8.4.2-26　利润分析的动态图表

所谓动态图片，初见神秘，通过对本节的学习，层层剥开神秘面纱，全角度剖析动态图表的制作原理，就是将函数公式、定义名称、控件和图表合而为一的功能。先使用函数公式做出数据源，再选择制动的控件，然后根据所要表达的数据关系确定图表类型，最后通过控件将图表和数据源链接起来，从而达到一个筛选控件继而更改数据源，数据源改变即可刷新图表的效果。

第
9
章

微信扫一扫
免费看课程

Excel在仓库工作中的应用

仓库管理工作，是指通过对仓库物品进行管理，发挥好仓库的功能。其岗位职责包括：负责物资商品的收、发、存工作；按规定做好物资商品进出库的验收、记账和发放工作，做到账账相符；随时掌握库存状态，保证物资商品及时供应，提高周转效率；定期对库房进行清理，保持库房的整齐美观，物资商品分类排列、存放整齐、数量准确；搞好库房的安全管理工作，检查库房的防火、防盗设施，及时堵住漏洞，检查防盗、防虫蛀、防鼠咬、防霉变等安全措施和卫生措施是否落实，保证库存物资完好无损。

本章主要介绍如何利用Excel表格对物资商品的收、发、存进行科学合理的管理。

9.1 制作入库统计表

物品入库要及时按照入库物品的名称、规格、型号、单位、数量、单价、金额等信息录入"入库统计表"并打印入库清单，然后交由双方签字，做到入单及时，账目清晰。下面将详细介绍入库统计表的制作。

9.1.1 设置单元格

新建空白工作表，将表格标题命名为"入库统计表"，然后在第2行中输入表头文字信息，记录入库统计表的各项信息，如图9.1.1-1所示。

图9.1.1-1 新建工作表并输入表头文字信息

选择A3单元格，切换至"视图"选项卡，在"窗口"组中，单击"冻结窗格"命令下拉按钮，在列表中选择"冻结拆分窗格"选项，对前两行进行冻结，操作如图9.1.1-2所示。

然后在工作表中输入入库产品的明细数据，如图9.1.1-3所示。

图9.1.1-2 冻结前两行

图9.1.1-3 录入数据源

选择I3单元格，输入公式"=G3*H3"，输入完毕后按Enter键结束，并将公式向下填充，即可计算已有入库记录的全部物品的金额，结果如图9.1.1-4所示。

选择A3单元格，输入公式"=IF(B3<>"",IF(B3&C3=B2&C2,N(A2),N(A2)+1),"")"，输入完毕后按Enter键结束，并将公式向下填充，即可按照顺序统计出每批商品入库的单号，结果如图9.1.1-5所示。

图9.1.1-4 输入计算"金额"的公式 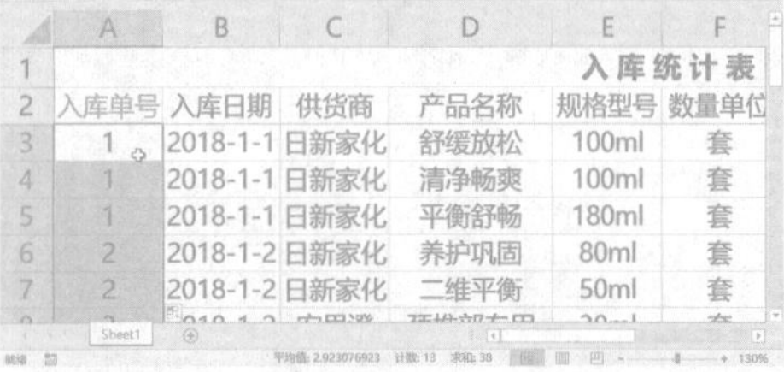　　　　图9.1.1-5 输入统计"入库单号"的公式

继续选中A列的公式区域，按下Ctrl+1组合键，打开"设置单元格格式"对话框，在"数字"选项卡下，选择"分类"列表中的"自定义"选项，在右侧的"类型"输入框中输入"00000"，使用0作为入库单号的占位符，让1显示为00001。

9.1.2　插入表格

在数据区域插入表格，即套用超级表，超级表可以自动扩展数据区域，在增加数据记录的时候表格内的公式和格式也随之自动扩展，不需要提前将公式和格式向下填充至很多空白区域。并且在其他公式中引用表格中的数据时，能以表格形式引用，引用区域随着表格的自动扩展而自动增加，不占多余的计算机内存，非常灵活方便。那么到底怎样插入表格呢？

选择A2:K30单元格区域，切换至"开始"选项卡，在"样式"组中单击"套用表格格式"命令下拉按钮，在样式库中选择一种表格格式，即可快速插入表格，这里选择的是"白色、表样式浅色8"样式，如图9.1.2-1所示。

图9.1.2-1　快速套用表格格式

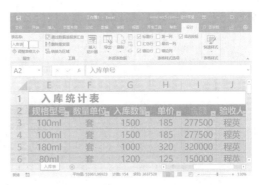

图9.1.2-2　更改工作表名称和表格名称

然后单击表区域任意单元格，切换至"设计"工具选项卡，在"属性"组中将"表名称"更改为"入库表"，此设置可以使引用该表格数据的公式更加清晰易读，操作如图9.1.2-2所示。

9.2　制作入库清单

将物资商品验收入库时，必须严格根据已审批的请购单按质、按量验收，并打印入库单，交由双方签字确认，明确双方责任。本节主要介绍入库单打印表的制作。

新建空白工作表，重命名为"入库单"，使用"设置单元格格式"对话框中的各项功能，在单元格中画出单据格式并输入有关文本信息，然后切换至"视图"选项卡，在"显示"组中取消勾选"网格线"复选框，使工作表不再显示灰色网格线，结果如图9.2-1所示。

切换至"开发工具"选项卡，在"控件"组中单击"插入"命令下拉按钮，在列表中的"表单控件"区域单击"数值调节钮"，如图9.2-2所示。

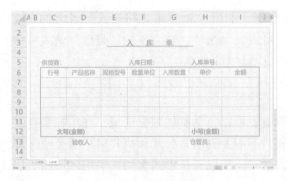

图9.2-1 制作基础单据

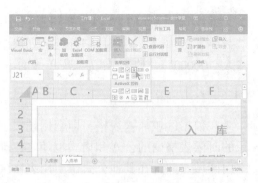

图9.2-2 插入"数值调节钮"控件

然后按住鼠标左键在工作表中画出控件，移动到合适的位置，再单击鼠标右键，在快捷菜单中选择"设置控件格式"命令，如图9.2-3所示。

接着如图9.2-4所示，在打开的"设置对象格式"对话框中，在"控制"选项卡下，将"单元格链接"设置为I5单元格，其他项目保持默认不变，然后单击"确定"按钮关闭对话框完成设置。

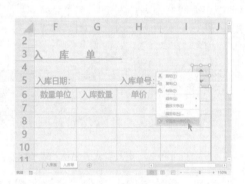

图9.2-3 选择"设置控件格式"命令

图9.2-4 设置单元格链接

（1）查找引用供货商

选择D5单元格，输入公式"=VLOOKUP(I5,入库表[[入库单号]:[供货商]],3,)"，输入完毕后按Enter键结束，即可根据I5单元格中的"入库单号"在"入库表"中查找引用出相关的供货商名称，结果如图9.2-5所示。

图9.2-5 输入查找引用供货商的公式

（2）查找引用入库日期

选择G5单元格，输入公式"=VLOOKUP(I5,入库表[[入库单号]:[入库日期]],2,)"，输入完毕后按Enter键结束，即可根据I5单元格中的"入库单号"从"入库表"中查找引用出相关的入库日期，结果如图9.2-6所示。

图9.2-6　输入查找引用入库日期的公式

（3）查找引用清单内容

选择D7单元格，输入公式"=IF(COUNTIF(入库表!$A:$A,$I$5)<ROW(A1),"",INDEX(入库表!D:D,MATCH($I$5,入库表!$A:$A,)+ROW(A1)-1))"，输入完毕后按Enter键结束，并将公式向右、向下填充至I11单元格，即可根据I5单元格中的"入库单号"在"入库表"中查找引用出相关的各项数据记录，结果如图9.2-7所示。

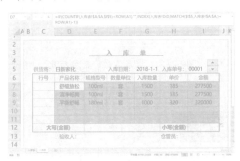

图9.2-7　输入查找引用清单内容的公式

（4）统计行号

选择C7单元格，输入公式"=IF(D7="","",COUNTA(D$7:D7))"，输入完毕后按Enter键结束，并将公式向下填充至C11单元格，即可对有数据记录的行按顺序添加行号，结果如图9.2-8所示。

图9.2-8　输入统计行号的公式

（5）计算合计金额

单击I12单元格，输入公式“=SUM(I7:I11)”，输入完毕后按Enter键结束，即可计算出该清单的合计金额（小写）。

选择E12单元格，输入公式“=IF(ROUND(I12,2)=0,"",IF(I12<0,"负","")&IF(ABS(I12)>=1,TEXT(INT(ROUND(ABS(I12),2)),"[dbnum2]")&"元","")&SUBSTITUTE(SUBSTITUTE(TEXT(RIGHT(RMB(I12,2),2),"[dbnum2]0角0分;;整"),"零角",IF(I12^2<1,,"零")),"零分","整"))”，输入完毕后按Enter键结束，即可计算出该清单的合计金额（大写）。

如图9.2–9所示，能够动态查询打印的“入库单”便制作完成了，在该表中，用户只需要单击“数值调节钮”控件的上下箭头，选择要打印的出库单号即可返回全部相关数据信息。

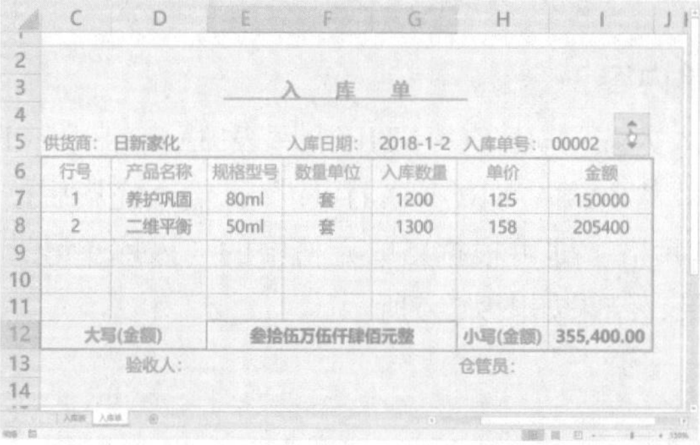

行号	产品名称	规格型号	数量单位	入库数量	单价	金额
1	养护巩固	80ml	套	1200	125	150000
2	二维平衡	50ml	套	1300	158	205400
大写(金额)		叁拾伍万伍仟肆佰元整			小写(金额)	355,400.00

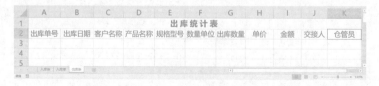

图9.2–9　“入库单”制作完成

9.3 制作出库统计表

发出物品时要及时按照出库物品的名称、规格、型号、单位、数量、单价、金额等信息录入出库统计表并打印出库清单，交由双方签字，做到入单及时，账目清晰。下面介绍出库统计表的制作。

9.3.1　设置单元格

新建空白工作表，重命名为“出库表”，然后在单元格中输入表头文字，记录各项出库记录的全部信息，如图9.3.1–1所示。

出库单号	出库日期	客户名称	产品名称	规格型号	数量单位	出库数量	单价	金额	交接人	仓管员

图9.3.1–1　新建“出库表”并输入表头文字

选择A3单元格，切换至“视图”选项卡，在“窗口”组中单击“冻结窗格”命令下拉按钮，在列表中选择“冻结拆分窗格”选项，对出库表的前两行进行滚动锁定，然后在工作表中录入出库产品的明细数据记录，如图9.3.1–2所示。

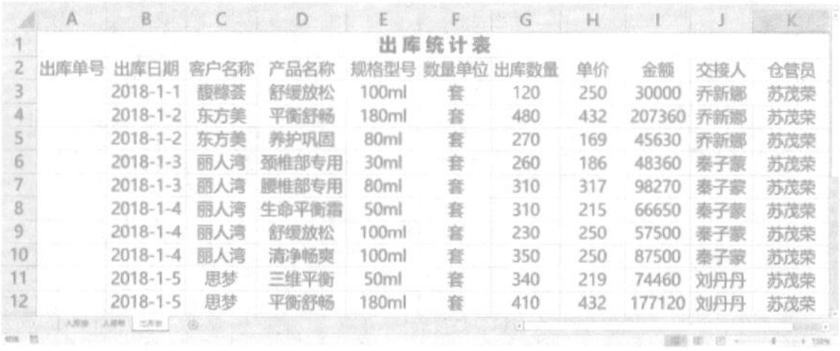

出库统计表										
出库单号	出库日期	客户名称	产品名称	规格型号	数量单位	出库数量	单价	金额	交接人	仓管员
	2018-1-1	馥橼荟	舒缓放松	100ml	套	120	250	30000	乔新娜	苏茂荣
	2018-1-2	东方美	平衡舒畅	180ml	套	480	432	207360	乔新娜	苏茂荣
	2018-1-2	东方美	养护巩固	80ml	套	270	169	45630	乔新娜	苏茂荣
	2018-1-3	丽人湾	颈椎部专用	30ml	套	260	186	48360	秦子蒙	苏茂荣
	2018-1-3	丽人湾	腰椎部专用	80ml	套	310	317	98270	秦子蒙	苏茂荣
	2018-1-4	丽人湾	生命平衡霜	50ml	套	310	215	66650	秦子蒙	苏茂荣
	2018-1-4	丽人湾	舒缓放松	100ml	套	230	250	57500	秦子蒙	苏茂荣
	2018-1-4	丽人湾	清净畅爽	100ml	套	350	250	87500	秦子蒙	苏茂荣
	2018-1-5	思梦	三维平衡	50ml	套	340	219	74460	刘丹丹	苏茂荣
	2018-1-5	思梦	平衡舒畅	180ml	套	410	432	177120	刘丹丹	苏茂荣

图9.3.1–2　输入出库的明细数据

选择A3单元格，输入公式“=IF(B3<>"",IF(B3&C3=B2&C2,N(A2),N(A2)+1),"")”，输入完毕后按Enter键结束，并将公式向下填充，即可按顺序计算出每批商品的出库单号，如图9.3.1–3所示。

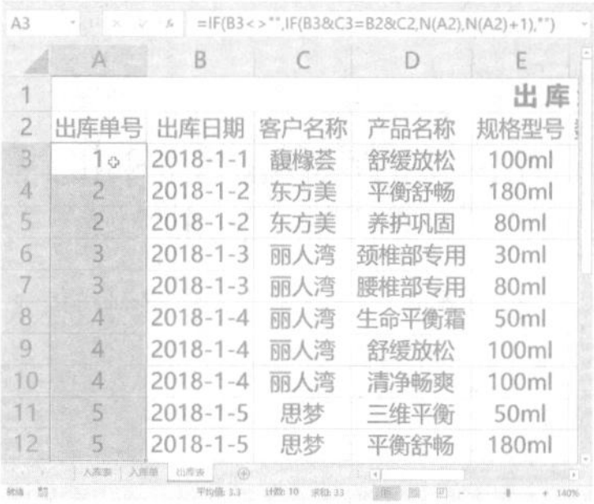

=IF(B3<>"",IF(B3&C3=B2&C2,N(A2),N(A2)+1),"")

出库单号	出库日期	客户名称	产品名称	规格型号
1	2018-1-1	馥橼荟	舒缓放松	100ml
2	2018-1-2	东方美	平衡舒畅	180ml
2	2018-1-2	东方美	养护巩固	80ml
3	2018-1-3	丽人湾	颈椎部专用	30ml
3	2018-1-3	丽人湾	腰椎部专用	80ml
4	2018-1-4	丽人湾	生命平衡霜	50ml
4	2018-1-4	丽人湾	舒缓放松	100ml
4	2018-1-4	丽人湾	清净畅爽	100ml
5	2018-1-5	思梦	三维平衡	50ml
5	2018-1-5	思梦	平衡舒畅	180ml

图9.3.1–3　输入计算出库单号的公式

选中A列全部已有的出库单号，按下Ctrl+1组合键，打开“设置单元格格式”对话框，在“数字”选项卡下的“分类”类别中，选中“自定义”选项，在右侧的“类型”输入框中输入“00000”，用0占位，让1显示为00001。

9.3.2　插入表格

选择A2单元格至全部数据源区域，参照制作“入库表”的方法为数据源套用表格样式，然后切换至“设计”表格工具选项卡，在“属性”选项组中将“表名称”更改为“出库表”。

9.4　制作出库清单

出库清单的制作方法与9.2节的入库清单一致，只是将自“入库表”中查找引用数据，变为自“出库表”中查找引用数据，效果如图9.4所示。

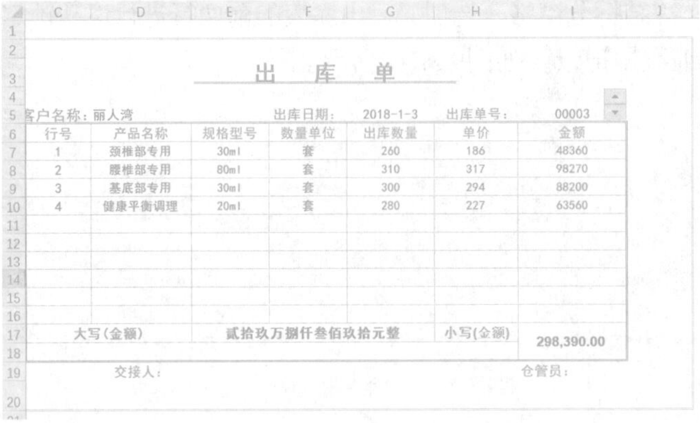

			出　库　单			
客户名称：丽人湾			出库日期：	2018-1-3	出库单号：	00003
行号	产品名称	规格型号	数量单位	出库数量	单价	金额
1	颈椎部专用	30ml	套	260	186	48360
2	腰椎部专用	80ml	套	310	317	98270
3	基底部专用	30ml	套	300	294	88200
4	健康平衡调理	20ml	套	280	227	63560
大写(金额)		贰拾玖万捌仟叁佰玖拾元整			小写(金额)	298,390.00
	交接人：					仓管员：

图9.4　出库单查询打印表

9.5　制作库存统计表

库存统计表反映各种物资商品的实时库存情况，同时需要体现入库、出库数据，使用科学合理的库存统计表可以对仓库信息进行更详细的管理。

新建空白工作表，重命名为“库存表”，在单元格中输入表头信息，参照图9.5-1所示。

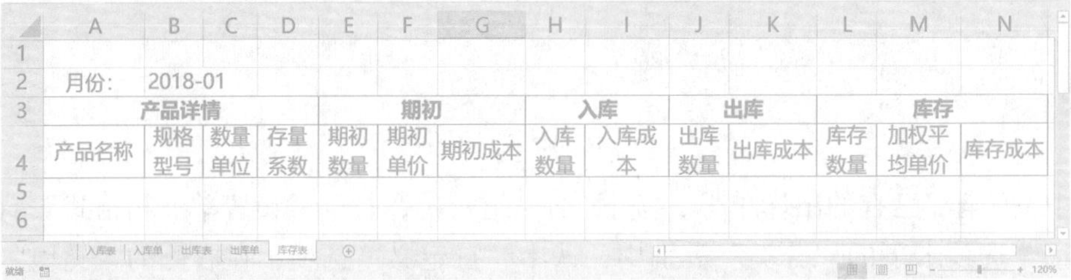

月份:	2018-01												
产品详情				期初			入库		出库		库存		
产品名称	规格型号	数量单位	存量系数	期初数量	期初单价	期初成本	入库数量	入库成本	出库数量	出库成本	库存数量	加权平均单价	库存成本

图9.5-1　新建库存表并输入表头文字

将全部库存产品的初始信息整理输入到工作表中，然后输入各产品的期初数量以及期初单价，如图9.5-2所示，其中存量系数表示各类产品的最低存量系数。

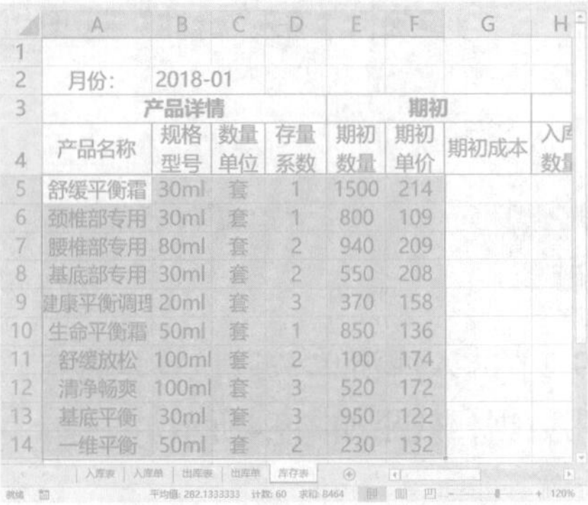

产品名称	规格型号	数量单位	存量系数	期初数量	期初单价
舒缓平衡霜	30ml	套	1	1500	214
颈椎部专用	30ml	套	1	800	109
腰椎部专用	80ml	套	2	940	209
基底部专用	30ml	套	2	550	208
健康平衡调理	20ml	套	3	370	158
生命平衡霜	50ml	套	1	850	136
舒缓放松	100ml	套	2	100	174
清净畅爽	100ml	套	3	520	172
基底平衡	30ml	套	3	950	122
一维平衡	50ml	套	2	230	132

图9.5-2　输入库存产品的初始信息

（1）计算期初成本

单击G5单元格，输入公式"=F5*E5"，输入完毕后按Enter键结束，然后将公式向下填充至最后一条数据记录，即可计算出全部库存产品的期初成本。

（2）计算入库数量

选择H5单元格，输入公式"=SUMPRODUCT((入库表[产品名称]=A5)*(MONTH(入库表[入库日期])=MONTH($B$2))*入库表[入库数量])"，输入完毕后按Enter键结束，并将公式向下填充至最后一条数据记录，即可统计出入库表中各种产品的入库数量，结果如图9.5-3所示。

图9.5-3　输入计算入库数量的公式

（3）计算入库成本

选择I5单元格，输入公式"=SUMPRODUCT((入库表[产品名称]=A5)*(MONTH(入库表[入库日期])=MONTH($B$2))*入库表[金额])"，输入完毕后按Enter键结束，并将公式向下填充至最后一条数据记录，即可计算出各种入库产品的成本金额，结果如图9.5-4所示。

图9.5-4　输入计算入库成本的公式

（4）计算出库数量

选择J5单元格，输入公式"=SUMPRODUCT((出库表[产品名称]=A5)*(MONTH(出库表[出库日期])=MONTH($B$2))*出库表[出库数量])"，输入完毕后按Enter键结束，并将公式向下填充至最后一条数据记录，即可统计出各种产品在出库表中的出库数量，结果如图9.5-5所示。

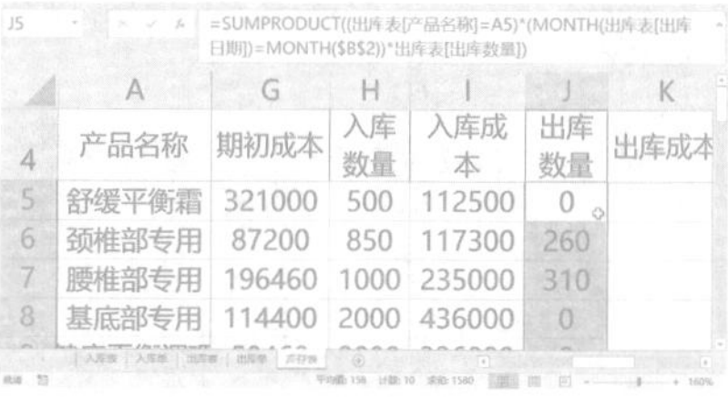

图9.5-5　输入计算出库数量的公式

（5）计算库存数量

选择L5单元格，输入公式"=E5+H5-J5"，输入完毕后按Enter键结束，然后将公式向下填充至最后一条数据记录，即可计算出全部产品的当前库存数量。

（6）计算加权平均单价

选择M5单元格，输入公式"=ROUND((G5+I5)/(E5+H5),)"，输入完毕后按Enter键结束，然后将公式向下填充至最后一条数据记录，即可计算出全部产品当前的加权平均单价，结果如图9.5-6所示。

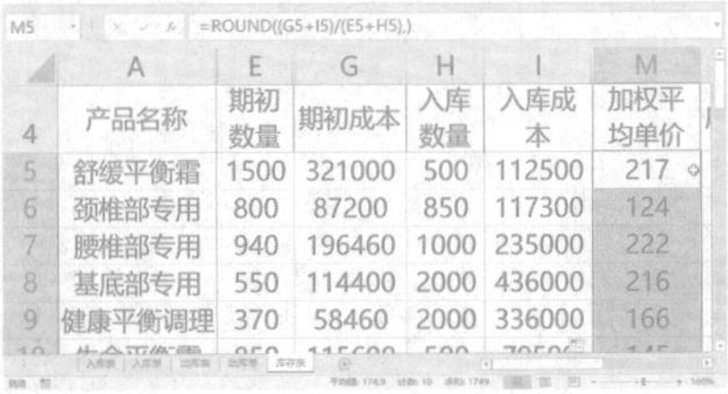

图9.5-6　输入计算加权平均单价的公式

（7）计算出库成本

选择K5单元格，输入公式"=J5*M5"，输入完毕后按Enter键结束，并将公式向下填充至最后一条数据记录，即可计算出各种产品在出库表中的出库成本。

（8）计算库存成本

选中N5单元格，输入公式"=M5*L5"，输入完毕后按Enter键结束，并将公式向下填充至最后一条数据记录，即可计算出各种产品的库存成本。

最后参照"入库表"和"出库表"中的方法，对"库存表"插入表格，并在"设计"表格工具选项卡中，将"属性"选项组中的表名称更改为"库存表"，库存表即制作完成，如图9.5-7所示。

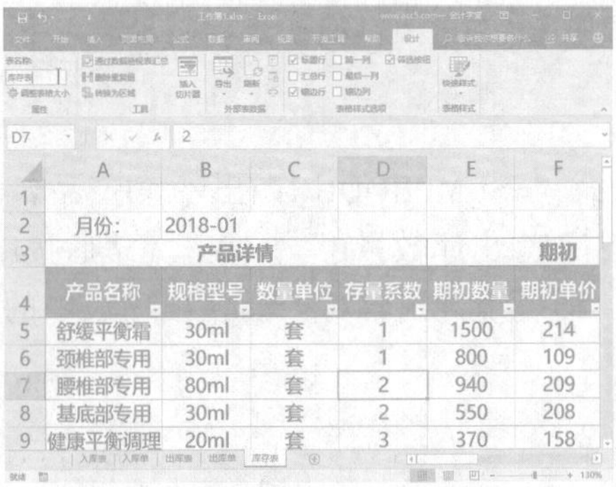

图9.5-7　套用表格格式并更改表名称

第

10

章

微信扫一扫
免费看课程

Excel在财务工作中的应用

本章主要介绍如何使用Excel设计与制作各种自动计算的会计表单以及邮件合并等知识点。

10.1 制作记账凭证

对于没有使用专用财务软件的公司，Excel无疑是制作记账凭证的最佳选择，用户不仅可以设计各种凭证的打印格式，还可以设置凭证的自动计算。

10.1.1 方法1：进位求和

新建空白工作表，在单元格中输入记账凭证基础文本信息，然后配合使用"设置单元格格式"功能，将"记账凭证"设置为可供打印的样式和格式，参照图10.1.1-1所示。

在"记账凭证"中录入相关数据，如"摘要""会计科目"以及"金额"等，如图10.1.1-2所示。

图10.1.1-1 设置记账凭证打印格式

图10.1.1-2 录入相关数据记录

选择F14单元格，输入公式"=IF(AND(MID(TEXT(SUM($F$6:$O$13*10^(10−COLUMN($A:$J))),"0000000000"),COLUMN(A1),1)*1=0,E14=""),"",MID(TEXT(SUM($F$6:$O$13*10^(10−COLUMN($A:$J))),"0000000000"),COLUMN(A1),1))"，输入完毕后按Ctrl+Shift+Enter三键结束，并将公式向右填充至O14单元格，然后单击"填充选项"按钮，在列表中选择"不带格式填充"选项，即可计算出借方的合计金额，结果如图10.1.1-3所示。

图10.1.1-3 输入计算"借方金额"的公式

选择Q14单元格，输入公式"=IF(AND(MID(TEXT(SUM($Q$6:$Z$13*10^(10−COLUMN

($A:$J))),"0000000000"),COLUMN(A1),1)*1=0,P14=""),"",MID(TEXT(SUM($Q$6:$Z$13*10^(10–
COLUMN($A:$J))),"0000000000"),COLUMN(A1),1))"，输入完毕后按Ctrl+Shift+Enter三键结束，
并将公式向右填充至Z14单元格，做"不带格式填充"设置，即可计算出贷方的合计金额，结
果如图10.1.1–4所示。

　　计算公式设置完毕后，切换至"插入"选项卡，在"插图"组中单击"形状"命令下
拉按钮，在列表中选择"横线"，如图10.1.1–5所示。

图10.1.1–4　输入计算"贷方金额"的公式

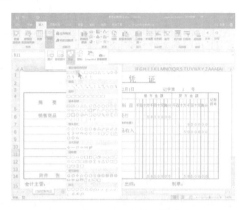

图10.1.1–5　插入横线

　　接着在工作表中按住鼠标左键进行绘制，在F13单元格与Z9单元格之间画出直线形状，
然后切换至"格式"绘图工具选项卡，在"形状样式"组中单击"形状轮廓"下拉按钮，
在列表的颜色区域中将颜色设置为"自动"，使该形状变为黑色；再在列表中选择"粗
细"选项，将磅值设置为1磅，操作如图10.1.1–6所示。

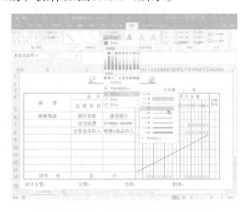

图10.1.1–6　设置形状的颜色和磅值

　　至此，记账凭证便制作完成了，用户输入凭证的基本内容，末行会自动计算出借方和
贷方的合计金额，打印出来给各岗位人员签字即可，非常方便，大大提高了手写记账凭证
的工作效率。

10.1.2　方法2：提取引用

　　使用上述方法虽然可以使借方和贷方的金额自动进行计算，但有些用户还是会觉得金

额数据输入起来比较麻烦，所以现在介绍另外一种方法，使用辅助列来提取引用，此方法可以有效提高数字录入过程中的效率。

复制方法1中的"记账凭证"样式模板，然后在其右侧添加辅助列，将标题行设置为"借方"和"贷方"，如图10.1.2-1所示。

图10.1.2-1　为"记账凭证"添加辅助列

在凭证中输入相关数据信息：在左侧的凭证区域输入摘要和会计科目的相关记录，在右侧的辅助列中输入每笔的金额，如图10.1.2-2所示。

选择AD14单元格，输入公式"=SUM(AD6:AD13)"，输入完毕后按Enter键结束，然后将公式向右填充至AE14单元格，对其上方单元格区域进行求和计算，结果如图10.1.2-3所示。

图10.1.2-2　输入凭证内容　　　　　　图10.1.2-3　输入计算合计金额的公式

以下公式的填充选项全做"不带格式填充"设置：

选择F6单元格，输入公式"=IF(MID(TEXT(ROUND($AD6,2)*100,"0000000000"),COLUMN(A1),1)*1,MID(TEXT(ROUND($AD6,2)*100,"0000000000"),COLUMN(A1),1)*1,""))"，将公式填充至F14单元格，该公式对AD列的借方金额提取"千万"位的数字，计算如图10.1.2-4所示。

选择G6单元格，输入公式"=IF(AND(MID(TEXT(ROUND($AD6,2)*100,"0000000000"),COLUMN(B1),1)*1=0,SUM($F6:F6)=0),"",MID(TEXT(ROUND($AD6,2)*100,"0000000000"),COLUMN(B1),1)*1)"，输入完毕后按Enter键结束，然后将公式向右填充至O6单元格，然后继续选择G6:O6单元格区域向下填充至G14:O14单元格区域，该公式提取AD列借方金额的"百万"位到"分"位数字，计算如图10.1.2-5所示。

图10.1.2-4　输入提取借方金额"千万"位数字的公式

图10.1.2-5　输入提取借方金额"百万"位到"分"位数字的公式

选择Q6单元格，输入公式"=IF(MID(TEXT(ROUND($AE6,2)*100,"0000000000"),COLUMN(A1),1)*1,MID(TEXT(ROUND($AE6,2)*100,"0000000000"),COLUMN(A1),1)*1,"")"，输入完毕后按Enter键结束，并将公式向下填充至Q14单元格，该公式对AE列的贷方金额提取"千万"位的数字，计算如图10.1.2-6所示。

选择R6单元格，输入公式"=IF(AND(MID(TEXT(ROUND($AE6,2)*100,"0000000000"),COLUMN(B1),1)*1=0,SUM($Q6:Q6)=0),"",MID(TEXT(ROUND($AE6,2)*100,"0000000000"),COLUMN(B1),1)*1)"，输入完毕后按Enter键结束，将公式向下填充至R14单元格，然后继续选择R6:R14单元格区域向右填充至Z6:Z14单元格区域，该公式提取AE列贷方金额的"百万"位到"分"位的数字，计算结果如图10.1.2-7所示。

图10.1.2-6　输入提取贷方金额"千万"位数字的公式

图10.1.2-7　输入提取贷方金额"百万"位到"分"位数字的公式

公式编写完毕后，切换至"页面布局"选项卡，单击"对话框启动器"按钮，操作如图10.1.2-8所示。

打开"页面设置"对话框，切换至"工作表"选项卡，单击"打印区域"右侧的折叠按钮，返回工作表中，选择B1:AB15单元格区域，再次单击折叠按钮，返回"页面设置"对话框，设置如图10.1.2-9所示，检查无误后，单击"确定"按钮关闭对话框完成设置。

图10.1.2-8　单击"对话框启动器"按钮　　　　图10.1.2-9　设置打印区域

至此，记账凭证便制作完成了，输入凭证内容，将凭证打印好交由各岗位人员签字即可。通过上述两种方法，都可以对这种会计凭证样式的数据进行求和，具体使用哪一种方法，用户可以根据实际情况和个人习惯进行选择。

10.1.3　凭证套打

用户可以使用Excel制作套打模板，使用购买的凭证纸进行打印。根据购买的纸质凭证，绘制出模板的基础格式，行高、列宽等元素可能要经过多次调整，才可与纸张格式相匹配。本节继续使用上节所使用的模板样式制作，但是使用另外一种提取计算的公式，带大家开拓思维，感受不同思路下函数嵌套的使用过程。

复制上节的模板样式，如图10.1.3-1所示。

选择E7单元格，输入公式"=IF($AB7<>"",LEFT(RIGHT(" "&$AB7*100,17-COLUMN(G:G))),"")"，输入完毕后按Enter键结束，并将公式向右填充至N7单元格，然后单击右下角的"填充选项"按钮，在列表中选择"不带格式填充"命令，然后继续选中E7:N7单元格区域，将公式向下填充至E14:N14单元格区域，该公式对AB列的借方金额数字进行计算提取，结果如图10.1.3-2所示。

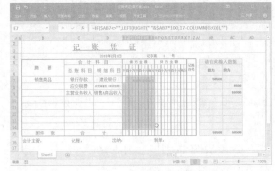

图10.1.3-1　绘制凭证基础格式　　　　图10.1.3-2　输入计算提取借方金额的公式

选择E15单元格，输入公式"=IF($AB15<>"",LEFT(RIGHT("　￥"&$AB15*100,17-COLUMN(G:G))),"")"，输入完毕后按Enter键结束，并将公式向右填充至N15单元格，即可

对AB15单元格中借方合计金额的数字做出计算提取，且带有人民币符号，结果如图10.1.3-3所示。

选择O7单元格，输入公式"=IF($AC7<>"",LEFT(RIGHT("￥"&$AC7*100,17-COLUMN(G:G))),"")"，输入完毕后按Enter键结束，并将公式向右填充至X7单元格，然后继续选中O7:X7单元格区域，将公式向下填充至O14:X14单元格区域，即可对AC列的贷方金额数字做出计算提取，结果如图10.1.3-4所示。

图10.1.3-3　输入计算提取借方合计金额的公式

图10.1.3-4　输入计算提取贷方金额的公式

选择O15单元格，输入公式"=IF($AC15<>"",LEFT(RIGHT("￥"&$AC15*100,17-COLUMN(G:G))),"")"，输入完毕后按Enter键结束，将公式向右填充至X15单元格，即可完成对AC15单元格中贷方合计金额数字的计算提取，结果如图10.1.3-5所示。

公式编写完毕后，接着选择B2:Z16单元格区域，切换至"开始"选项卡，单击"字体"组中的"填充颜色"命令，设置一种颜色填充，这里选择的是蓝色，如图10.1.3-6所示。

图10.1.3-5　输入提取计算贷方合计金额的公式

图10.1.3-6　为凭证区域设置填充颜色

对于凭证纸上本来就有的相关文字信息，在"开始"选项卡"字体"组中，将其字体颜色设置为白色，如图10.1.3-7所示。

为保持美观，可以将单元格边框的颜色也设置为白色，如图10.1.3-8所示。

图10.1.3-7 将凭证纸上的已有文字颜色设置为白色

图10.1.3-8 设置凭证边框的颜色为白色

切换至"页面布局"选项卡，单击对话框启动器打开"页面设置"对话框，切换至"工作表"选项，勾选"打印"下方的"草稿质量"复选框，如图10.1.3-9所示，操作完成后单击"确定"按钮关闭对话框完成设置。

返回工作表，按下Ctrl+P打印组合键，可以看到打印预览只显示要套打在凭证纸中的内容，白色的边框和白色的文字并不显示，如图10.1.3-10所示。

图10.1.3-9 设置工作表打印为"草稿质量"

图10.1.3-10 设置完成后的打印预览

10.2 制作电子版账页

Excel不仅可以制作电子凭证，还可以制作电子账页，跟电子凭证一样填写数据信息后打印出来，签字装订即可。本节介绍如何制作自动计算的出纳日记账和应收款明细账。

新建空白工作表，在单元格中输入"现金日记账"的表头文字，然后通过"设置单元格格式"的相关功能为现金日记账设置好基础样式，参照图10.2-1所示。

设置好现金日记账的样式后，接着在右侧添加相关的辅助列，将字段标题设置为"日期""借方""贷方"和"余额"，如图10.2-2所示。

图10.2-1　现金日记账的基础样式

图10.2-2　添加辅助列

辅助列完成后，即可在工作表中录入业务数据。在左侧的账页区域输入凭证字号、摘要和对应科目的相关数据，在右侧的辅助列中输入业务发生的日期、借方金额、贷方金额和余额，这里为了突出效果，模拟了2个月的业务数据，如图10.2-3所示。

图10.2-3　输入业务数据

（1）计算余额

选择AS5单元格，输入公式"=IF(AND(AQ5="",AR5=""),0,IF(AND(D5<>"本月合计",D5<>"本年累计"),AS4+AQ5−AR5,AS4))"，输入完毕后按Enter键结束，将公式向下填充，计算结果如图10.2-4所示。

图10.2-4　输入计算余额的公式

（2）提取月份

选择A4单元格，输入公式"=IF(AP4="","",MONTH(AP4))"，输入完毕后按Enter键结束，计算结果如图10.2-5所示。

选择A5单元格，输入公式"=IF(AP5="","",IF(MONTH(AP5)=MONTH(AP4),"",MONTH(AP5)))"，输入完毕后按Enter键结束，并将公式向下填充，做"不带格式填充"设置，结果如图10.2-6所示，为每月的第一笔业务数据显示AP列日期的月份数。

图10.2-5　输入提取月份的起始公式　　　　图10.2-6　输入提取月份的公式

（3）提取日数

选择B4单元格，输入公式"=IF(AP4="","",DAY(AP4))"，输入完毕后按Enter键结束，并将公式向下填充，结果如图10.2-7所示，为每笔业务提取出AP列日期的日数。

图10.2-7　输入提取日数的公式

（4）提取借方金额

选择F4单元格，输入公式"=IF($AQ4="","",LEFT(RIGHT(" "&ROUND($AQ4,2)*100,12-COLUMN(A1))))"，输入完毕后按Enter键结束，并将公式向右填充至P4单元格，然后继续选中F4:P4单元格区域并将公式向下填充，都做"不带格式填充"。结果如图10.2-8所示，将AQ列借方金额的数字提取了出来。

图10.2-8　输入提取借方金额数字的公式

（5）提取贷方金额

选择Q4单元格，输入公式"=IF($AR4="","",LEFT(RIGHT(" "&ROUND($AR4,2)*100,12-COLUMN(A1))))"，输入完毕后按Enter键结束，并将公式向右填充至AA4单元格，然后继续选中Q4:AA4单元格区域并将公式向下填充，仍然做"不带格式填充"。结果如图10.2-9所示，将AR列贷方金额的数字提取了出来。

图10.2-9　输入提取贷方金额数字的公式

（6）提取余额

选择AC4单元格，输入公式"=IF($AS4="","",LEFT(RIGHT(" "&ROUND($AS4,2)*100,12-COLUMN(A1))))"，输入完毕后按Enter键结束，并将公式向右填充至AM4单元格，然后继续选中AC4:AM4单元格区域并将公式向下填充，同样做"不带格式填充"。结果如图10.2-10所示，将AS列余额的数字提取了出来。

图10.2-10　输入提取余额数字的公式

（7）设置条件格式

选择账页样式的区域（比如A4:AN30单元格区域），切换至"开始"选项卡，在"样式"组中单击"条件格式"命令下拉按钮，在打开的列表中选择"新建规则"命令，操作如图10.2-11所示。

接着如图10.2-12所示，在打开的"新建格式规则"对话框中，选择"使用公式确定要设置格式的单元格"选项，并在"编辑规则说明"下方的输入框中输入公式"=OR($D4="本月合计",$D4="本年累计")"，然后单击"格式"按钮，设置一种填充颜色，操作完毕后单击"确定"按钮关闭对话框完成设置。

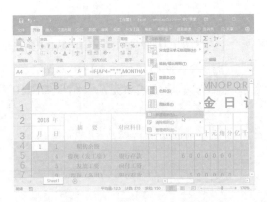

图10.2-11　单击"新建规则"命令　　　　图10.2-12　输入公式并设置格式

返回工作表中，可以看到上述条件格式设置的结果，如图10.2-13所示。至此，可以自动计算的手工账页格式的现金日记账便制作完成了，用户可直接录入相关业务数据，在期末打印出来，签字装订即可。

图10.2-13　现金日记账制作完成

10.3　制作对账函

对账函，又称询证函，可用于客户与供应商之间的往来账款核对，其发函的目的主要是确认双方存在的各项往来款项的真实性和正确性。

对账函的内容一般是由两部分构成：一是对账部分，由发出对账函的一方根据自己的财务记录，列明截止日期和结算数额，并盖章、签名，以示对该数额负责；二是确认部分，由相对方对该对账函所确认的信息进行核对，如无异议则盖章、签名确认。

那么我们为什么要制作对账函呢？从法律上看，对账函至少具有如下三个方面的法律效力：

（1）有效地证明了交易关系的存在。

（2）有效地证明了债权债务关系的存在，一份经过相对方有效确认或者部分确认的对账函相当于欠条。

（3）可能引起诉讼时效的中断，《中华人民共和国民法通则》第一百四十条规定：诉讼时效因提起诉讼、当事人一方提出要求或者同意履行义务而中断。因此，一份表述恰当的对账函还可能引起诉讼时效的中断。

本节主要介绍如何将Excel和Word中的"邮件合并"结合使用，批量制作、打印全部客户或供应商之间的对账函。

新建Word空白文档，编辑对账函的一般格式，参照图10.3-1所示。

图10.3-1　在Word中编辑对账函文档

然后新建空白Excel工作表或工作簿，本例中为新建工作簿。在单元格中输入对账函需要的相关数据，例如客户名称和欠款金额，如图10.3-2所示，设置完毕后将文件进行命名和保存。

回到对账函Word文档，切换至"邮件"选项卡，在"开始邮件合并"选项组中，单击"选择收件人"命令下拉按钮，在打开的列表中选择"使用现有列表"命令，操作如图10.3-3所示。

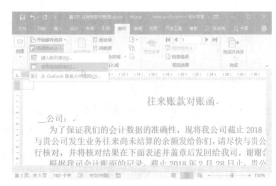

图10.3-2　在Excel中编辑相关数据　　　　图10.3-3　选择"使用现有列表"命令

打开"选取数据源"对话框，在地址栏中选择刚才Excel工作簿的存放路径，在文件夹中单击选中该文件，然后单击"打开"按钮，操作如图10.3-4所示。

接着如图10.3-5所示，打开工作簿后系统会弹出"选择表格"对话框，单击选择记录有对账函相关数据信息的工作表，然后单击"确定"按钮即可插入。

图10.3-4 选择工作簿　　　　　　　　　　图10.3-5 选择工作表

　　返回Word文档中，将光标定位在第一个"_"填空处，即要插入客户名称的位置中间，切换至"邮件"选项卡，单击"编写和插入域"选项组中的"插入合并域"命令下拉按钮，在列表中选择"客户名称"，操作如图10.3-6所示。

　　接着如图10.3-7所示，将光标定位到第二个"_"填空处，即要插入欠款金额的位置中间，切换至"邮件"选项卡，单击"编写和插入域"选项组中的"插入合并域"命令下拉按钮，在列表中选择"欠款金额"，操作如图10.3-7所示。

图10.3-6 插入合并域"客户名称"　　　　图10.3-7 插入合并域"欠款金额"

　　完成所有的"插入合并域"操作后，在"邮件"选项卡"完成"选项组中，单击"完成并合并"命令下拉按钮，在列表中选择"编辑单个文档"命令，操作如图10.3-8所示。

　　然后如图10.3-9所示，在打开的"合并到新文档"对话框中，选择"全部"单选框，操作完毕后单击"确定"按钮关闭对话框完成设置。

图10.3-8 选择"编辑单个文档"命令　　　图10.3-9 选择合并到新文档的范围

最后如图10.3-10所示，Word自动创建了一个名为“信函1”的新文档，在新文档中有Excel工作表中所记录的全部客户的对账，Excel中的客户名称有多少个，“信函1”文档就有多少页，直接打印该文档即可。

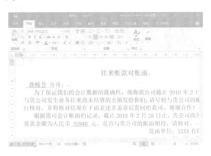

图10.3-10　邮件合并完成

10.4　制作应收账款账龄分析表

10.4.1　明细表

对应收账款进行账龄分析，是确定应收账款管理重点的依据。通过对账龄进行分析，可以真实地反映企业实际资金流动情况，可以有效管理应收账款，例如对金额较大或者逾期较长的款项进行重点催收。本节介绍如何通过Excel设置账龄分析表。

新建工作表，重命名为“明细表”，在单元格中输入应收账款明细表的相关表头信息，并设置单元格格式，参照图10.4.1-1所示。

在工作表中输入相关业务数据，如图10.4.1-2所示。

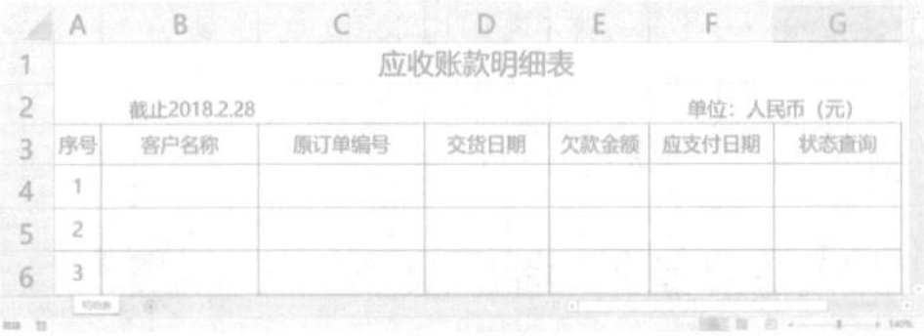

序号	客户名称	原订单编号	交货日期	欠款金额	应支付日期	状态查询
1						
2						
3						

图10.4.1-1　设置应收账款明细表的格式样式

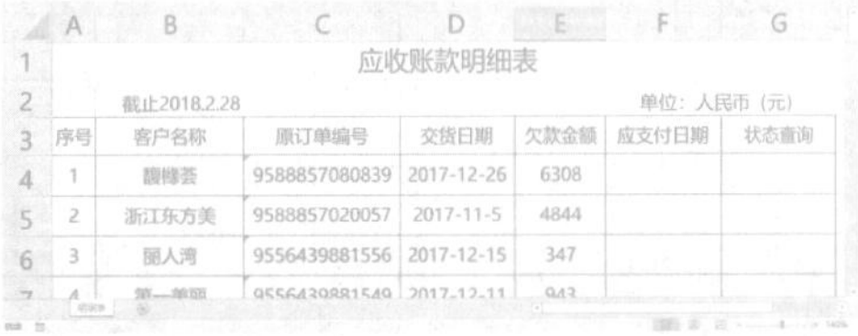

序号	客户名称	原订单编号	交货日期	欠款金额	应支付日期	状态查询
1	馥橼荟	9588857080839	2017-12-26	6308		
2	浙江东方美	9588857020057	2017-11-5	4844		
3	丽人湾	9556439881556	2017-12-15	347		

图10.4.1-2　输入业务数据

在F列计算出应支付款项的日期，计算要求为：继“交货日期”之后的30个工作日，遇星期六和星期天顺延。选择F4单元格，输入公式“=WORKDAY.INTL(D4,30,1)”，输入完毕后按Enter键结束，并将公式向下填充，即可计算出应该支付账款的日期，结果如图10.4.1-3所示。

要求在G列计算出各笔应收款项的所处状态，是已逾期还是未到期。选择G4单元格，输入公式“=TEXT(TODAY()-F4,"逾期0天;未到期;今日到期")”，输入完毕后按Enter键结束，并将公式向下填充，即可计算出应收账款的状态信息，结果如图10.4.1-4所示。

图10.4.1-3　输入计算应支付日期的公式 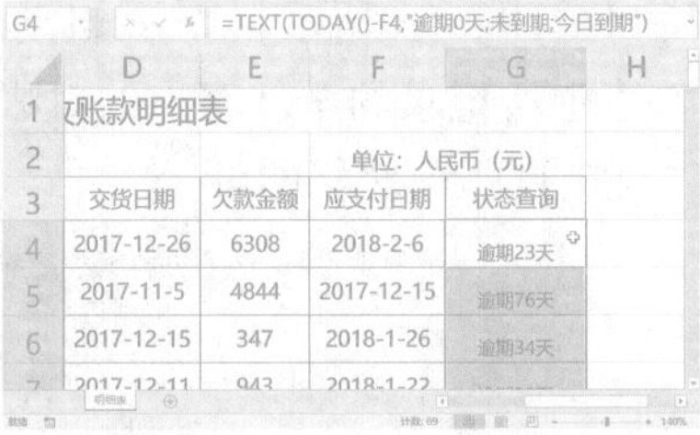　　　　图10.4.1-4　输入计算状态查询的公式

10.4.2　分析表

新建空白工作表，重命名为"分析表"，在单元格中输入应收账款账龄分析表的相关表头信息，并设置格式，参照图10.4.2-1所示。

图10.4.2-1　设置账龄分析表的格式样式

返回"应收账款明细表"，将H列设为辅助列，选择H4单元格，输入公式"=TODAY()-F4"，输入完毕后按Enter键结束，并将公式向下填充，计算结果如图10.4.2-2所示。

用户在添加辅助列后，如果不希望辅助列显示在工作表中，可以将其隐藏，选择H列，单击鼠标右键，在打开的快捷菜单中单击"隐藏"命令即可，操作如图10.4.2-3所示。

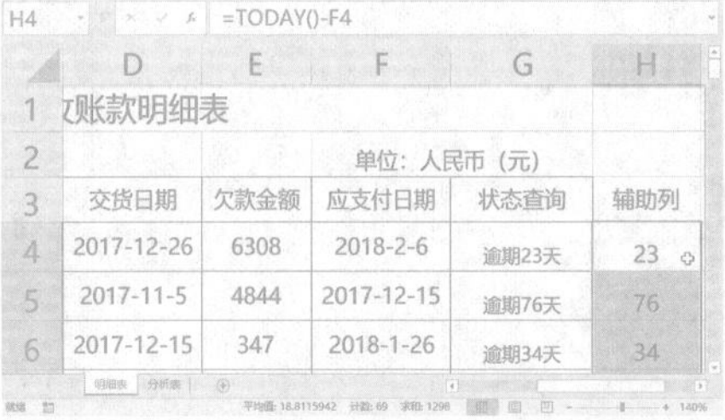

图10.4.2-2　为应收账款明细表设置辅助列　　　　图10.4.2-3　隐藏辅助列

返回"分析表"，分别在B3:B7单元格中输入不同的公式，依次求取各账龄阶段的应收款金额。

选择B3单元格，输入公式"=SUMIF(明细表!H:H,"<0",明细表!E:E)"，输入完毕后按Enter键结束。

选择B4单元格，输入公式"=SUMIFS(明细表!E:E,明细表!H:H,"<30",明细表!H:H,">=0")"，输入完毕后按Enter键结束。

选择B5单元格，输入公式"=SUMIFS(明细表!E:E,明细表!H:H,"<60",明细表!H:H,

">=30")”，输入完毕后按Enter键结束。

选择B6单元格，输入公式“=SUMIFS(明细表!E:E,明细表!H:H,"<=90",明细表!H:H,">=60")”，输入完毕后按Enter键结束。

选择B7单元格，输入公式“=SUMIF(明细表!H:H,">90",明细表!E:E)”，输入完毕后按Enter键结束。

通过以上公式，计算的结果如图10.4.2–4所示。

选择C3单元格，输入公式“=B3/SUM(B$3:B$7)”，输入完毕后按Enter键结束，并将公式向下填充至C7单元格，可以算出各账龄的应收款金额占全部应收账款金额的比例，结果如图10.4.2–5所示。

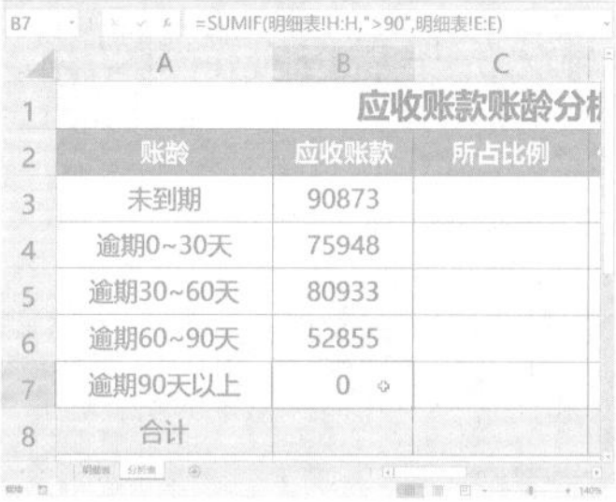

账龄	应收账款	所占比例
未到期	90873	
逾期0~30天	75948	
逾期30~60天	80933	
逾期60~90天	52855	
逾期90天以上	0	
合计		

图10.4.2–4　输入计算各账龄应收账款的公式

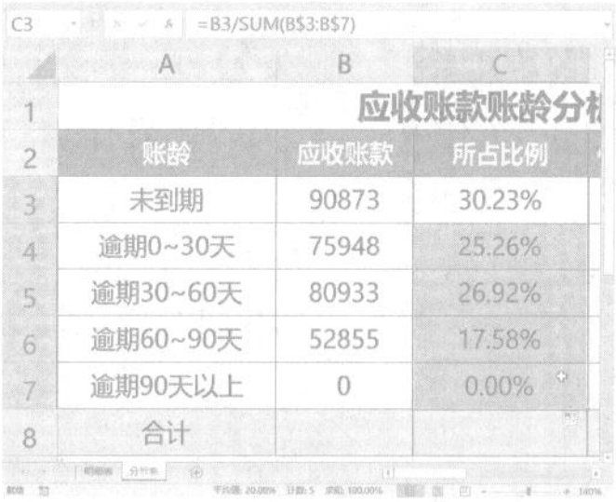

账龄	应收账款	所占比例
未到期	90873	30.23%
逾期0~30天	75948	25.26%
逾期30~60天	80933	26.92%
逾期60~90天	52855	17.58%
逾期90天以上	0	0.00%
合计		

图10.4.2–5　输入计算所占比例的公式

在D列输入各账龄阶段的估计计提损失的比例，然后在E3:E7单元格中计算“估计损失金额”。选择E3单元格，输入公式“=ROUND(D3*B3,)”，输入完毕后按Enter键结束，并将公式向下填充至E7单元格，计算结果如图10.4.2–6所示。

选择B8单元格，输入公式“=SUM(B3:B7)”，输入完毕后按Enter键结束，并将公式向右填充至E8单元格，分别计算出“应收账款”“所占比例”和“估计损失金额”的合计值，如图10.4.2–7所示。

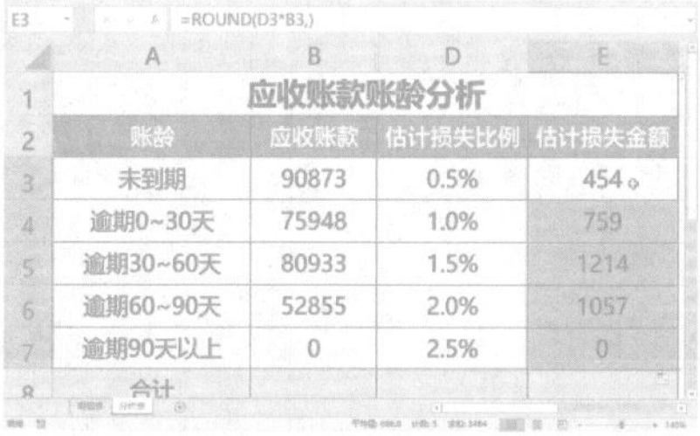

账龄	应收账款	估计损失比例	估计损失金额
未到期	90873	0.5%	454
逾期0~30天	75948	1.0%	759
逾期30~60天	80933	1.5%	1214
逾期60~90天	52855	2.0%	1057
逾期90天以上	0	2.5%	0
合计			

图10.4.2–6　输入计算估计损失金额的公式

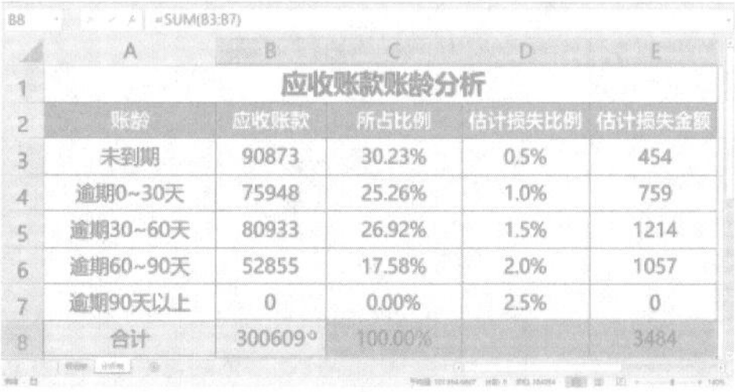

账龄	应收账款	所占比例	估计损失比例	估计损失金额
未到期	90873	30.23%	0.5%	454
逾期0~30天	75948	25.26%	1.0%	759
逾期30~60天	80933	26.92%	1.5%	1214
逾期60~90天	52855	17.58%	2.0%	1057
逾期90天以上	0	0.00%	2.5%	0
合计	300609	100.00%		3484

图10.4.2–7　输入计算合计值的公式

10.5　制作费用报销单

新建空白工作表，输入费用报销单相关的文本信息，并配合使用“设置单元格格式”对话框中的功能对其设置格式以及样式，参照图10.5–1所示。

图10.5-1　设置费用报销单模板样式

（1）计算当前年份

选择M2单元格，输入公式"=YEAR(NOW())"，输入完毕后按Enter键结束，即可获得计算机系统当前的年份，结果如图10.5-2所示。

图10.5-2　输入计算当前年份的公式

（2）计算当前月份

选择P2单元格，设置自定义数字格式为"00"，然后输入公式"=MONTH(NOW())"，输入完毕后按Enter键结束，即可获得带前导0的计算机系统当前月份，结果如图10.5-3所示。

图10.5-3　输入计算当前月份的公式

（3）计算当前日期

选择S2单元格，设置自定义数字格式为"00"，并输入公式"=DAY(NOW())"，输入完毕后按Enter键结束，即可获得带前导0的计算机当前日期，如图10.5-4所示。

图10.5-4　输入计算当前日期的公式

（4）计算金额

在模板中录入业务数据，比如要报销的项目、数量、单位和单价，如图10.5-5所示。

将AK列设置为辅助列，选择AK5单元格，输入公式"=O5*W5"，输入完毕后按Enter键结束，并将公式向下填充至AK9单元格，即可计算出报销项目的金额，如图10.5-6所示。

图10.5-5　录入业务数据

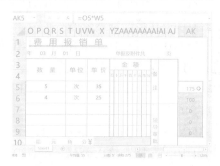

图10.5-6　输入计算金额的公式

（5）提取金额的数字

选择Y5单元格，输入公式"=IF($AK5,LEFT(RIGHT(" "&$AK5*100,10-COLUMN(A1))),"")"，输入完毕后按Enter键结束，并将公式向右边填充至AG5单元格，然后继续选中Y5:AG5单元格区域并将公式向下填充至Y9:AG9单元格区域，都做不带格式的填充，即可提取出AK列金额的各位数字，结果如图10.5-7所示。

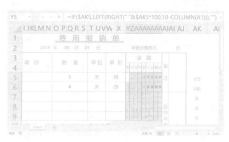

图10.5-7　输入提取金额各位数字的公式

（6）计算合计金额

选择X10单元格，输入公式"=SUM(AK5:AK9)"，输入完毕后按Enter键结束，即可计算出小写的合计金额。

在AK3单元格输入大写数字文本"零壹贰叁肆伍陆柒捌玖"，然后在第10行对应的单元格中输入以下公式：

选择D10单元格，输入公式

"=IF(X10>=1000000,MID(AK3,RIGHT(TRUNC(X10/10^6),1)+1,1),"○")"

选择F10单元格，输入公式

"=IF(X10>=100000,MID(AK3,RIGHT(TRUNC(X10/10^5),1)+1,1),"○")"

选择I10单元格，输入公式

"=IF(X10>=10000,MID(AK3,RIGHT(TRUNC(X10/10^4),1)+1,1),"○")"

选择K10单元格，输入公式

"=IF(X10>=1000,MID(AK3,RIGHT(TRUNC(X10/10^3),1)+1,1),"○")"

选择M10单元格，输入公式

"=IF(X10>=100,MID(AK3,RIGHT(TRUNC(X10/10^2),1)+1,1),"○")"

选择O10单元格，输入公式

"=IF(X10>=10,MID(AK3,RIGHT(TRUNC(X10/10^1),1)+1,1),"○")"

选择Q10单元格，输入公式

"=IF(X10>=1,MID(AK3,RIGHT(TRUNC(X10/10^0),1)+1,1),"○")"

选择S10单元格，输入公式

"=IF(X10>=0.1,MID(AK3,RIGHT(TRUNC(X10/10^-1),1)+1,1),"○")"

选择U10单元格，输入公式

"=IF(X10>0,MID(AK3,RIGHT(TRUNC(X10/10^-2),1)+1,1),"○")"

公式输入完毕后，可以看到计算的结果如图10.5-8所示。

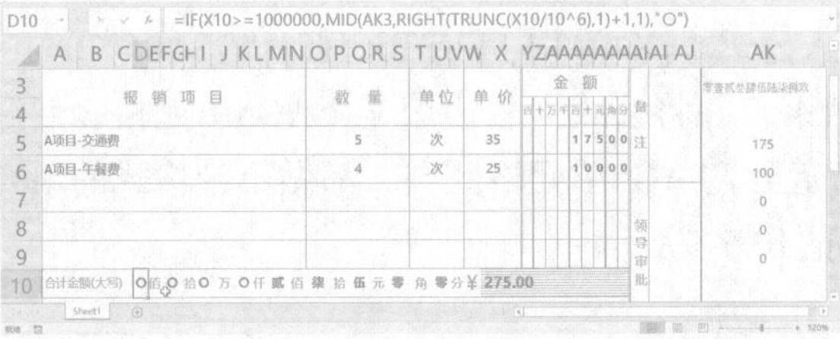

图10.5-8 输入计算合计金额（大写）的公式

最后可以将辅助列AK列隐藏，每次使用只需输入"报销项目""数量""单位""单价"以及"单据及附件"页数即可，"日期""金额"和"大、小写合计金额"均可以自动计算，输入以上业务数据后打印出来交由各部门人员审核签字即可。

附　录　Excel常用快捷键列表

注意：1. 此列表以微软Excel为准，或存在个别与WPS快捷键不通用的情况。

2. 如果电脑上其他软件设置了某个相同的快捷键，则造成热键冲突，Excel快捷键可能会不被执行。

序号	操作说明	组合键（快捷键）
1	关闭工作簿	Ctrl+W 或 Alt+F4
2	打开工作簿	Ctrl+O
3	保存工作簿	Ctrl+S
4	新建工作簿	Ctrl+N
5	展开或折叠功能区	Ctrl+F1
6	展开或折叠编辑栏	Ctrl+Shift+U
7	切换到工作簿中的下一个工作表	Ctrl+Page Down(PD)
8	切换到工作簿中的上一个工作表	Ctrl+Page Up(PU)
9	在工作表中向下移动一屏	Page Down(PD)
10	在工作表中向上移动一屏	Page Up(PU)
11	在工作表中向右移动一屏	Alt+Page Down(PD)
12	在工作表中向左移动一屏	Alt+Page Up(PU)
13	在显示单元格值或公式之间切换	Ctrl+~
14	转至"文件"选项卡	Alt+F
15	转至"开始"选项卡	Alt+H
16	转至"插入"选项卡	Alt+N
17	转至"页面布局"选项卡	Alt+P
18	转至"公式"选项卡	Alt+M
19	转至"数据"选项卡	Alt+A
20	转至"审阅"选项卡	Alt+R
21	转至"视图"选项卡	Alt+W
22	转至"操作说明搜索框"	Alt+Q
23	打开快捷菜单	Shift+F10
24	剪切	Ctrl+X
25	复制	Ctrl+C

（续上表）

序号	操作说明	组合键（快捷键）
26	粘贴	Ctrl+V
27	打开"选择性粘贴"对话框	Ctrl+Alt+V
28	撤销上一步操作	Ctrl+Z
29	恢复撤销的操作（如有可能）	Ctrl+Y
30	将文本设置为斜体或删除倾斜格式	Ctrl+I 或 Ctrl+3
31	将文本设置为加粗或删除加粗格式	Ctrl+B 或 Ctrl+2
32	为文字添加下划线或删除下划线	Ctrl+U 或 Ctrl+4
33	应用或删除删除线格式	Ctrl+5
34	选择填充颜色	Alt+H,H
35	居中对齐单元格内容	Alt+H、A、C
36	添加边框	Alt+H,B
37	删除列	Alt+H、D、C
38	隐藏选定的行	Ctrl+9
39	隐藏选定的列	Ctrl+0
40	显示"Excel帮助"任务窗格	F1
41	在当前范围中创建数据的嵌入图表	Alt+F1
42	编辑活动单元格	F2
43	显示打印预览	Ctrl+F2
44	添加或编辑单元格批注	Shift+F2
45	插入函数	F3
46	如果选定了单元格引用或范围，则会在公式中的绝对和相对引用的所有各种组合之间循环切换	F4
47	显示"定位"对话框	F5
48	恢复选定工作簿窗口的窗口大小	Ctrl+F5
49	切换至已打开的下一个工作簿窗口	Ctrl+F6
50	打开"拼写检查"对话框	F7
51	如果工作簿窗口未最大化，则可对该窗口执行"移动命令"。使用箭头键移动窗口，并在完成时按Enter，或按ESC取消	Ctrl+F7

（续上表）

序号	操作说明	组合键（快捷键）
52	打开或关闭扩展模式。在扩展模式中，"扩展选定"将出现在状态栏中，按箭头键可扩展选定范围	F8
53	执行后可多选单元格或区域（相当于按住Ctrl键后选择）	Shift+F8
54	如果工作簿窗口未最大化，则可对该窗口调整大小。使用箭头键调整大小，并在完成时按Enter，或按ESC取消	Ctrl+F8
55	显示"宏"对话框，用于创建、运行、编辑或删除宏	Alt+F8
56	计算所有打开的工作簿中的所有工作表	F9
57	计算活动工作表	Shift+F9
58	将工作簿窗口最小化	Ctrl+F9
59	打开或关闭快捷键提示（按Alt也能实现同样目的）	F10
60	最大化或还原选定的工作簿窗口	Ctrl+F10
61	在单独的图表工作表中创建当前范围内数据的图表	F11
62	插入一个新工作表	Shift+F11
63	打开VBA编辑器，可以在该编辑器创建宏代码	Alt+F11
64	显示"另存为"对话框	F12
65	显示"打开"文件对话框	Ctrl+F12
66	将公式作为数组公式输入	Ctrl+Shtif+Enter
67	用SUM函数插入"自动求和"公式	Alt+=（等号）
68	在编辑栏中时，将光标移到文本的开头	Ctrl+Home
69	在编辑栏中时，将光标移到文本的末尾	Ctrl+End
70	选择编辑栏中从光标所在的位置到开头的所有文本	Ctrl+Shift+Home
71	选择编辑栏中从光标所在的位置到结果的所有文本	Ctrl+Shift+End
72	快速填充	Ctrl+E
73	向下填充	Ctrl+D
74	向右填充	Ctrl+R
75	复制上一个单元格中的公式	Ctrl+'（单引号）
76	复制上一个单元格中的值	Ctrl+Shift+"（双引号）
77	选择整个工作表，或当某个对象处于选定状态时，选择工作表上的所有对象	Ctrl+A 或 Ctrl+Shift+空格键
78	选择工作表中的整列	Ctrl+空格键

（续上表）

序号	操作说明	组合键（快捷键）
79	选择工作表中的整行	Shift+空格键
80	将单元格的选定范围扩大一个单元格	Shift+箭头键
81	将单元格的选定范围扩展到列或行中的最后一个非空单元格	Ctrl+Shift+箭头键
82	打开快捷输入列表或数据验证选项列表	Alt+向下箭头键
83	在同一个单元格中另起一个新行（单元格内部换行）	Alt+Enter
84	使用当前输入填充选定的所有单元格	Ctrl+Enter
85	完成输入并向上移动一个单元格	Shift+Enter
86	为选定的单元格或区域添加外边框	Ctrl+Shift+&
87	从选定的单元格或区域删除边框	Ctrl+Shift+_（下划线）
88	打开"设置单元格格式"对话框	Ctrl+1
89	应用"常规"数字格式	Ctrl+Shift+~
90	应用带有两位小数的"货币"格式	Ctrl+Shift+$
91	应用不带小数位的"百分比"格式	Ctrl+Shift+%
92	应用带有年、月、日的"日期"格式	Ctrl+Shift+#
93	应用带有小时、分钟的"时间"格式	Ctrl+Shift+@
94	应用带有两位小数和千位分隔符的"数值"格式	Ctrl+Shift+!
95	打开"插入超链接"对话框	Ctrl+K
96	显示"创建表"对话框（创建超级表）	Ctrl+L或Ctrl+T
97	打开用于插入空白单元格的"插入"对话框	Ctrl+Shift++（加号）
98	打开用于删除选定单元格的"删除"对话框	Ctrl+-（减号）
99	输入当前时间	Ctrl+Shift+:（冒号）
100	输入当前日期	Ctrl+;（分号）